普通高等院校材料成型及控制工程专业"十四五"系列教材

Special Casting Technology

特种铸造技术

主编 ◎ 芦刚 毛蒲 主审 ◎ 严青松

华中科技大学出版社
http://press.hust.edu.cn
中国·武汉

内 容 简 介

本书共分12章,内容包括绪论、熔模铸造成形、石膏型熔模精密铸造成形、陶瓷型铸造成形、消失模铸造成形、金属型铸造成形、压力铸造成形、反重力铸造成形、挤压铸造成形、离心铸造成形、连续铸造成形、快速铸造成形。

本书可作为高等学校材料成型及控制工程专业的专业教材,也可以作为培养铸造领域科研技术人员和管理人员的教材,还可作为从事相关专业的工程技术人员的参考书。

图书在版编目(CIP)数据

特种铸造技术/芦刚,毛蒲主编.—武汉:华中科技大学出版社,2022.10
ISBN 978-7-5680-8760-5

Ⅰ.①特… Ⅱ.①芦… ②毛… Ⅲ.①特种铸造-高等学校-教材 Ⅳ.①TG249

中国版本图书馆 CIP 数据核字(2022)第 185695 号

特种铸造技术
Tezhong Zhuzao Jishu

芦　刚　毛　蒲　主编

策划编辑:张　毅
责任编辑:郭星星
封面设计:廖亚萍
责任监印:朱　玢
出版发行:华中科技大学出版社(中国·武汉)　　电话:(027)81321913
　　　　　武汉市东湖新技术开发区华工科技园　　邮编:430223
录　　排:华中科技大学惠友文印中心
印　　刷:武汉开心印印刷有限公司
开　　本:787mm×1092mm　1/16
印　　张:16.25
字　　数:416千字
版　　次:2022 年 10 月第 1 版第 1 次印刷
定　　价:49.00 元

特种铸造技术是先进制造技术中十分重要的组成部分，是国民经济可持续发展的主体技术之一。随着科学技术的进步，特种铸造技术也在不断更新和发展，使铸件精度和质量不断提高，性能不断增强。

本书介绍了目前生产中常用的一些特种铸造成形方法，如熔模铸造、石膏型熔模精密铸造、陶瓷型铸造、消失模铸造、金属型铸造、压力铸造、反重力铸造、挤压铸造、离心铸造、连续铸造和快速铸造等。在内容上，本书系统地讲述了这些特种铸造的实质、基本原理、工艺特点、工艺专用材料、工艺装备和一些工艺装备的特殊制作方法，力求理论联系实际，突出实际应用，反映学科前沿。

本书的编写思路及特点如下：

(1)以工艺过程为线索，将铸造成形原理、工艺设计及模具设计等贯穿其中；

(2)以特种铸造技术新工艺为导向，兼顾传统工艺；

(3)注重理论联系实际，突出实际应用，反映学科前沿的最新研究成果和应用成果。

为帮助学生加深理解，各章的最后附有练习思考题，供广大读者学习与参考。

本书由南昌航空大学芦刚和毛蒲主编，由严青松教授主审。

本书由南昌航空大学教材建设基金资助出版。本书在编写过程中，参考了各类有关书籍、学术论文及网络资料，在此向其他作者表示衷心的感谢！

由于编者的水平有限，书中难免有不妥之处，恳请读者不吝指教。

编　者

2022 年 3 月

第1章

绪论

【本章教学要点】

知识要点	掌握程度	相关知识
特种铸造的概念及其特点,常见的特种铸造方法	了解特种铸造的概念,掌握精密液态成形技术的特点	材料科学与工程及凝固理论的基本知识

 导入案例

特种铸造技术在兵器、航空、航天工业中的应用

特种铸造技术是武器装备、航空、航天工业等领域的关键制造技术之一。采用特种铸造成形工艺不但可以缩短新型武器的研制周期、降低成本,还可以提高武器装备的灵活性、可靠性。兵器、航空、航天产品中的大型毛坯和小型复杂件都要用金属液态成形法生产。

美国波音公司生产的巡航导弹的舱体采用铝合金精密铸造工艺后,弹体成本降低30%,每枚导弹所需工时从8000小时减少到5500小时,且可靠性提高,重量有所降低。

美国橡树岭国家实验室、美国精铸公司和NASA刘易斯研究中心等单位对Al系金属间化合物和Ti、Ni基等特种金属的精密铸造进行了大量研究,他们采用整体一次成形精密铸造工艺加工涡喷、涡扇导向器,机加工工时减少40%,成本降低30%。

美国岩岛兵工厂成功用挤压铸造代替砂型铸造,生产了12.7 mm机枪机匣底座和枪管架,使材料利用率达到了90%。

为满足兵器、航空、航天高性能铸件的需要,美国铝业公司、英国考斯沃斯公司、德国KMAB公司、意大利PROCECME公司采用真空增压技术,生产战车轮毂、大炮摇架及托架、巡航导弹舱体、战机空心叶片等复杂铸件,其真空度、疏松度稳定地达到1级。

资料来源:

曹红锦,陈毅挺.国外军工生产精密成形技术的现状及发展趋势[J].四川兵工学报,2004,25(3):8-10.

◀ 1.1 特种铸造技术简介 ▶

铸造技术是将熔融金属浇入预先制备好的铸型中,通过冷却、凝固等过程而获得金属零部件毛坯的成形方法,该铸造过程实质上是由液态金属的流动性而完成成形。铸造技术是人类掌握比较早的一种金属热加工工艺,已有约6000年的历史。特种铸造是指在铸模型、铸型材

料、造型方法、金属液充型和铸型中的凝固条件等方面与普通砂型铸造有明显差别的各种新型铸造方法的统称。它是建立在新材料、新能源、信息技术、自动化技术等多学科高新技术成果的基础上,改造了传统的毛坯成形技术,使之由粗糙成形变为优质、高效、高精度、轻量化、低成本、无公害的成形技术。它使得成形的机械构件具有精确的外形、高的尺寸精度、低的表面粗糙度。特种铸造技术是先进制造技术中十分重要的组成部分,对提高一个国家的工业竞争力有重大影响,国内外都十分重视其发展。因此,特种铸造技术的应用日益广泛,特别是在航空、航天等高端领域具有广阔的应用前景。

◀ 1.2 特种铸造技术的特点 ▶

现代常见的特种铸造方法主要有熔模铸造、石膏型铸造、陶瓷型铸造、消失模铸造、半固态铸造、金属型铸造、压力铸造、低压铸造、差压铸造、真空吸铸、调压铸造、挤压铸造、离心铸造、连续铸造、V 法铸造、壳型铸造、石墨型铸造、电渣熔铸等。特种铸造方法已得到日益广泛的应用,从 20 世纪 80 年代占铸件产量的 10%～20%,发展到今天的 20%～30%。其中一些特种铸造方法属于近净形成形的先进工艺,近年来发展速度极快。

同时,随着科学技术和工业的高速发展,新的特种铸造方法仍在不断出现。如 20 世纪末出现的快速铸造,是快速成形技术和传统铸造技术的结合产物。快速成形技术则是计算机技术、CAD、CAE、高能束技术、微滴技术和材料科学等多领域高科技的集成。快速铸造使铸件能迅速地被生产出来,极大提高了铸造企业对市场快速反应的能力。未来,新的特种铸造方法还将不断涌现。

本书主要介绍目前生产中应用较为广泛的熔模铸造、石膏型铸造、陶瓷型铸造、消失模铸造、金属型铸造、压力铸造、反重力铸造(包括低压铸造、差压铸造、真空吸铸和调压铸造)、挤压铸造、离心铸造、连续铸造,以及最新出现的快速铸造共 11 种特种铸造方法。

与砂型铸造相比,特种铸造的特点可概括为以下几点:

(1)模样不同。砂型铸造使用的模样是木模或金属模,造型后必须取出,因而铸型为两开箱或多开箱的。熔模铸造及部分石膏型铸造则采用容易熔失的易熔(蜡)模,而消失模铸造则使用泡沫模,此模在浇注时能被金属液熔失。所以,这些方法的铸型均做成整体的,不用开箱起模,从而提高了铸件的尺寸精度。

(2)铸型材料和制造工艺不同。石膏型铸造、陶瓷型铸造分别使用了石膏浆料和陶瓷浆料作铸型材料,制作的铸型比砂型尺寸精度高、表面粗糙度值低,当然,其制造工艺也不同。例如,熔模铸造工艺通过在易熔(蜡)模组上经涂料、撒砂、干燥等工序制成一个薄壳铸型。另一类铸型材料为金属材料,如金属型铸造、压力铸造、挤压铸造等。金属铸型材料的尺寸比砂型更精确,而且可一型多铸。

(3)改善液体金属充填性和随后的冷凝条件。在一些特种铸造方法中,金属液是在离心力(离心铸造)或压力(压力铸造、低压铸造、差压铸造、挤压铸造等)作用下完成充型和凝固的,因而铸件质量好。又如金属型铸造虽然仍是在重力下充型,但金属型使铸件冷却速度加快,使所得铸件晶粒细化,力学性能有所提高。由于离心铸造、挤压铸造等特种铸造方法是在较大压力下完成充型和凝固的,有利于减少或消除铸件缩孔、缩松,凝固时铸件冷却快、结晶细化、组织致密,从而使铸件的力学性能可以与锻件相媲美。

以上三方面特点,并不是每一种特种铸造方法都具备的,有些特种铸造方法可能只具有一方面或两方面特点,有的特种铸造可能同时具有三方面特点。

特种铸造的优点归纳如下:

(1)铸件尺寸精确、表面粗糙度值低,更接近零件最后尺寸,从而易于实现少切削或无切削加工。

(2)铸件内部质量好、力学性能高,铸件壁厚可以减薄以降低自重。

(3)降低金属消耗量和铸件废品率。

(4)简化铸造生产工序(除熔模铸造外),便于实现生产过程的机械化、自动化。

(5)改善劳动条件,提高劳动生产率。

由于以上的优点,特种铸造方法的应用日益广泛。虽然其中一些方法属于近净形成形的先进工艺,但每种特种铸造方法都存在着一些缺点,其应用范围也有一定的局限性。

◀ 1.3　特种铸造发展概况 ▶

1. 熔模铸造(investment casting)

熔模铸造又称熔模精密铸造,是一种近净形成形工艺。它是用可熔(溶)性一次模样和型芯使铸件成形的铸造方法。可用以制作各种合金的精密、复杂、接近于零件最后形状的铸件,铸件可不经加工直接使用或经很少加工后使用,适于生产中小精密复杂铸件。

熔模铸造起源于 4000 年前的古埃及、中国和古印度,后被用于制牙和珠宝首饰业中。20世纪 30 年代末,人们发现 Austenal 实验室的外科移植手术研制的钴基合金有优异的高温性能,可用于飞机涡轮增压器。但这类合金很难机械加工,熔模铸造就成为该类合金成形的最佳工艺方法,迅速地发展成工业技术,进入航空航天和国防工业领域,并很快地应用到其他工业部门。

经过近 70 多年历程,熔模铸造在不断吸收新工艺、新技术、新材料中发展自己,现代熔模铸造已可生产出更精、更大、更复杂、更薄、更强的产品,极大地扩大了其应用面,发展速度极快。据报道,熔模铸造生产的精密复杂件最重可达 1000 kg,轮廓尺寸最大达 2.1 m,最小壁厚不到 1 mm。2007 年世界熔模铸造业(不包括俄国)年产值约 102.8 亿美元,分布大约为北美40%、欧洲 27%、亚洲 30%、其余 3%。其中,中国熔模铸造已占到世界熔模铸造业的 19.4%,发展极为迅速,2007 年年产值为 1988 年的 64 倍。

熔模铸造产品主要分两大类:军工和航空类产品、一般工业产品。前者为高质量高附加值的产品,后者质量不如前者。从欧美工业领域的生产情况看,熔模铸造仍以生产高质量高附加值产品为主。

2. 陶瓷型铸造(ceramic mold casting)

陶瓷型铸造又称陶瓷型精密铸造,它是使用陶瓷浆料灌注成铸型或铸型型腔表面的特种铸造方法。所生产铸件的尺寸精度和表面粗糙度优于砂型铸件。20 世纪 50 年代初,英国人诺尔肖氏兄弟(Clifford& Noel Shaw)成功研究出陶瓷型铸造,并于 1954 年获得专利,很快在生产中得到应用。在此基础上出现了几百个专利,派生出 Unicast 工艺、Schott 工艺、

Ceramcast 工艺等,使得陶瓷型铸造在不断改进中发展成长,故其又称肖氏法铸造(Shaw process casting)。

陶瓷型铸造主要用来生产各种复杂的精密铸件、模具和模具工装,特别是用于生产各种合金的模具。

3. 石膏型铸造(plaster mold casting)

石膏型铸造是使用石膏浆料灌注成铸型来生产铸件的一种铸造方法。细分起来可分为两种石膏型铸造:用易熔(蜡)模生产的石膏型铸造和用木模或金属模生产的石膏型铸造。前者所生产的铸件的尺寸精度和表面粗糙度与熔模铸件相似,又称为石膏型精密铸造;后者所生产的铸件的表面质量劣于熔模铸件,但优于砂型铸件。石膏型铸造法特别适宜于生产中大型复杂薄壁铝合金铸件。

用石膏铸造艺术品的历史较悠久,19 世纪末石膏就被当作制作假牙的铸型材料。在工业生产中应用石膏型铸造始于 20 世纪 40 年代初,经过蒸汽压处理的透气性较好的安提阿(Antioch)石膏型被用来铸造轮胎模具,后来又发展出发泡石膏型、普通石膏型,当时主要用于生产形状不太复杂的铝、锌、铅等中小型合金铸件。20 世纪 60 年代末,石膏型铸造被用来生产金银饰物和铜合金文物复制品等,并逐渐用于制造铸造机床、电器、仪表、汽车等零部件。20 世纪 70 年代,随着大型、薄壁、复杂铝铸件的发展,石膏型精密铸造新工艺在美国、德国、法国、加拿大、日本等国家发展很快,尤其在航天航空等部门发展更快,用于塑料成型模具的生产以及铸件的试制等,铸造合金也从铝、锌、铅等合金扩大到青铜等合金。现在石膏型已可生产尺寸达 1000 mm,壁厚为 1.5 mm,公差＋0.125 mm/25 mm 的铸件。

4. 消失模铸造 EPC(expandable pattern casting)或 LFC(lost foam casting)

消失模铸造是把涂有耐火涂层的泡沫塑料模样组放入砂箱,在模样四周用干砂或自硬砂充填紧实,浇注时高温金属液使泡沫塑料模样热解"消失",并占据模样所退出空间,最终获得铸件的铸造方法。此法所生产的铸件尺寸精度较高、表面光洁,生产过程污染少。消失模铸造是一种近净形成形工艺,适于生产结构复杂的各种大小的较精密铸件,合金不限。

该工艺是美国 H. F. Shroyer 于 1956 年试验成功的,于 1958 年获得专利。1961 年,德国亚琛工业大学 A. Wittmoser 从美国引进专利,与 Hartman 等合作生产工业铸件,在 1963 年国际铸造展(GIFA)展出,引起工业界兴趣,于是消失模铸造很快用于工业生产中。1980 年前,消失模铸造主要用于单件、小批量、大中型铸件生产中,用板材加工成泡沫塑料模,采用自硬砂或铁丸造型。1980 年后,消失模发展到大批量生产中,采用发泡成形的泡沫塑料模干砂振动造型。典型的工厂如美国通用汽车公司 1990 年建设的年产 5.5 万吨的消失模生产厂,生产铝合金四缸缸体、缸盖、珠光体球墨铸铁曲轴等;2001 年建的 Saginaw Metal Casting Operation 消失模铸造线生产 Vortec 4200 六缸铝合金缸体和缸盖;2003 年投产的 Defiance Casting Plant 的消失模铸造线,生产 Vortec 货车用铝合金缸体、缸盖。又如 1991 年意大利都灵 CASTEK 铸铁厂建的全自动 EPC 生产线,年产 5000 吨球墨铸铁件,工人及管理人员仅 22 人。再如,德国宝马汽车厂建的一条年产 20 万只铝合金气缸盖消失模生产线,1999 年 2 月成品率达 90%。

消失模铸造近年来发展较为迅速。2007 年,美国消失模铝铸件为 15 万吨、钢铁材料为 13 万吨,分别比 1994 年增长了 3.75 倍和 6.5 倍。同样,中国的消失模发展也很迅速,2005 年总产量达到 32.13 万吨,为 1995 年的 22 倍。

5. 金属型铸造（permanent mold casting, gravity die casting）

金属型铸造是指在重力作用下,使金属液充填金属铸型而获得铸件的一种铸造方法。一套金属型可浇注几百次至数万次,故又称永久型铸造。用金属型生产的铸件的尺寸精度比砂型铸件高,同时,由于铸件在金属型中冷却速度远高于砂型,所得铸件晶粒更细小,力学性能更好。金属型铸造适用于生产形状不太复杂的中小型较精确的铸件,以铝镁合金为主,适合成批或大量生产,也可用于生产铸铁中小件,如生产 D 型石墨灰铸铁件,空调器、水箱压缩机气缸和曲轴等。在欧洲采用金属型铸造工艺生产的铸件已占铸铁件总量的 6%~8%。

金属型铸造是一种古老的铸造方法,早在战国时,我国就发明了用金属型生产农具、工具、钱币等的工艺方法。现代金属型铸造已被广泛用于发动机、仪表、农机等行业中。近年来,特别是随着铝合金等轻合金的发展,金属型铸造的应用更为广泛。

6. 压力铸造（die casting）

压力铸造是液态或半液态金属在高压作用下,以极高的速度充填铸型的型腔,并在压力下快速凝固而获得铸件的一种铸造方法,简称压铸。它是一种近净形成形工艺。压力铸造生产效率高,所生产铸件尺寸精度高、表面粗糙度值低、力学性能好,适用于中小型复杂铸件,以非铁合金为主,适合于大批量生产。

压力铸造已有近 200 年历史。1838 年格·勃鲁斯首先用压铸法生产铅字。英国 1849 年 Sturgiss 取得热压室压铸机专利,1920 年开发了冷压室压铸机。20 世纪 20 年代后压力铸造随着汽车工业的发展而发展。压力铸造的市场领域十分广泛,如汽车工业、建筑及住宅用品产业、器械与仪器、电子和电信工业、电子计算机及其他行业。其中汽车工业占压铸市场的份额最大。如 20 世纪末、21 世纪初汽车工业占压铸市场的份额,日本为 79.9%、中国为 64.5%（包括摩托车）、德国为 61%、美国为 48%。面对节能和环保双重压力,汽车在不断减重,以铝合金、镁合金代替铁合金等使得压铸得到了更多的发展空间,不少压铸新技术如计算机模拟技术在压铸中应用,半固态铸造、镁合金压铸等均已应用于生产中。

中国压铸业发展也极为迅速,1999 年年产 41.8 万吨、年产值 137 万元,而 2000 年年产量就达到 51.8 万吨、年产值达 152 万元,2003 年年产量更达 70.8 万吨、年产值 191.2 万元。全国形成广东、上海、重庆三大生产中心。镁合金压铸发展迅速。

7. 反重力铸造

低压铸造、差压铸造、调压铸造以及真空吸铸统称为反重力铸造,其本质是使液态金属在外力作用下,逆重力方向流动并充填型腔、凝固成形的一类铸造方法。反重力铸造具有充型平稳、充型速度可控、铸件可在一定压力下凝固的优势,所生产的铸件具有内在冶金质量好、力学性能高的特点。

低压铸造最早由英国 E. F. Lake 在 20 世纪初期申请专利,在第二次世界大战后该工艺真正被推广应用,已广泛用于生产汽车轮毂、气缸体、气缸盖、进气管、活塞等形状复杂、质量要求高的铸件。差压铸造由保加利亚索菲亚铸造研究所在 1961 年开发成功,该方法源于低压铸造,又具有低压铸造和压力铸造的特点,多用于高质量铸件的生产,如鱼雷壳体、发动机、曲轴箱等。调压铸造是 20 世纪末由西北工业大学等提出的一种用于薄壁构件成形的反重力铸造技术,适合于复杂薄壁铸件的精密铸造成形。真空吸铸（CLA）由美国的 Hitchiner 公司于 1975 年申请专利,并应用于生产中。真空吸铸用于薄壁铸件生产有较大的优势,经过多年的研究和改进,已发展了多种新型铸造方法,可采用熔模、砂型、陶瓷型等不同铸造材料,用于生产高温耐热合金、钛合金、不锈钢等复杂薄壁铸件。

反重力铸造目前已广泛应用于航空、航天、航海、兵器、汽车、仪器仪表等行业,适用于生产各种大中小型形状复杂、质量要求高的铸件。

8. 挤压铸造(squeeze casting)

挤压铸造是对进入铸型型腔的液态或液固金属施加较高的机械压力使其充型和凝固,从而获得铸件的一种铸造方法,故该法又称为液态模锻。挤压铸件在较高压力下凝固,组织致密,力学性能接近同种合金锻件水平,铸件较精密,工艺出品率高,适用于各种力学性能要求高的气密性要求好的厚壁中小型件。

该工艺于1937年在苏联问世,几十年来已建立起完整的工艺体系和理论基础。挤压材质有铁、铝、铜、锌、镁、钴等合金,其中铝合金所占比例最大。

中国于1957年开始此工艺研究,至20世纪60年代中期只有少量铝合金用于生产。20世纪70年代后,挤压铸造逐渐发展起来,特别是90年代后发展迅速,如用来生产摩托车和汽车的铝轮毂、活塞、制动器等零件及军用零件等。

9. 离心铸造(centrifugal casting)

离心铸造是将液体金属浇入旋转的铸型中,使之在离心力的作用下,完成铸件充填成形和凝固的一种铸造方法。该工艺所得铸件致密、工艺出品率高、生产效率高。离心铸造主要用于生产形状对称或近似对称的铸件,合金不限,可批量生产。典型铸件有铸管、轧辊、缸套等。

离心铸造有200余年历史。1809年英国人A. Erchardt申请了第一个离心铸造专利。英国在1849年制造出第一台离心铸造机,生产出长3600 mm、直径为75 mm的离心铸铁管,随后出现生产轮圈等的立式离心铸造机。20世纪则先后出现水冷金属型离心铸造法工艺、涂料金属型离心铸造法工艺和树脂砂型离心铸造法工艺等,离心铸造得到迅速的发展。现离心铸造已成为生产高质量铸管的首选工艺,从每年铸件产量上看,离心铸造成为砂型铸造外的第二大铸造工艺。纵观离心铸造发展历史及产量,可以认为离心铸造法是随着铸管生产的发展而开发并推广到其他铸件生产的方法。20世纪90年代随着中国经济发展,特别是对高质量铸管的需求增加,离心球墨铸铁管和离心灰铸铁排水管发展迅速。如1990年我国离心球墨铸铁管产量仅10万吨,2007年已达到218.78万吨。

10. 连续铸造(continuous casting)

连续铸造是将金属液连续地浇入冷金属型即结晶器中,又不断地从金属型的另一端连续地拉出已凝固或具有一定结晶厚度的铸件的铸造方法。该法的工艺出品率高、生产效率高,适宜生产形状不变的长铸件,如铸锭、板坯、棒坯和铸管,适于大量生产。1857年德国Bessemer获得第一个连续铸造的专利。1950年后连续铸锭、连续铸管在生产中获得发展。20世纪70至80年代期间,水平连续铸造生产型材的工艺已被应用在机械制造领域内。

◀ 1.4　特种铸造方法比较 ▶

表1-1中列出了主要的特种铸造方法的工艺特点及其适用范围。

表1-1 特种铸造的工艺过程特点及其适用范围

铸造方法	工艺过程特点	工艺工程复杂程度	适用于生产的铸件							工艺出品率/(%)	毛坯利用率/(%)	生产准备复杂程度
			合金	重量	最小尺寸	表面粗糙度	尺寸公差等级	形状特征	批量			
熔模铸造	制蜡模→制壳→脱模 浇注→焙烧型壳→ 1.熔去模样形成型腔; 2.铸造工作表面由粉状耐火材料和高温黏结剂形成; 3.热型浇注	复杂	各种铸造合金	数克到1000 kg	最小壁厚约0.5 mm,最小孔径约0.5 mm	Ra1.6~6.3 μm,精整后最高可达Ra0.8 μm	CT4~CT7	复杂铸件	小批、中批、大批	30~60	90	复杂
石膏型铸造	先制熔模再灌石膏浆,经过干燥后脱模,进行石膏型焙烧,最后浇注(铸型由粉状耐火材料和石膏粉料形成)	复杂	以铝合金、锌合金、铜合金、银为主	0.03~908 kg	最小壁厚约0.5 mm,最小孔径约0.5 mm	Ra0.8~6.3 μm	CT4~CT8	复杂铸件	小批、中批、大批	30~60	90	复杂
	将模样和砂箱放在模板上,再灌石膏浆,取模后进行石膏型焙烧,最后浇注(铸型由粉状耐火材料和石膏粉料形成)						CT6~CT8					较复杂

续表

铸造方法	工艺过程特点	工艺工程复杂程度	适用于生产的铸件							工艺出品率/(%)	毛坯利用率/(%)	生产准备复杂程度
			合金	重量	最小尺寸	表面粗糙度	尺寸公差等级	形状特征	批量			
陶瓷型铸造	将模型和砂箱放在模板上,再灌型陶瓷浆,取模后喷烧陶瓷型工作表面,经过焙烧后浇注(铸型工作表面由粉状耐火材料和高温黏结剂形成)	较复杂	主要是模具钢、碳素钢、合金钢	数百克到数吨	最小壁厚约2 mm	$Ra3.2\sim12.5\ \mu m$	CT5~CT8	中等复杂铸件	单件、小批	40~60	90	较复杂
消失模铸造	制聚苯乙烯(EPS)模 → 组装浇冒口 → 干砂振动造型 → 真空或非真空浇注造型	简单、一般	铝合金、铜合金、铁、钢	数十克到数吨	最小壁厚,铝合金2~3 mm,铸铁4~5 mm,铸钢5~6 mm	$Ra6.3\sim50\ \mu m$	CT6~CT9	各种形状铸件	大批	40~75	70~80	较复杂
金属型铸造	利用金属制成铸型,在重力场中浇注金属液,形成铸件。1.铸型有剧烈的冷却作用;2.铸型无透气性;3.铸型无退让性	简单	钢、铁、铝合金、镁合金、铜合金	数十克到数吨	最小壁厚,铝合金2 mm,镁合金2.5 mm,铜合金3 mm,铸铁2.5 mm,铸钢5 mm	$Ra6.3\sim12.5\ \mu m$,最高为$Ra3.2\ \mu m$	CT7~CT10	中等复杂铸件	中批、大批	60~90	70~80	较复杂
压力铸造	金属液在高压作用下,以高的线速度填充铸型,并在压力作用下凝固成形	简单	铝合金、锌合金、锡合金、镁合金、铜合金	数十克到数十千克	最小壁厚0.3 mm,最小孔径0.7 mm,最小螺距0.75 mm	$Ra1.6\sim6.3\ \mu m$	CT4~CT8	复杂铸件	大批	60~90	90	复杂

续表

铸造方法	工艺过程特点	工艺工程复杂程度	适用于生产的铸件							工艺出品率/(%)	毛坯利用率/(%)	生产准备复杂程度
			合金	重量	最小尺寸	表面粗糙度	尺寸公差等级	形状特征	批量			
反重力铸造	金属液在外力条件下，逆重力方向由下向上充填铸型，并在一定压力作用下凝固成形	简单、一般	钢、铁、铝合金、镁合金、铜合金、钛合金	数十克到数吨	最小壁厚约0.5 mm，最小孔径约0.5 mm	决定于所用铸型种类	CT6~CT9	各种形状铸件	小批、中批、大批	80~90	70~90	中等、复杂
挤压铸造	把金属液浇入开启的铸型中，把两半型相合，型内金属液受到挤压，填充于两半型所形成的型腔之中，最后凝固成形	一般	铝合金、镁合金、锌合金、铜合金及其他变形合金以及铸造合金	几十克到数百千克	最小壁厚约1 mm	$Ra3.2\sim6.3\ \mu m$	CT5	外形简单的铸件	中批、大批	80~95	70~90	复杂
离心铸造	金属液浇注到旋转的铸型中，并在离心情况下凝固成形	简单	铁、钢、铝合金、铜合金	数克到数十吨	最小壁厚约3 mm	$Ra1.6\sim12.5\ \mu m$	—	管形铸件、中等复杂铸件	小批、中批、大批	75~95	70~100	复杂、中等、复杂
连续铸造	金属液进入水冷金属型（结晶器）的一端，从铸型的另一端连续地取出铸件	简单	钢、铁、铝合金、铜合金		最小壁厚3~5 mm			外形简单、截面相同的长铸件	大批	>90	>80	复杂

特种铸造技术

习题

1. 常见的特种铸造方法有哪些?
2. 特种铸造方法与传统砂型铸造方法的区别是什么?特种铸造方法具有哪些优点?

第 2 章

熔模铸造成形

【本章教学要点】

知识要点	掌握程度	相关知识
熔模铸造的概念	了解熔模铸造的工艺过程、特点及应用	熔模铸造工艺流程
熔模的制造	了解模料的原材料及性能,掌握常用模料的组成、性能,以及模料的配制、回收	模料原材料化学组成及结构
型壳的制造	了解熔模铸造型壳制造工艺,掌握熔模铸造常用耐火材料及黏结剂的性能和应用	有机化学、陶瓷材料、胶体化学的基本知识,SiO_2-H_2O 体系稳定曲线与胶体稳定原理
熔模铸件工艺设计	熟悉熔模铸件结构工艺性分析的主要内容,掌握熔模铸造浇冒口系统设计的方法	凝固理论,铸造工艺设计基础

 导入案例

熔模铸造的发展历程

我国的失蜡铸造(现称为熔模铸造)最迟起源于春秋时期。失蜡铸造是在焚失法铸造工艺原理的基础上,运用蜂蜡、松香、油脂等制造蜡模,从而创造了失蜡铸造法。焚失法铸造工艺是商代早中期出现的运用可燃烧成灰的材料(例如绳索)等作为模型,制整体外范后烧去可燃烧材料再浇注金属液的铸造工艺,是无范线构件的焚失铸造工艺。

目前发现最早的失蜡铸件为春秋中期(公元前 570 年)楚国铸造的㠱儿盏,其后是楚王盏(公元前 560 年或稍早)和透空云纹铜禁等物的出现。

1907 年维利耶姆丁首创近代熔模铸造法,用于制造金牙,但该方法在工业中一直未能获得应用。在第二次世界大战期间,美、英等国用该技术制造涡轮发动机叶片才使该技术获得快速发展。熔模铸造叶片的诞生也进一步推动了涡轮发动机的发展。

美国于 20 世纪 50 年代就开始研究钛及钛合金的熔模铸造工艺,并于 1965 年申请了世界上第一个钛的熔模铸造的技术专利。直到 20 世纪 70 年代初,钛合金精密铸件才开始正式用于航空工业。目前工业上用的 98% 以上的钛合金铸造结构件都是熔模铸造工艺制造的。

熔模铸造生产技术已发展到很高的水平,被作为航空航天和军工领域的重要材料成形方法。

资料来源:

谭德睿.中国传统铸造图典[M].第 69 届世界铸造会议组委会,中国机械工程学会铸造分会编印,2010.

◀ 2.1 概 述 ▶

熔模精密铸造,简称熔模铸造(investment casting),是将液态金属浇入由熔模熔失后形成的中空型壳并在其中凝固成形从而获得精密铸件的方法,又称失蜡铸造(lost wax casting)。熔模铸造生产的铸件精密、复杂,接近于零件的最后形状,可不经加工直接使用或只经很少加工后使用,是一种近净形成形技术,已成为生产航空发动机高温合金叶片和复杂结构件的主要方法。

2.1.1 工艺过程

熔模铸造是用可熔(溶)性一次模和一次型(芯)使铸件成形的方法。熔模铸造工艺流程如图2-1所示。将模料压入压型中制造熔模,打开压型取出熔模,组合模组,将模组浸入涂料桶中,上涂料,撒砂,让型壳干燥,重复上述工序数次,形成一定厚度的型壳。形成型壳后,脱除型壳中模料,型壳焙烧,将金属液浇入热态型壳,脱除型壳和清理铸件,便得到具有一定尺寸精度的铸件。

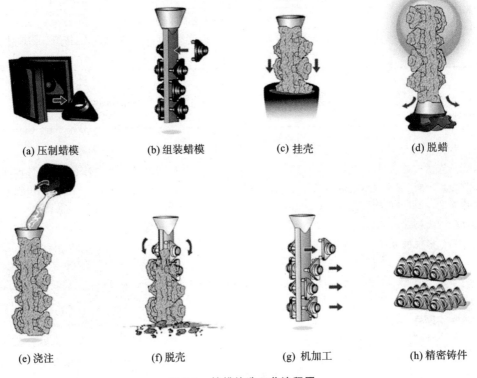

(a) 压制蜡模   (b) 组装蜡模   (c) 挂壳   (d) 脱蜡

(e) 浇注   (f) 脱壳   (g) 机加工   (h) 精密铸件

图 2-1 熔模铸造工艺流程图

2.1.2 工艺特点

与其他铸造成形方法相比,熔模铸造有如下优点:

（1）铸件尺寸精度较高，表面粗糙度值较低，尺寸精度可达 CT4～CT6 级，粗糙度可达 $Ra0.8～3.2~\mu m$。

（2）可铸造形状复杂的铸件，如飞机发动机空心叶片等。其生产的铸件的最小壁厚和最小孔径约为 0.5 mm，轮廓尺寸从几毫米到上千毫米，质量从 1 g 到接近 1000 kg。可以用熔模铸造的整体铸件代替由许多零件组成的部件，降低了成本和零件重量。

（3）合金材料不受限制。可铸造铝合金、镁合金、铜合金、钛合金、贵金属、铸铁、碳钢、不锈钢、合金钢以及镍、钴基高温合金熔模铸件。

（4）生产灵活性高、适应性强。熔模铸造的工装模具可采用多种材料和工艺制造，大批量生产采用金属压型，小批量生产可采用易熔合金压型等，样品研制则直接采用快速原型代替蜡模，生产灵活性高、适应性强。

但熔模铸造工艺流程烦琐，生产周期长，铸件尺寸不能太大，铸件冷却速度较慢。这些缺点也使该工艺的应用有一定局限性。

2.1.3 应用概况

熔模铸造几乎应用于所有的工业部门，特别是航空、航天、电子、精密仪器、造船、汽轮机和燃气轮机、兵器、石油、核能、机械等。图 2-2～图 2-5 为熔模铸件应用实例。

图 2-2 定向凝固柱晶和单晶空心叶片

图 2-3 钛合金框架结构

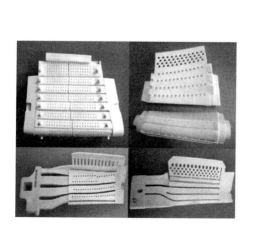

图 2-4 发动机叶片陶瓷型芯

图 2-5 发动机叶片陶瓷型壳

◀ 2.2　铸件工艺设计 ▶

熔模铸件工艺设计是根据铸件结构、大小、产量和现场条件,确定合理的工艺方案,并采取必要的工艺措施,保证生产正常进行。熔模铸造工艺设计包括铸件结构工艺性分析、选择合理的工艺方案、确定有关工艺参数、设计浇冒口系统及模组的结构、绘制工艺图及铸件图。

2.2.1　铸件结构工艺性分析

在保证铸件使用性能的前提下,熔模铸件的结构应尽可能满足:①铸造工艺越简单越好;②铸件在成形过程中不易形成缺陷。

1.为简化工艺对熔模铸件结构的要求

①铸件上需要直接铸出的孔的直径不要太小和太深,以便制壳时涂挂涂料、撒砂,以及铸件清理。熔模铸造时希望铸孔的直径大于 2 mm,铸通孔时,孔深 h 与孔径 d 的最大比值介于 4~6 之间;铸盲孔时,h/d 应约等于 2。如铸件壁较薄,通孔的直径可小到 0.5 mm,h/d 的值也可增大。

②熔模铸件上铸槽的宽度应大于 2 mm,槽深为槽宽的 2~6 倍。槽越宽,槽深大于槽宽的倍数也可越大。

③铸件的内腔和孔应尽可能平直,以便使用压型上的金属型芯直接形成熔模上的相应孔腔。

④熔模铸造时一般不用冷铁等工艺来调节各部分的冷却速度,故熔模铸件的壁厚分布应尽可能满足顺序凝固的要求,不要有分散的热节,以便用直浇道进行补缩。

2.为避免铸件产生缺陷对熔模铸件结构的要求

①为防止夹砂、鼠尾等缺陷,铸造平面一般不应大于 200 mm×200 mm,必要时可在平面上设工艺孔和工艺肋;

②铸件壁厚应尽可能均匀,以减少热节,便于补缩,壁与壁之间的交叉处应做成圆角,壁厚不同的连接处应平缓地逐渐过渡;

③为防止浇不足等缺陷,铸件壁厚不要太薄,一般为 2~8 mm。

2.2.2　浇冒口系统设计

1.浇冒口系统的作用

在熔模铸造中,浇冒口系统不仅起着引导液体金属充填型腔的作用,而且在铸件凝固过程中又能起补缩作用,浇冒口系统还是制壳的支撑、脱蜡的通道。因此,浇冒口系统的设计是熔模铸造工艺设计的一个重要内容。

2.浇冒口系统的结构形式

最常见的浇冒口系统结构形式有如下几种。

①由直浇道和内浇道组成的浇冒口系统(见图2-6)。其直浇道兼起冒口作用,它可经由内浇道补缩铸件热节,因此操作方便,广泛应用于只有 1~2 个热节的小型铸件的生产中。

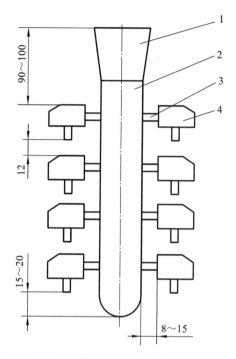

图 2-6 直浇道和内浇道组成的浇冒口系统
1—浇口杯；2—直浇道；3—内浇道；4—铸件

②带有横浇道的浇冒口系统(见图 2-7)。其横浇道兼起冒口作用。

③专用冒口补缩的浇冒口系统(见图 2-8)。中小型熔模铸件多数情况下是利用直浇道或横浇道来实现补缩。但对于尺寸较大、形状复杂的铸件，往往需要单独设置冒口进行补缩。

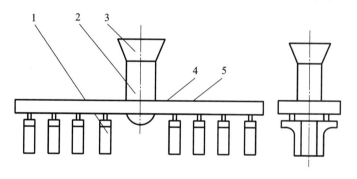

图 2-7 带横浇道的浇冒口系统
1—铸件；2—直浇道；3—浇口杯；4—横浇道；5—内浇道

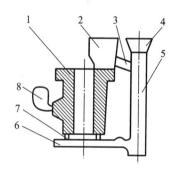

图 2-8 带冒口的浇注系统
1—铸件；2—顶(明)冒口；
3—连接桥；4—浇口杯；
5—直浇道；6—横浇道；
7—内浇道；8—边(暗)冒口

3.浇冒口系统的设计方法

设计熔模铸件浇冒口系统时，应综合考虑模组的整个结构，即铸件与浇冒口系统的整个组合关系，因此浇冒口系统的设计过程也是模组的设计过程。

1）由直浇道和内浇道组成的浇注系统的设计

由于直浇道同时起冒口的作用，因此内浇道应设在铸件的热节处，直浇道的截面积应大于它所补缩的铸件热节圆。常用的圆柱形直浇道直径为 20～60 mm。内浇道不应太长，一般小于 10 mm。内浇道处的金属不易散热，同时为使切割铸件方便，内浇道的截面积 $A_内$ 可稍小于它所连接的铸件热节截面积 $A_铸$，$A_内＝(0.7～0.9)A_铸$。

设计此种浇注系统时，应使最高一层铸件离浇口杯上缘有一定距离（65～100 mm），以保证这层铸件在成形时有足够的金属压头，来满足充型和凝固补缩的需要。直浇道的底部应比最低一层铸件的内浇道低 20～40 mm，以缓和浇注时金属液对型腔的冲击力，并防止浇注时第一股金属流中所带渣子进入型腔。铸件在直浇道周围的排列也不能太紧凑，否则，分隔铸件之间的型壳会太薄，以至于浇注后，薄的型壳被众多的金属包围而升温太高，使该处金属冷却缓慢，从而导致铸件在该处产生收缩类缺陷。

2）带有横浇道的浇冒口系统的设计

设计带有横浇道的浇冒口系统时，原则与上述相似。

3）冒口的设计

熔模铸造冒口设计原则与砂型铸造相同，表 2-1 介绍了一种根据补缩热节圆直径设计冒口的方法。

表 2-1　熔模铸造冒口尺寸计算方法

		高度 h	4～10 mm
冒口颈		直径 D_1	$D_1≈(0.7～1.0)D$
冒口根部直径 D_2			$D_2≈(1.3～1.5)D$
冒口高度 h_R		明冒口	$h_R≈(1.8～2.5)D$
		暗冒口	$h_R≈(1.5～2.0)D$
出气口直径 d			$d≈(0.1～0.2)D$
连接桥位置 H_1			$H_1＝1/3h_R$
D_3			$D_3≈(0.3～0.5)D$

注：D 为铸件热节圆直径。

4. 设计浇冒口时应注意的事项

设计浇冒口时的注意事项如下。

①浇冒口系统应保证模组有足够的强度，使模组在运输、涂挂时不会断裂。

②浇冒口系统与铸件间的相互位置应保证铸件的变形和应力最小。如图 2-9 所示，左边铸件在冷却时由于两面的冷却条件不同，铸件本身又薄，故易出现如实线所示的变形。而右边的铸件虽然两面的冷却速度不一样，但它本身抗变形的刚度大，故不易变形。

③浇冒口系统和铸件在冷却发生线收缩时要尽可能不互相影响。如铸件只有一个内浇道，问题尚不大；如铸件有两个以上的内浇道，则易出现相互阻碍收缩的情况。由于它们的壁厚不同，冷却速度不一样，如浇冒口系统妨碍铸件收缩，则易使铸件出现热裂；如果相反，则受压的铸件便易变形。

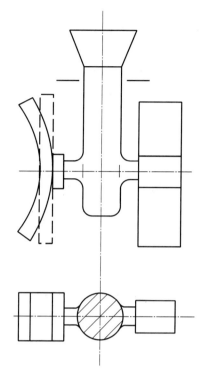

图 2-9　铸件变形示意图

④尽可能减少消耗在浇冒口系统中金属液的比例。

⑤为防止脱模时模料不易外逸而产生的型壳胀裂现象,以及使浇注时型内气体易于外逸,可在模组相应处设置排蜡口和出气口。

◀ 2.3　压型设计与制造 ▶

压型是制造熔模的模具。型腔和型芯的尺寸精度及表面粗糙度,直接影响熔模的尺寸精度和表面粗糙度,压型的结构会影响熔模的生产率及成本。

压型分机械加工压型、易熔合金压型、石膏压型、橡胶压型、环氧树脂压型等,应根据生产条件、铸件的生产批量和精度要求加以选择。

2.3.1　机械加工压型

机械加工压型可用钢、铝合金加工制成,具有尺寸精度高、表面粗糙度值低($Ra1.6 \sim 0.4\ \mu m$)、使用寿命长(可达十万次以上)、导热性好、生产效率高等优点,但加工周期较长、成本较高,适用于大批量生产。

1. 压型的基本结构

图 2-10 所示为一个简单的压型,它由上、下两个半型组成,共包括如下几个部分。

①成形部分　包括型腔和型芯(图 2-10 中 7 和 8),它是压型的主体,直接影响熔模的

质量。

②定位机构　上、下压型的定位销(图 2-10 中 6)、型芯限位的型芯销(图 2-10 中 5)及活块均属于定位机构。

③锁紧结构　在压制熔模之前需预先将压型各组成部分用锁紧机构连成一个整体,防止压制熔模时胀开,确保不错位、不跑出模料。锁紧机构一般采用螺栓-螺母(图 2-10 中 1,2)或固定夹钳、活动套夹等。

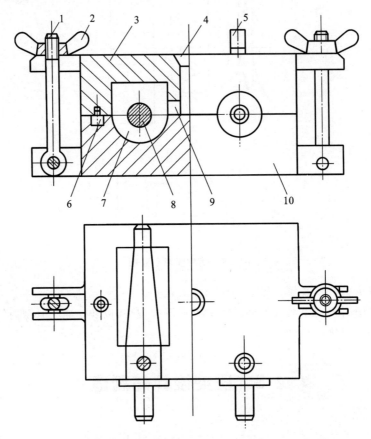

图 2-10　压型的基本结构图

1—调节螺栓;2—蝶形螺母;3—上压型;4—注蜡口;5—型芯销;
6—定位销;7—型腔;8—型芯;9—内浇道;10—下压型

④注蜡系统　包括注蜡口(图 2-10 中 4)及内浇道(图 2-10 中 9)。

⑤排气槽　为使型腔中的气体在压制熔模时能及时排出,通常在型块或型块与型芯之间的接触面上开出深 0.3～0.5 mm 的排气槽。

⑥起模机构　为便于熔模取出,除形状简单的熔模外均须设置起模机构。常见起模机构有顶杆机构等。

2. 型腔工作尺寸计算

压型型腔工作尺寸要综合考虑铸件的综合收缩率和铸件尺寸精度要求等因素。具体计算见式(2-1)。

$$\varepsilon = \varepsilon_1 + \varepsilon_2 + \varepsilon_3 \tag{2-1}$$

式中　ε——综合收缩率(%)；

　　　ε₁——合金收缩率(%)；

　　　ε₂——熔模收缩率(%)；

　　　ε₃——型壳的膨胀率(一般取负值)(%)。

综合收缩率 ε 可查表查出，型腔或型芯尺寸则可按式(2-2)确定：

$$A_x = (A + \varepsilon A) \pm \Delta A_x \tag{2-2}$$

式中　A_x——型腔(或型芯)尺寸(mm)；

　　　A——铸件基本尺寸(mm)；

　　　ε——综合收缩率(%)；

　　　ΔA_x——制造公差(mm)。

制造公差由压型的制造精度等级来决定。为使压型试制后留有修刮余地，型芯的制造公差取正值，型腔的制造公差取负值。

2.3.2　易熔合金、石膏、橡胶压型

易熔合金、石膏、橡胶压型均采用浇注方法制成。这类压型制造周期短、成本低，但压制的熔模精度和表面光洁度低，生产效率也低，压型使用寿命短，故适用于单件或小批量和精度要求不高的铸件或艺术品铸件。

下面以易熔合金压型为例说明其制造过程。图 2-11 所示为易熔合金压型的制造过程示意图。

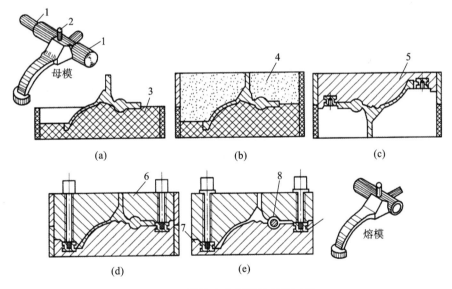

图 2-11　易熔合金压型的制造过程
1—芯头；2—注蜡通道；3—衬垫；4—石膏假型；5、6—两个易熔合金半压型；7—螺母；8—型芯

先准备好母模。母模用金属材料加工而成，并做出起模斜度，留出加工余量，设置芯头 1 及注蜡通道 2。浇注压型前，先将母模嵌入橡皮泥衬垫 3，见图 2-11(a)，然后放置型框，用石膏浆料浇灌成假型，见图 2-11(b)。石膏假型经 100 ℃烘干 24 h，去除水分，再在石膏假型上放置压型型框，并在分型面上放置定位销座或螺母，见图 2-11(c)。然后将熔融的易熔合金液浇

入型框内，冷凝后下半个压型铸制完毕。随后，在下半型上放置上半型型框，并在定位销座（或螺母）上安装定位销（或螺柱），浇注上半压型，见图 2-11(d)，冷凝后制成上半型。最后经适当修整并在分型面上开出排气槽，压型则制成。图 2-11(e)所示为合好型的易熔合金压型。

2.4 模料与制模

2.4.1 模料

1. 对模料的性能要求

1）熔化温度和凝固温度范围

模料的熔化温度范围通常控制在 50～80 ℃之间，凝固温度范围则以 6～10 ℃为宜。

2）耐热性

耐热性是指当温度升高时模料抗软化变形的能力。通常有两种表示方法：一种是软化点，另一种是热变形量。后者测试更方便些。一般要求 35 ℃下模料的热变形量为

$$\Delta H_{35\text{-}2} \leqslant 2 \text{ mm}$$

式中　$\Delta H_{35\text{-}2}$——在 35 ℃下放置 2 h，悬臂试样伸出端下垂量。

3）收缩率

模料热胀冷缩小，可以提高熔模的尺寸精度，也可降低脱蜡时胀裂型壳的可能性。所以，收缩是模料最重要的性能指标之一，模料线收缩率一般应小于 1.0%，优质模料线收缩率为 0.3%～0.5%。

4）强度

模料在常温下应有足够的强度和硬度，以保证在制模、制壳、运输等生产过程中熔模不发生破损、断裂或表面擦伤。模料强度通常以抗弯强度来衡量。模料的抗弯强度一般不低于 2.0 MPa，最好为 5.0～8.0 MPa。

5）硬度

为保持熔模的表面质量，模料应有足够的硬度，以防摩擦损伤。模料硬度常以针入度来表示。模料的针入度多在 4～6 度（1 度＝10^{-1} mm）。

6）黏度

黏度指模料在液态下（例如 99 ℃）的黏度。为便于脱蜡和模料回收，模料在 90 ℃附近的黏度应为 3×10^{-2}～3×10^{-1} Pa·s。黏度会影响脱蜡速度，过大将使水分、粉尘分离困难，影响模料回收。

7）流动性

流动性指模料压注状态（通常为膏状）充填压型型腔的能力。模料应具有良好的流动性，以利于充满压型型腔，获得棱角清晰、尺寸精确、表面平滑光洁的熔模；此外，也便于模料在脱蜡时从型壳中流出。

8）涂挂性

模料应能很好地为耐火材料所润湿，并形成均匀的覆盖层，模料的涂挂性可用熔模与黏结剂之间的润湿角来衡量。

20

9）灰分

灰分指模料经高温（900 ℃以上）焙烧后的残留物，也是模料最重要的性能指标之一。一般灰分应低于 0.05%，钛合金用模料灰分要求低于 0.01%。

此外，还希望模料的化学性质稳定，长期使用不易老化或变质，模料成分中应不含有毒及有害物质，价格低廉，复用性好，回收方便。

2. 模料的分类

按照模料基体材料的成分来分，模料可分为蜡基模料、树脂基模料、填料模料及水溶性模料等。国内使用较广泛的为蜡基模料和树脂基模料。

还可按模料熔点的高低将其分为高温、中温及低温模料。低温模料的熔点低于 60 ℃，主要为蜡基模料，如石蜡-硬脂酸（1∶1）模料；高温模料的熔点高于 120 ℃，如组成为松香 50%、地蜡 20%、聚苯乙烯 30% 的模料；中温模料的熔点介于上述两类模料之间。实际生产中使用较多的是中低温模料。

1）蜡基模料

蜡基模料是以矿物蜡、动植物蜡为主要成分的模料。此类模料一般成分比较简单，成本较低，便于脱蜡和回收，但强度和热稳定性较低，收缩大，多用于要求较低的铸件。使用最广泛的蜡基模料系由石蜡和硬脂酸组成。表 2-2 列出了国内常用蜡基模料的成分和性能。

表 2-2 国内常用蜡基模料的成分和性能

成分/（质量分数，%）						性能			
石蜡	硬脂酸	褐煤蜡	地蜡	松香	聚乙烯或 EVA	滴点/℃	热稳定性/℃	线收缩率/（%）	抗弯强度/MPa
50	50	—	—	—	—	50~54	31~35	0.8~1.0	2.5~3.0
95	—	—	—	—	5	66	34	1.04	3.3
98.5	—	—	—	—	1.5	58	31	0.64	4.4
95	—	2	—	—	3	62	32	0.82	4.7
92	—	3	—	3	2	62	36	0.8	4.9
40	—	—	20	40	—	60	33	0.7	2.0

2）树脂基模料

树脂基模料是以树脂及改性树脂为主要组分的模料。此类模料一般成分比较复杂，强度较高，热稳定性较好，收缩较小，制成的熔模质量和尺寸稳定性较高，但模料易老化、寿命短、成本较高，多用于质量要求较高的熔模铸件，如涡轮叶片等航空件的生产。表 2-3 列出了国内常用树脂基模料的成分和性能。

表 2-3 国内常用树脂基模料的成分和性能

成分/（质量分数，%）								性能			
松香	聚合松香	改性松香	石蜡	地蜡	褐煤蜡	虫白蜡	聚乙烯或 EVA	滴点/℃	热变形量 $\Delta H_{40\text{-}2}$/mm	线收缩率/（%）	抗弯强度/MPa
81	—	1.6 (210# 树脂)	—	14.3	—	—	3.1	95	8.5	0.58	3.6

松香	聚合松香	改性松香	石蜡	地蜡	褐煤蜡	虫白蜡	聚乙烯或EVA	滴点/℃	热变形量 $\Delta H_{40\text{-}2}$/mm	线收缩率/(%)	抗弯强度/MPa
75	—	—	—	5	—	15	5	94	1.75	0.95	10.0
60	—	—	—	5	—	30	5	90	1.07	0.88	6.0
—	30	25	30	5	—	5	5	80	1.07	0.55	6.4
—	17	40	30	—	10	—	3	81	0.55	0.76	5.4
—	50	5（萜烯树脂）	30	3	—	10	2	68	7.7（$\Delta H_{35\text{-}2}$）	0.45	4.9

3）填料模料

在蜡基或树脂基模料中加入一定数量与之不相溶的充填材料就成为填料模料。填料的主要作用是减少收缩，防止熔模变形和表面缩陷，从而提高蜡模表面质量和尺寸精度。填料模料回收利用较难，不利于降低生产成本，适用于制作高精度件和大型件。

固体、液体或气体物质均可用作填料，但在实际生产中用得最多的是固体填料。固体填料主要有聚乙烯、聚苯乙烯、聚乙烯醇、聚氯乙烯、合成树脂、多聚乙烯乙二醇、橡胶、尿素粉、炭黑等。

常用的蜡基和树脂基模料，都是模料原材料在熔化后组成的固溶体，而固体填料的特点是在工作温度时填料本身不会熔化，而在模料中成为分散均匀的固态细小质点，它能吸收模料在凝固时放出的潜热，并起骨料的作用，从而提高模料的冷却速度，减少收缩，增加模料的热稳定性和强度；模料中加入固体粉末填料，除了减少收缩、防止蜡模变形和表面缩陷外，还可明显改善液态模料的注蜡工艺性能。液态模料加入填料后，增加了黏度，使注蜡时产生紊流、飞溅的可能性减少，有利于减少熔模表面缺陷。固体填料加入量为 10%～40%（模料总质量的百分比）。

4）水溶性模料

可以在水或酸中溶解的模料称为水溶性模料。其优点是收缩小、刚度大、耐热性好、脱蜡时型壳胀裂的可能性小，缺点是密度大、易吸潮、熔点高、质脆。

3. 模料的回收和再生

采用蒸汽或热水脱蜡后所回收的模料中会不可避免地混有杂质、砂粒和水分，某些蜡基模料中所含的硬脂酸，在制壳工艺过程中还会与一些物质反应生成皂化物（脂肪酸盐），因而使模料变质，影响使用性能。从模料中去除水分、粉尘、砂粒和皂化物的工艺过程称为模料回收。回收模料时应针对各种模料的组成及其物理、化学性质而采用不同的方法。

1）蜡基模料的回收

蜡基模料以石蜡-硬脂酸模料为代表，其回收过程主要是去除使用过程中产生的皂化物，常采用酸处理法。此法效果明显且方法简单，故应用最为普遍。

酸处理法的基本原理是在回收模料中加入硫酸、盐酸等强酸,使硬脂酸盐还原成硬脂酸,即

$$(C_{17}H_{35}COO)_2Me + H_2SO_4 \Longrightarrow 2C_{17}H_{35}COOH + MeSO_4$$

式中,Me 代表某种金属离子。生成的盐大多属于水溶性的,因此在处理时加适量的水即可使它与模料分离。

具体处理方法是先在旧蜡液中加入一定量的水,使水的体积分数达到 25%～35%,再通电或通蒸汽加热,同时加浓硫酸(体积分数为 2%～3%)或工业盐酸(体积分数为 3%～5%),在沸腾状态下保持 1～2 h,直至蜡液中的白色皂化物颗粒消失为止。保温静置约 2 h,使杂质下沉到底部。将上部清液取出过滤(可用 140～160 目尼龙丝布过滤),浇入瓷盘或专用锭模中冷却,待容器底部的污物凝固后清除干净。必要时可在回收模料中加入体积分数为 2%～3%的水玻璃以中和其中的残留酸。

2)树脂基模料的回收

由于树脂基模料一般不存在硬脂酸的皂化问题,其回收的主要任务是去除脱蜡时混杂在模料中的水分、粉尘或砂粒。与蜡基模料相比,树脂基模料通常黏度较大,故分离这些夹杂物需要较长的时间和较高的温度。

3)模料再生

回收得到的旧蜡通常还需要补充质量分数约 10%的新蜡或其他添加剂,使模料质量和性能恢复到原有水平,此过程称为模料再生。再生模料通常必须检测以下四项性能:线收缩率、灰分、软化点及针入度等。

2.4.2 熔模制造

1. 蜡膏制备

蜡膏制备是指将组成模料的各种原材料按比例混合并搅拌均匀,滤去杂质后制成符合熔模压制要求的模料。

蜡基模料膏(以石蜡-硬脂酸模料为代表)和树脂基模料膏的制备方法分别见表 2-4 与表 2-5。

表 2-4 蜡基模料膏的制备方法

工序名称	设备	操作要点
化蜡	水浴化蜡缸	化蜡温度为 90 ℃
刨削蜡	卧式蜡片机	蜡锭截面尺寸为 135 mm×135 mm
搅蜡膏	搅蜡机	蜡液温度为 65～80 ℃;保温缸水温为 48～52 ℃;蜡液:蜡片(质量分数)≈1:(1～2)
回性	恒温箱	温度为 48～52 ℃,保温 0.5 h 以上

表 2-5 树脂基模料膏的制备方法

工序名称	设备	操作要点
化蜡	油浴化蜡炉	化蜡温度为 90 ℃

工序名称	设备	操作要点
蜡膏制备	保温箱和小蜡缸(蜡缸容积:7 L)	恒温(视模料种类而定,52~60 ℃)保持 24 h 以上
	烘蜡机(蜡桶容积:120 L)	恒温保持(52~60 ℃),慢速均匀搅拌
	射蜡输送设备(蜡桶容积:120 L)	恒温保持(52~60 ℃),慢速均匀搅拌,压力泵(14 MPa)送蜡

2. 熔模压制

将配制好的模料在一定压力下注入压型,待冷却凝固后即成为熔模。将模料注入压型的方法有自由浇注和压注两种。自由浇注法使用液态模料,常用来制作浇冒口系统的熔模和尿素型芯。压注法可使用液态(浆状)、半液态(糊状)、半固态(膏状)及固态模料,常用于制造铸件熔模。

1)制模方法

压注成形常常采用浆状或糊状模料。熔模压注成形的方法主要有以下三种。

①柱塞加压法　此法最简单,用压蜡筒盛满模料,对准压型的注蜡口,加力于柱塞,模料便被压入压型内。手工压制熔模时常用此法。由于所加压力较小,只适用于压制蜡基模料,生产效率也低。

②气压法　将模料放入密闭的保温罐中,向罐内通入 0.2~0.3 MPa 的压缩空气,将模料经导管压向注料头。此法只适用于压制蜡基模料。

③活塞加压法　用压力机向活塞加压,把模料压入压型中,因所用压力较大,常用于压制树脂基模料。

熔模从压型中取出后,应放在冷水中冷却 2~3 h,再经过检验和整修,合格的熔模要妥善存放,以防变形。

近几年来,国外常采用半固态或固态(粉状、粒状或块状)模料,使之在低温塑性状态下,经高压挤压(比压在 10 MPa 以上)成形,并在高压保压(比压在 7~50 MPa 范围内)下凝固。低温高压挤压成形法具有凝固时间短、生产效率高、收缩小、熔模尺寸精度高的优点,特别适合于生产厚大截面的熔模,但要求使用专门的液压式挤压机。

2)制模主要工艺参数

在熔模铸造生产中,必须根据模料的性能和铸件的要求,合理制定制模工艺,在制备熔模时,应按照工艺规范,准确控制压注时模料温度(压蜡温度)、压型温度、压注压力和保压时间等因素。

①压蜡温度　压蜡温度对熔模表面粗糙度影响很大。压蜡温度越高,熔模表面粗糙度越低,但收缩率大,熔模表面容易缩陷;压蜡温度越低,则表面粗糙度越高。

使用液态模料或糊状模料制模时,在保证充型良好的情况下,尽量采用低的压蜡温度,以减少模料的收缩,提高熔模的尺寸精度。

②压型温度　压型工作温度将影响熔模的质量和生产率。压型工作温度过高,使得熔模在压型中冷却缓慢,不但使生产率降低,而且还易使熔模产生变形、缩陷等缺陷;温度过低则使熔模的冷却速度过快,会降低熔模的表面质量,或使熔模产生冷隔、浇不足等缺陷,且易出现局部裂纹。

③压注压力　压注压力的大小主要由模料的性能、压蜡温度、压型温度以及熔模结构等因素决定。黏度较大的模料流动性差，就需要较高的压注压力；若模料的黏度较小，则压注压力就可低些。

虽然压力越大熔模线收缩率越小，但压力也不是越大越好。压力过大，会使熔模表面不光滑，产生"鼓泡"（熔模表皮下气泡膨胀），同时易使模料飞溅；压力过低，则熔模易产生缩陷、冷隔等缺陷。

④保压时间　模料在充满压型的型腔后，保压时间越长，则熔模的线收缩率越小。保压时间的长短取决于压蜡温度、熔模壁厚及冷却条件等。若保压时间过短即过早从压型中取出熔模，其表面会出现"鼓泡"；但保压时间过长，则会降低生产率。

2.4.3　熔模组装与模组清洗

1. 熔模组装

如果铸件用熔模和浇注系统用熔模分别成形或者同时浇注多件时，需要将多个铸件熔模和浇注系统熔模按照预定工艺方案组合成一个大的熔模，此过程称为熔模的组装。组装方法有焊接法、黏结法、机械组装法等。

国内广泛使用的为焊接法。它是使用低压焊刀或热刀片将熔模内浇道口加热焊接到浇口棒上。该法虽然劳动强度较大，效率较低，但简单灵活，适应性强。

2. 模组清洗

为保证涂料能很好地涂挂在模组上，需清洗模组，主要是去除熔模表面的分型剂等，或用刻蚀液将模组表面轻度溶蚀，以提高涂料对熔模的润湿性。

◀ 2.5　型　壳　制　备 ▶

熔模铸造采用的铸型常称型壳，有实体型壳和多层型壳两种，目前普遍采用多层型壳，其厚度一般为 3～8 mm。优质型壳是获得优质铸件的前提，应满足强度、透气性、热膨胀性、热振稳定性、热化学稳定性、导热性、脱壳性等性能要求。而型壳的这些性能又与制壳时所用的耐火材料、黏结剂及制壳工艺等有密切的关系。

型壳制备的主要工序包括涂挂涂料、撒砂、干燥、硬化、脱蜡与型壳焙烧等。制壳时，每次涂挂和撒砂工序后，都必须进行充分的干燥和硬化。

2.5.1　涂挂涂料

1. 涂料配制

涂料是由黏结剂、耐火粉料、润湿剂、消泡剂等组成，具有良好流动性的浆料。

1）黏结剂

目前国内熔模铸造常用的黏结剂主要有水玻璃、硅酸乙酯、硅溶胶等。水玻璃型壳铸件的表面粗糙度大，尺寸精度低，因此近净形成形熔模铸造常用黏结剂为硅溶胶和硅酸乙酯。

(1)水玻璃。

水玻璃又称泡花碱,是可溶性碱金属的硅酸盐溶于水后形成的,其化学分子式为 $Na_2O \cdot mSiO_2 \cdot nH_2O$。纯净的水玻璃是一种无色透明的黏滞性溶液,含有杂质时则呈青灰色或淡黄色。水玻璃的主要参数是模数(水玻璃中 SiO_2 与 Na_2O 的物质的量之比)、密度和 pH 值,它们对型壳的质量及制壳工艺有较大的影响。水玻璃溶液呈碱性,其 pH 值与模数有关。一般高、中模数水玻璃的 pH 值为 $11\sim13$。

熔模铸造常用的水玻璃模数为 $3.0\sim3.4$,相对密度不超过 1.34。模数高则型壳的湿态强度和高温强度高,因而在制壳工艺过程和型壳工作过程中型壳的破损率较低。但模数过高,涂料的稳定性便降低,易老化,制壳时涂层表面很易结皮而黏不上砂粒,造成型壳分层缺陷。且模数越高,在密度相同时水玻璃的黏度也越大,致使涂料的粉液比较低,影响型壳的表面质量及型壳强度。若水玻璃的模数过低,则会使型壳的强度下降。市售水玻璃模数若不能满足要求,可以加碱或酸进行调整。

水玻璃作黏结剂具有成本低、硬化速度快(化学硬化)、湿态强度高、制壳周期短等优点。缺点是铸件表面质量差,尺寸精度不高,只适用于要求不高的低碳钢、低合金钢及铜等有色合金的生产。

(2)硅酸乙酯。

硅酸乙酯是一种聚合物,分子式为 $(C_2H_5O)_4Si$,是一种无色透明液体,密度为 $0.934\ g \cdot cm^{-3}$,具有特有酯味。熔模铸造用硅酸乙酯主要有硅酸乙酯32、硅酸乙酯40、硅酸乙酯50。硅酸乙酯的表面张力低,黏度小,对模料的润湿性能好。所制型壳耐火度高,尺寸稳定,高温时变形及开裂的倾向小,表面粗糙度低,铸件表面质量好,制壳周期较短,广泛用于镍、铬、钴基的高温合金精铸件生产。然而,硅酸乙酯本身不能作为黏结剂,需经水解成为硅酸乙酯水解液才能使用。硅酸乙酯水解液的原材料主要有硅酸乙酯、溶剂酒精、催化剂盐酸和水。硅酸乙酯价格较贵,且对环境有一定污染。

(3)硅溶胶。

硅溶胶是熔模铸造中常用的一种优质黏结剂。它是由无定形二氧化硅的微小颗粒分散在水中而形成的稳定胶体溶液,SiO_2 的质量分数在 30% 左右。硅溶胶使用方便,易配成高粉液比(耐火材料与黏结剂之比)的优质涂料,涂料稳定性好。型壳制造时不需化学硬化,工序简单,所制型壳的高温性能好,有高的型壳高温强度及高温抗变形能力。但硅溶胶涂料对熔模润湿性差,需加表面活性剂来改善涂料的涂挂性。另外,硅溶胶型壳干燥速度慢,型壳湿强度较低,制壳周期长。

市售硅溶胶可不经任何处理直接配制涂料,但也有加水稀释降低 SiO_2 含量后使用的。

硅溶胶的主要物化参数有 SiO_2 含量、Na_2O 含量、密度、pH 值、黏度及胶粒直径等,它们与硅溶胶涂料和型壳性能关系密切。硅溶胶中 SiO_2 含量及密度都反映其胶体含量的多少,即黏结力的强弱。一般来说,硅溶胶中 SiO_2 含量增加,硅溶胶密度越高,则型壳强度越高;而 Na_2O 含量影响硅溶胶的 pH 值。它们都影响硅溶胶及其涂料的稳定性。硅溶胶的黏度反映其黏稠程度,将影响所配涂料的粉液比,黏度低的硅溶胶可配成高粉液比涂料,所制型壳表面粗糙度值低、强度较好。硅溶胶的另一参数是胶体粒子直径,它影响硅溶胶的稳定性和型壳强度,粒子越小,凝胶结构中胶粒接触点越多,凝胶越致密,型壳强度越高,但溶胶稳定性越差。

水玻璃、硅酸乙酯和硅溶胶等铸造常用黏结剂,只能用作钛合金熔模铸造型壳的背层材料。对于面层,需要的是比 SiO_2 更稳定的氧化物(如 Al_2O_3、ZrO_2、CaO 和 Y_2O_3)黏结剂。铸钛型壳面层用黏结剂主要有胶体氧化物(如胶体氧化锆、胶体氧化钇等)和金属有机化合物(如二醋酸锆、硝酸锆等)两类。

2)耐火粉料

耐火粉料是型壳涂料的基本材料,按用途可分为面层(直接与金属液接触)耐火粉料和加固层(不直接与金属液接触)耐火粉料。面层耐火粉料对铸件的表面粗糙度和表面质量有重要影响,因而要求面层耐火粉料具有高纯度、高耐火度,且对铸造合金具有高化学稳定性。对加固层耐火粉料的要求可适当放宽,但它应保证型壳具有良好的强度和抗变形能力等综合力学性能。

涂料用耐火粉料主要有锆英粉、刚玉粉、莫来石粉、熔融石英粉、铝矾土和高岭土等或上述几种粉料的混合物。电熔刚玉粉、锆英粉和石英粉是较理想的面层耐火粉料,前两种主要用于高温合金,第三种用于碳钢。钛合金熔模铸造型壳面层耐火粉料主要为 ZrO_2、Y_2O_3、ThO_2,个别厂也使用 CaO 或 Al_2O_3。

面层耐火粉料通常要细一些,粒度一般为 $200\sim350$ 目。为保证涂料的流动性和防止粉料沉淀,要控制好粉料的粒度分布。

3)涂料配制

涂料的配制是保证涂料质量的重要一环,配制时应让各组分均匀分散,相互充分混合和润湿。涂料配制用设备、加料次序和搅拌时间等均会影响涂料的质量。

涂料配制常采用连续式沾浆机(见图 2-12)。一般先加黏结剂(对于硅溶胶黏结剂,还应加入润湿剂、消泡剂以及增黏剂等),在搅拌中再加入粉料总量的 90% 左右进行充分搅拌混合后,最后加入剩余的粉料以调整涂料黏度。

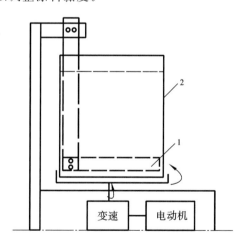

图 2-12 连续式沾浆机结构示意图
1—L 形叶片;2—涂料桶

从涂料开始混制到涂料完全稳定的熟化时间,硅溶胶涂料约需 3 h,硅酸乙酯涂料约需 5 h。待涂料熟化以后还需继续搅拌 9 h 左右才能获得性能最佳的涂料。为防止涂料分层,应充分搅拌,因为如果发生分层,涂料的密度、黏度等性能将发生变化。

对于面层涂料,涂料的粉液比稍微偏高,因而涂料黏度及密度稍高,以保证涂料有良好的涂挂性,获得表面质量好的型壳。

4)涂料的性能检测

为控制涂料的性能,需做多项性能测定:黏度、密度、温度及 pH 值等。其中涂料黏度是主要控制性能。生产中常用流杯黏度来测定涂料黏度。流杯黏度是测定一定体积的涂料,在变压头作用下,排出孔径大小一定的孔所需的时间。此流出时间反映了涂料的稀稠程度,在一定程度上也反映了涂料的粉液比。

2. 涂挂时注意事项

涂挂涂料时应根据熔模结构特点,让熔模在涂料桶中转动和上下移动,保持熔模表面各处的涂料均匀,避免空白和局部堆积。涂挂每层涂料前应清理掉前一层上的浮砂。涂挂涂料以及后面的撒砂和干燥工序一般要重复 5～10 次,以获得必要的型壳厚度。涂挂过程中要定时搅拌涂料,掌握和调整涂料的黏度。

2.5.2 撒砂

涂挂涂料后进行撒砂。撒砂的目的是增大型壳的强度和固定涂料,提高型壳的透气性和退让性,防止涂层干燥时由于涂料收缩而产生穿透性裂纹,并使下一层涂料与前一层很好地黏合在一起。当熔模上剩余的涂料流动均匀而不再连续下滴时,表示涂料流动终止,冻凝开始,即可撒砂。过早撒砂易造成涂料堆积;过迟撒砂造成砂粒黏附不上或黏附不牢。

1. 撒砂用耐火材料

撒砂所用的耐火材料和涂料用的耐火粉料类似,主要有石英砂、刚玉、锆英砂及匣钵砂等。砂的粒度按涂料层次选择,并与涂料的黏度相适应。面层砂粒度要细,才能获得表面光洁的型腔,一般选择 80～100 目的砂粒为宜。第二层涂层以后采用较粗的砂粒,最好逐层加粗,如第 2、3 层用粒径为 0.3～0.7 mm 的砂粒,第 4～7 层则用粒径为 0.7～1.0 mm 的砂粒,并尽量降低砂中的灰分含量。

从节约成本考虑,加固层有时可用价格较便宜的耐火材料。一般面层砂选用圆形砂粒,加固层则选用尖角形砂粒。

2. 撒砂方法

最常用的撒砂方法是机械撒砂和自动化沾浆撒砂两类。机械撒砂包括雨淋式撒砂(也称淋砂法)和沸腾撒砂(又称浮砂法)。

雨淋式撒砂机有转盘式[图 2-13(a)]和直立式[图 2-13(b)]等。砂粒由斗式提升机提到顶部,经连续筛砂机下落,掉在被撒砂的模组涂料层上。淋砂法撒砂的动量小、均匀,不易击穿涂层,涂料豆也易清除,最适宜用于型壳面层撒砂,但撒砂时要手工翻转模组,劳动强度较大,生产效率不高。

沸腾撒砂是应用较广的一种撒砂方法,原理见图 2-14。砂存放在沸腾砂床筒中,压缩空气从底部引入,通过上下孔板和毛毡,使砂粒悬浮起来形成浮砂层。撒砂时只需将涂有涂料的模组往浮砂层一"浸",耐火材料便能均匀地粘在涂料表面。相较于雨淋式撒砂,沸腾撒砂具有劳动强度低、占地面积小、容易实现机械化流水线生产的特点。但是,高速气流易使砂粒击穿涂料层进而影响表面质量,因此适用于加固层的撒砂。以上两类撒砂设备均带有吸尘器。

自动化沾浆撒砂是一种基于现代化的设备,见图 2-15,采用机械手自动沾浆,主要应用于硅溶胶黏结剂的制壳工艺中。相较于机械撒砂,自动化沾浆撒砂具有自动化程度高、工作环境

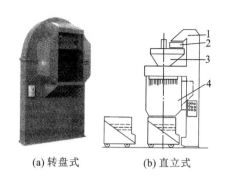

(a) 转盘式   (b) 直立式

图 2-13　雨淋式撒砂机

1—斗式提升机；2—连续筛砂机；3—储砂斗；4—模组撒砂区

好、劳动强度低的优势，但一套系统的工装设备价格昂贵，往往用来批量生产高质量精铸件，尤其是航空类铸件。

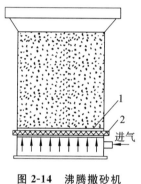

图 2-14　沸腾撒砂机

1—上、下孔板；2—毛毡

图 2-15　自动化沾浆撒砂

2.5.3　干燥和硬化

制壳时，每次涂挂和撒砂工序后，都必须进行充分干燥和硬化，这是保证型壳质量的重要措施。干燥过程中型壳会发生收缩，如果砂层薄、强度低就会形成裂纹。特别是对于面层，因面层厚度很薄，如果控制不当就容易产生裂纹和剥离。

1. 水玻璃型壳的干燥硬化

水玻璃黏结剂需要通过干燥和化学硬化两个环节才能完成水玻璃黏结剂型壳的干燥硬化。干燥工艺过程为自然干燥—化学硬化—硬化后干燥。

1）自然干燥（硬化前干燥）

水玻璃型壳化学硬化前的自然干燥是水玻璃型壳脱除自由水的过程。由于是自由脱水，故型壳收缩缓慢，而水分的蒸发和脱水收缩在型壳中留下的微细孔隙和裂纹，有助于此后硬化剂对涂层的渗透扩散，使硬化速度加快。

2）化学硬化

水玻璃的化学硬化就是水玻璃的胶凝过程，即水玻璃与硬化剂发生化学反应，形成硅酸凝胶。硬化方法通常是将型壳放在硬化剂溶液（酸或酸性盐水溶液）中进行硬化。常用的硬化剂有氯化铵、结晶氯化铝、结晶氯化镁等。氯化铵与氯化铝等相比，具有良好的扩散硬化能力。

常用硬化剂的硬化工艺参数及硬化液控制见表2-6。

表2-6　常用硬化剂的硬化工艺参数及硬化液控制

硬化剂种类	硬化工艺参数				硬化液控制项目
	硬化剂浓度/ （质量分数，%）	硬化温度 $T/℃$	硬化时间 t/min	干燥时间 t/min	
氯化铵	22～25	20～25①	3～5	30	氯化铵质量分数， 氯化钠质量分数≤6.5%
结晶氯化铝	31～33	20～25①	5～10	30～45	密度 1.16～1.17 g·cm⁻³， pH 1.4～1.7
结晶氯化镁	28～34	20～25①	0.5～3.0	30～45	密度 1.24～1.30 g·cm⁻³， pH 5.5～6.5

注：①面层温度为20～25 ℃，从第二层起可逐步提高温度，但最外层温度应小于45 ℃。

3）硬化后干燥（晾干）

硬化后干燥的目的主要是去除残留硬化剂，并继续完成扩散硬化。晾干时间长短与温度、湿度、硬化剂种类、硬化工艺及熔模结构等因素有关。

2. 硅酸乙酯型壳的干燥硬化

硅酸乙酯黏结剂型壳的干燥硬化，实质上是涂料中的硅酸乙酯水解液继续发生水解-缩聚反应而达到最终的胶凝以及溶剂挥发的过程。前者主要是化学硬化，后者是物理过程，但彼此有密切联系。

pH 值对水解液的水解-缩聚反应速度有重要影响，增大涂料层中黏结剂的 pH 值可大大加快硬化速度。型壳自然干燥后进行氨气干燥就是为了达到这个目的。氨气自氨瓶通入干燥箱后，氨气溶解于型壳上的水中，形成 NH_4OH，它在涂料层中离解为 NH_4^+ 和 OH^-，提高了黏结剂的 pH 值，从而加快缩聚反应。生产中广泛应用空气-氨气干燥硬化法。模组撒砂完毕后，先在空气中自然干燥 0.5～2 h，再放入浓度为 0.05%～0.5% 氨气中硬化 10 s～5 min，最后排氨去味。提高温度可加快溶剂蒸发和黏结剂缩聚，但温度过高会引起熔模变形，一般要求干燥环境温度不低于 20～25 ℃。若温度过低，涂料层中的溶剂蒸发缓慢，型壳将产生开裂。

3. 硅溶胶型壳的干燥硬化

硅溶胶型壳干燥是制壳中最重要的一环。硅溶胶型壳中的水大部分在干燥过程排除，干燥过程实质上就是水分蒸发和硅溶胶的胶凝过程。随着型壳的干燥，水分蒸发，硅溶胶含量提高，溶胶便胶凝而形成凝胶，牢固地将耐火材料颗粒黏结起来，同时耐火材料颗粒彼此接近，这就使得型壳获得了强度。

由于硅溶胶只能通过脱水干燥，而水的蒸发速度很慢，因此硅溶胶型壳的干燥硬化时间比水玻璃型壳和硅酸乙酯型壳长。通常情况下，硅溶胶型壳面层干燥需 5 h 以上，加固层干燥需 8 h 以上。另外干燥硬化时间受铸件大小和形状、制壳车间的干燥条件影响。

硅溶胶型壳自然干燥时，环境温度和湿度对熔模尺寸影响很大，应严格控制，以确保熔模尺寸稳定。因此制壳车间应恒温、恒湿，且具有良好的通风条件，一般要求制壳车间温度控制在 22～25 ℃，湿度控制在 40%～50%。

2.5.4 脱蜡

型壳完全硬化后,需从型壳中熔去熔模。熔模熔失的过程称为脱蜡,是熔模铸造的主要工序之一。型壳制成后一般要停放一段时间(2~4 h)方可进行脱蜡。停放期间型壳中残留硬化剂对涂料层继续硬化,强度增加。

脱蜡方法有多种,常用的有热水脱蜡法、热空气脱蜡法、高压蒸汽脱蜡法、热溶剂脱蜡法、闪烧(热冲击)脱蜡法、燃烧及微波脱蜡法等,目前应用最广泛的为高压蒸汽脱蜡法,而水玻璃型壳多采用热水脱蜡法。

1. 高压蒸汽脱蜡法

这是一种快速脱蜡法。温度升高时,模样膨胀将可能导致型壳产生裂纹或破裂。因此,高压蒸汽脱蜡法能在型壳周围快速建立起压力,应在防止型壳因熔模膨胀而产生破裂的同时,将熔模熔化。它是将 0.6~0.7 MPa 的高压蒸汽快速引入放置有铸型的压力容器内进行脱蜡,在蜡开始膨胀之前,即数秒钟内就建立起必要的压力,保持压力 10~15 min 后脱蜡结束。

2. 热冲击脱蜡法

这是一种瞬时脱蜡法。它是将型壳快速放入 900 ℃ 左右的高温炉中,使贴近型壳的熔模迅速熔化,避免模料膨胀引起铸型应力。

3. 热水脱蜡法

水玻璃型壳多采用热水脱蜡法。热水脱蜡的水温宜控制在 95~98 ℃ 之间,脱蜡水中加入质量分数为 3%~8% 的氯化铵或加入质量分数为 4%~6% 的结晶氯化铝或质量分数为 1% 的工业盐酸,使型壳脱蜡时得到补充硬化。型壳浇口杯朝上,脱蜡时间应控制在 20~30 min。脱蜡后的型壳内腔可能存有残余蜡料及黏附的皂化物,宜用热水冲洗一下。热水脱蜡设备简单、费用低,蜡回收率高,但会降低型壳强度,同时热水沸腾易将脱蜡槽中砂粒及污物翻起而进入型腔,造成砂眼等缺陷。另外,此种脱蜡方法还具有劳动条件差和劳动强度大等缺点。

2.5.5 型壳焙烧

脱蜡后型壳在干燥空气中经一段时间(至少 2 h)的自然干燥后,须进行焙烧。焙烧的目的是去除型壳中的水分、残余模料、硬化剂、盐分等,降低型壳浇注时的发气性,提高透气性,防止出现气孔、浇不足等缺陷。经过高温焙烧,黏结剂中的溶剂完全挥发掉,溶胶真正地全部变成凝胶,进一步提高型壳的强度。焙烧后还可提高型壳温度,减少型壳与金属液的温度差,提高金属液的充型能力,防止浇不足等缺陷。

水玻璃型壳的焙烧温度一般为 850 ℃,保温时间为 0.5~2 h。对于硅溶胶或硅酸乙酯型壳,焙烧温度则为 950~1100 ℃,薄壁件应适当提高,保温时间为 2~3 h。焙烧时,升温速度不能太快,应缓慢加热,因为型壳的热导率很低,升温太快时型壳内外温差较大,各部位膨胀量不同会导致型壳出现裂纹。

实际上,型壳在焙烧过程中还会发生一系列的物理、化学变化,其中以水玻璃型壳的焙烧过程最为复杂,除水分、残余模料和盐分的挥发、燃烧、分解外,还有耐火材料组分中的相变和新相的形成。型壳在焙烧过程中,尺寸会发生变化,故在进行工艺设计时应充分了解型壳材料的热物理特性。

型壳焙烧设备有油炉、煤气炉、电炉和燃煤反射炉等。在大批量生产中,可采用连续加热和冷却的隧道炉进行焙烧。

2.5.6　复合型壳

复合型壳就是制壳时,表面1~2层采用性能较好的黏结剂涂料,而加固层采用另外一种黏结剂涂料而获得的型壳。复合型壳的目的在于扬长避短,各尽所能,并降低成本。复合型壳有硅溶胶-水玻璃复合型壳、硅酸乙酯-水玻璃复合型壳、硅溶胶-硅酸乙酯复合型壳等。生产中常用硅溶胶-水玻璃复合型壳,即面层采用硅溶胶制壳,而加固层采用水玻璃制壳。因为水玻璃型壳的表面质量不高,所生产的熔模铸件表面粗糙度值较大,Ra 一般约为 $12.5~\mu m$,而硅溶胶型壳的铸件表面粗糙度值 Ra 可达 $3.2~\mu m$。因此采用复合型壳既提高了铸件的表面质量,又可降低了生产成本。

◀ 2.6　熔模铸造型芯 ▶

2.6.1　概述

一般情况下,熔模铸造的内腔是与外形一起通过涂挂涂料、撒砂等工序形成的,不用专制型芯。但当铸件内腔过于窄小或形状复杂,常规的涂挂涂料、撒砂等工序根本无法实施,或内腔型壳无法干燥硬化时,就必须使用预制的型芯来形成铸件内腔。这些型芯要等铸件成形后再设法去除。例如航空发动机空心叶片的内腔,就必须采用陶瓷型芯。图 2-16 所示为用陶瓷型芯生产的空心单晶叶片及各类陶瓷型芯。

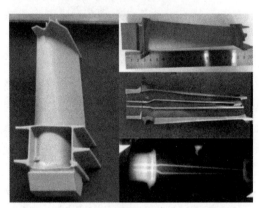
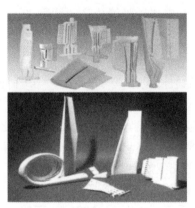

(a) 单晶叶片　　　　　　　　　　　　　　(b) 陶瓷型芯

图 2-16　用陶瓷型芯生产的空心单晶叶片

1. 熔模铸造用型芯的基本要求

熔模铸造用型芯与普通铸造用型芯一样,除被金属液包围、工况条件恶劣外,还需经受脱蜡和焙烧时的高温作用。为此,型芯应满足下列要求。

①耐火度高　型芯的耐火度至少应高于合金的浇注温度,以保证在浇注和铸件凝固过程

中不软化和变形。在定向凝固和单晶铸造的工艺中,要求陶瓷型芯在 1500～1650 ℃下稳定工作时间不少于 120 min,甚至不少于 30 min。

②热膨胀率低,尺寸稳定 为保证铸件内腔尺寸精度,型芯的热膨胀率应尽可能小,且无相变,以免造成型芯开裂或变形。一般来说其线膨胀系数小于 $4×10^{-6}$ ℃$^{-1}$为宜。

③足够的强度 型芯应具有足够的常温强度,以承受压制熔模过程中熔融模料的高速冲击而不断裂或损坏。型芯还要有足够的高温强度和优良的抗蠕变能力,能承受金属液的机械冲击和热冲击而不发生断裂或软化变形。

④高温化学稳定性好 不与金属液发生化学反应,以避免恶化铸件表面质量和铸件性能。

⑤溃散性好,易脱除 型芯必须具有适当的化学活性和足够的孔隙率(20％～40％),容易与脱芯液起化学反应而从金属铸件中脱除。

2. 熔模铸造型芯的分类

按成形方法和工艺特点可将熔模铸造型芯分为热压注陶瓷型芯、传递成形陶瓷型芯、灌浆成形陶瓷型芯、水溶型芯、水玻璃型芯、替换黏结剂型芯和细管型芯等。它们的脱芯方法和应用范围也各不相同,见表 2-7。国内外应用最广的是热压注陶瓷型芯,其材质以二氧化硅基的耐火材料为主。

表 2-7 各种类型熔模铸造型芯的工艺特点和应用

型芯种类	成形方法	工艺特点	脱芯方法	应用
热压注陶瓷型芯	热压注成形	以热塑性材料(如蜡)为增塑剂配制陶瓷料浆,经热压注成形、高温烧结而成	化学腐蚀	内腔形状复杂而精细的高温合金和不锈钢铸件,定向凝固和单晶空心叶片
传递成形陶瓷型芯	将混合有黏结剂的陶瓷粉末用高压压入热芯盒中成形	制芯混合料中含有低温和高温黏结剂	化学腐蚀	主要适合真空熔铸高温合金
灌浆成形陶瓷型芯	自由灌注成形	陶瓷浆料中加入固化剂,注入芯盒后自行固化	机械方法	内腔形状较宽厚的铸件
水溶型芯	自由灌注成形	以遇水溶解或溃散的材料作黏结剂配制浆料,注入芯盒后自行固化	用水或稀酸溶失	内腔形状较宽厚的有色合金铸件
水玻璃型芯	紧实型砂	以水玻璃为黏结剂配制芯砂,制成型芯后浸入硬化剂硬化	机械方法	与水玻璃型壳配合使用
替换黏结剂型芯	冷芯盒法成形	将特殊液体渗入冷芯盒法制成的型芯中,令其熔烧时转变为高温黏结剂	机械方法	尺寸精度和表面质量要求较低的民用产品

型芯种类	成形方法	工艺特点	脱芯方法	应用
细管型芯	将金属或玻璃薄壁管材弯曲、焊接成形	将金属或玻璃薄壁管材弯曲、焊接成复杂管道型芯	化学腐蚀或留在铸件中	主要适合于有色合金细孔铸件（$d > 3$ mm，$L < 60d$）

2.6.2 热压注陶瓷型芯

热压注陶瓷型芯是以基体材料和矿化剂为分散相，以有机增塑剂为介质，经加热混合，使粉料与增塑剂形成流态浆料，然后在较高的压力下压注成形的。它可以铸出 0.25 mm 的沟槽或直径 0.5 mm 的精细孔洞或形状十分复杂的内腔。这种型芯应用最为广泛，是熔模铸造用型芯的典型代表。

1. 型芯材料

1）基体

陶瓷型芯的基体材料有多种，如石英玻璃、刚玉、氧化镁、氧化钙、锆英石和氧化锆等，石英玻璃（熔融石英）由于具有最低的热膨胀系数和良好的溶（熔）失性，因此应用最广。

石英玻璃是硅质陶瓷型芯的基体材料。透明石英玻璃的密度为 2.21 g·cm^{-3}，不透明石英玻璃的密度介于 2.02～2.08 g·cm^{-3} 之间。石英玻璃在熔点以下处于介稳定状态，在热力学上是不稳定的，当加热到一定温度（透明石英玻璃为 1200 ℃，不透明石英玻璃为 1100 ℃），开始转变为方石英，此转变过程称析晶，同时体积增大，适量的方石英析出有利于提升硅基陶瓷型芯的强度。然而，当冷却至 180～270 ℃时，SiO_2 发生二次晶型转变，由 α 型方石英转变为 β 型方石英，同时体积缩小约 5.0%，过量的析晶将产生微裂纹，损伤了型芯强度。因此，在型芯生产过程中，石英玻璃的析晶转变对于陶瓷型芯的性能将产生显著影响。

石英玻璃的粒度、杂质含量均影响析晶、烧结过程和陶瓷型芯性能，应选用合理的粒度级配，严格控制其杂质含量。

2）矿化剂

石英玻璃的烧结和析晶几乎同时于 1100～1200 ℃开始，这就使石英玻璃的陶瓷型芯烧成温度很难掌握。若温度偏低，则型芯没有烧结或烧结不足，其强度低；若温度过高，则型芯虽烧结，但又析出过量方石英，冷却后型芯的常温强度也很低。为解决这一矛盾，需加入能适当降低陶瓷型芯烧结温度的某些添加剂，即矿化剂。矿化剂能促成烧结并兼有提高型芯高温抗变形能力以及提高石英玻璃析晶率等重要作用。国内常用的矿化剂有氧化铝系、氧化钙系和氧化锆系及 ACS（氧化铝、氧化硅和氧化钙三元复合矿化剂）等几种。

3）增塑剂

为保证陶瓷浆料能顺利压注成形，需加入增塑剂。增塑剂熔化后应黏度小，流动性好。常用的增塑剂有石蜡、蜂蜡、硬脂酸等。为提高型芯坯体强度，也常加入少量高聚物。增塑剂用量对型芯的孔隙率、抗弯强度、体积密度和烧成收缩率均有明显影响，应严格控制。

增塑剂加入方法：将蜡熔融加入粉料中，制成具有一定流动性的陶瓷浆料，以便形成坯体。加入量约为陶瓷粉料的 20%，在保证成形的条件下尽量少加增塑剂，以减少收缩，增加强度。

4）表面活性剂

为减小陶瓷粉末与增塑剂之间的界面张力，使两者能很好地混合、包覆，粉料中需加入表面活性剂，又称润湿剂。常用的表面活性剂有油酸、脂肪醇类等物质。它被陶瓷粉料吸附形成薄膜，能增加粉料的滑动性，减少增塑剂的用量，从而有利于型芯成形，一般用量为粉料质量分数的 0.5%～1.0%。

2. 制芯工艺

1）浆料制备

国内几种陶瓷型芯的浆料配比、配制方法和型芯性能见表 2-8。

表 2-8　国内几种陶瓷型芯的浆料配比、配制方法和型芯性能

配比/(质量分数,%)		配制方法	烧成温度/℃	性能			
石英玻璃	矿化剂			烧成收缩率/(%)	抗弯强度/MPa	热变形量(135 ℃,1 h)/mm	孔隙率/(%)
80	锆石粉(20)	1. 将粉料和矿化剂置于球磨机内混磨 2 h 以上，取出烘干，使水分质量分数低于 0.3%。	1130	1.2	7.0	2.0	—
85	氧化铝(15)、B_2O_3(0.4)	2. 将质量分数 15%～20% 的增塑剂加入带搅拌器的不锈钢容器内，加热至 85～95 ℃，并在搅拌的情况下加入粉料和质量分数为 0.5%～1.0% 的油酸，继续搅拌 4～5 h，即可用于制芯或浇成锭块备用	1130	0.7	10.3	1.2	30
90	氧化铝(5)、Cr_2O_3(5)		1130	0.4	12.0	1.0	21

2）压制型芯坯体

陶瓷型芯大多采用热压注成型，工艺参数控制类似于压注熔模。由于陶瓷型芯浆料是以粉料为主的，成形所需的压注压力相对较大。一般地，压力越大，压注温度越低，陶瓷型芯坯体变形越小，尺寸越准确。正常成形的压注压力为 2.7～4.0 MPa，压注温度比增塑剂熔点高 30～80 ℃。压型要预热到 40～50 ℃，保压时间为 10～30 s。石英玻璃硅基陶瓷型芯胚体压注成形工艺参数见表 2-9。

表 2-9　石英玻璃硅质陶瓷型芯坯体压注成形工艺参数

浆料压注温度/℃	压注压力/MPa	压型温度/℃	保压时间/s	脱模剂
80～120	2.7～4.0	30～50	10～30	硅油

压制好的陶瓷型芯坯体如发现变形，可置于 50～60 ℃下加热，待其软化后再放回压型或校正型内校正，冷却后取出。

3）装钵和填充填料

装钵是将压制成型的陶瓷型芯坯体埋入盛有填料的匣钵中，防止型芯在焙烧过程中变形损坏。填料应具有较强的吸附增塑剂能力，焙烧时本身不发生相变或烧结，也不与型芯坯体发生任何反应，以免恶化型芯表面质量。生产中常用在 1300 ℃下保温 4～6 h 焙烧过的工业氧化铝作填料，在振幅为 0.2～0.5 mm 的振动台上造型。型芯在匣钵内的安放位置见图 2-17。

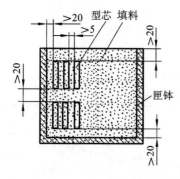

图 2-17　型芯在匣钵内的放置示意图

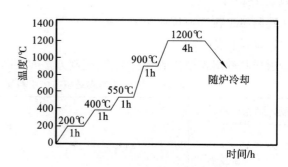

图 2-18　热压注硅基陶瓷型芯的焙烧工艺规范

4）焙烧

陶瓷型芯坯体的焙烧可分为排蜡和烧结两个阶段。

通过加热将陶瓷型芯坯体中的增塑剂去除的过程称为排蜡，一般焙烧温度在 600 ℃前的阶段属排蜡阶段。增塑剂受热逐渐熔化随即被坯体周围的填料吸收，并通过填料向外扩散、挥发和燃烧。此时升温要慢，否则蜡液来不及被填料吸收而直接气化，会使型芯坯体产生起皮、鼓泡等缺陷。温度升至 600 ℃左右，排蜡基本结束，烧结尚未开始，型芯处于完全松散状态，凭借周围填料的紧实作用维持其形状和尺寸。

当温度达到 900 ℃以上时型芯开始烧结，通常烧结温度在 1100～1400 ℃之间，保温 2～4 h。终烧结温度和保温时间对石英玻璃的析晶和粉粒烧结都有显著影响，对型芯质量至关重要，必须严格掌握。图 2-18 为热压注硅基陶瓷型芯的焙烧工艺规范。

5）强化

对一些烧成后强度仍感不足的陶瓷型芯，可通过强化处理以提高其强度。强化就是将某种黏结剂溶液浸入已烧成的陶瓷型芯中以提高其强度。强化分低温强化和高温强化。

低温强化主要目的是提高型芯的室温强度。强化方法是将焙烧好的陶瓷型芯浸渗在溶有热固性树脂和固化剂的溶液中，再经固化处理即成。一般将型芯浸泡在强化剂中 30 min，常温强度可提高 1.5～3 倍。

高温强化的目的是提高型芯的高温强度，可浸入硅酸乙酯水解液或硅溶胶，能使高温强度提高 30%～50%。

3. 型芯脱除

除形状简单而尺寸较大的型芯用机械脱除法外，大多数陶瓷型芯采用化学腐蚀法脱除，如混合碱法、碱溶液法、压力脱芯法、氢氟酸法。热压注陶瓷型芯常用的脱芯方法见表 2-10。由于化学脱芯材料的腐蚀性很大，故操作过程中应特别注意安全并配置良好的通风装置。铸件放入碱槽前应预热，防止碱溶液及氢氟酸飞溅。氢氟酸有强腐蚀性和剧毒，应尽量避免使用。脱芯槽和压力脱芯罐的结构示意图分别见图 2-19 和图 2-20。

表 2-10　热压注陶瓷型芯常用的脱芯方法

脱芯方法	脱芯材料	脱芯条件	脱芯时间/h	特点和应用范围	清洗与中和
混合碱法	$w(NaOH)35\%$ $+w(KOH)65\%$	$400\sim500$ ℃	$0.5\sim1.0$	腐蚀性大,脱芯速度较快,受设备限制,多用于小批量生产	流程如下: 1.热水冲洗; 2.冷水冲洗; 3.使用 $w(HCl)$ $25\%+w(H_3PO_4)$ $25\%+w(水)50\%$ 溶液中和; 4.冷水冲洗; 5.用酚酞溶液滴入检测应为中性
碱溶液法	$w(NaOH)30\%$ $\sim40\%$水溶液, $w(KOH)60\%\sim$ 70%水溶液	沸腾	$3\sim6$	腐蚀性较小,但脱芯速度慢,可用于大批量生产	
压力脱芯法	$w(NaOH)30\%$ $\sim40\%$水溶液	压力 $0.1\sim$ 0.2 MPa	$0.4\sim0.6$	腐蚀性较小,脱芯速度较快,适合大批量生产,但需专门设备	
氢氟酸法	氢氟酸	室温	$1\sim3$	腐蚀性和毒性大,但无专门设备,适合单件小批量生产	水冲洗

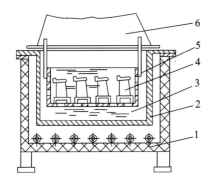

图 2-19　脱芯槽结构示意图

1—炉体;2—碱槽;3—碱液;
4—铸件;5—铸件框;6—抽风罩

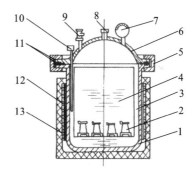

图 2-20　压力脱芯罐结构示意图

1—压力罐体;2—铸件;3—铸件框;4—碱液;5—紧固环;
6—盖;7—压力表;8—安全阀;9—放气阀;10—测温管;
11—密封圈;12—发热体;13—隔热套

4.陶瓷型芯的新发展

1)硅质陶瓷型芯

全面正确认识析晶对硅质陶瓷型芯的有害和有利影响,掌握析晶的规律,进而改进配料和工艺,可使这类型芯的高温性能有较大幅度的提高。据介绍,生产定向凝固用的硅质陶瓷型芯,是将 75 份熔融石英和 1~25 份碱金属化合物的矿化剂混合,再加其他材料,压制成芯而制成的。型芯在 1000~1300 ℃下烧成,此时应保证形成质量分数至少为 35% 的方石英,然后冷却至室温待用。使用前,型芯和型壳被预热到 1300~1600 ℃,然后进行浇注,从而使型芯在浇注 10~30 min 的短时间内方石英质量分数达到 60%~80%,使型芯具有很好的高温稳定性。这样型芯可在 1550~1600 ℃甚至 1650 ℃下保持 1 h 或更长时间,尺寸稳定。据介绍,美国熔模铸造用陶瓷型芯仍有 90% 的硅质陶瓷型芯,甚至更多。

2）非硅质陶瓷型芯

为生产形状更复杂、工作温度更高的定向凝固型芯，生产上研制了非硅质陶瓷型芯，如含氧化镁的氧化铝型芯、含氧化钇的氧化铝型芯、氧化钐基型芯、氧化铒基型芯、氮化硅型芯等。这些陶瓷型芯表面致密，内部均具有很高的孔隙率，内外有明显的密度梯度。为顺利去除非硅质陶瓷型芯，还可以使用热压处理工艺，常用的熔盐除 KOH、NaOH 外，还有 CaF_2 和 NaF 等混合熔盐。

2.6.3　水溶型芯

水溶型芯的特点是遇水能溶解或溃散，脱芯方便。水溶型芯因其优异的溃散性而主要用于非常难清理的复杂内腔或细长孔道的铸件生产中。常用的水溶型芯有水溶石膏型芯、水溶陶瓷型芯。用于熔模铸造的水溶型芯，必须能受住脱蜡时水溶液或水蒸气的浸蚀而不被破坏，目前解决这一问题的主要途径是在水溶型芯表面涂上一层抗水膜。另外还需选择合适的黏结剂和耐火材料，使型芯能承受焙烧和浇注时的高温作用。

1. 水溶石膏型芯

1）石膏浆料

水溶石膏型芯的主体材料为半水石膏（$CaSO_4 \cdot 1/2H_2O$）、水溶性盐和固体材料。单纯的石膏难溶于水，为了提高石膏的水溶性，通常加入硫酸镁、硫酸钠、硫酸锌、硫酸钾、硫酸亚铁等水溶性盐，其中最好的是硫酸镁。为减小石膏加热时尺寸变化，防止开裂，石膏中需加填料。常用的固体填料有硅石、铝矾土、滑石粉、石英玻璃、高岭土熟料、玻璃纤维等。表 2-11 是几种水溶石膏型芯浆料的配方。

表 2-11　水溶石膏型芯浆料配方　　　　　　单位:g

石膏混合料			硫酸镁	水
石膏	硅石粉 200～270 目	滑石粉		
60～85（β半水石膏）	10～30	5～10	16～25	50～80
70（以 α 半水石膏为主的模型石膏）			30	35
80（以 α 半水石膏为主的铸型石膏）			20	30

2）制芯

石膏型芯采用灌浆法成形。型芯硬化后从芯盒中取出，在 300 ℃下烘干 2～3 h。型芯烘干后用浸渗或刷涂法在其表面涂上防水膜，然后自然风干或在 100 ℃下烘干待用。

3）应用

水溶石膏型芯与普通石膏型相比，表面粗糙度相当或更细，强度更高，透气性更好。但石膏和硫酸镁在加热过程中均会发生多种相变，开裂倾向大。当石膏和硫酸镁一起使用时，硫酸镁的分解温度降为 900 ℃，故此温度可视为水溶石膏型芯的极限使用温度。它适用于铝、锌等合金熔模铸件生产。型芯对铝合金几乎没有腐蚀作用，脱芯后无须任何附加处理。

2. 水溶陶瓷型芯

水溶陶瓷型芯通常以耐火粉料为基体，水溶性盐为黏结剂，再加入增塑剂（如水玻璃、油质黏结剂或石蜡）配成混合料，经捣实、挤压或压注成形，后烘干并焙烧，涂防水膜，烘干备用。

1)水溶陶瓷型芯浆料

其组成与成形工艺有关。捣实成形用浆料中耐火骨料的质量分数约占 90%，$w_{(水溶性盐)}$ 约 10%、$w_{(水)}$ 为 6%～12%。挤压成形时可在上述比例基础上将加水量减少 2%～4%（质量分数）；灌浆成形时加水量要增加到 40%～50%（质量分数）。水溶性盐也要适当增加，以便使浆料有足够的流动性。压注成形则常以水溶性盐为主，质量分数为 60%～70%，$w_{(耐火材料)}$ 约 10%，$w_{(增塑剂)}$ 为 20%～30%。表 2-12 为不同成形工艺的水溶陶瓷型芯浆料配比。

表 2-12　水溶陶瓷型芯浆料配比　　　　　　　　　　　　单位:g

成形方法	耐火骨料120目电熔刚玉	水溶性盐							增塑剂:粗制聚乙二醇	水
		碳酸钾	磷酸钾	磷酸钠	氢氧化钡	铝酸钾	多元醇	氯化钠		
捣实成形	92	8	—	—	—	—	—	—	—	6.4
	90	—	10	—	—	—	—	—	—	12
	90	—	—	8	—	2	—	—	—	8
	91	—	—	7.5	—	1.5	—	—	—	8
	92	—	—	7	—	1	—	—	—	8
挤压成形	7～14	—	—	—	—	—	—	60～70	24～28	—
灌浆成形	90	—	10	—	—	—	—	—	—	40
	80	—	—	20	—	—	—	—	—	59

2)制芯工艺参数

压注成形的压射力为 3.0～3.5 MPa，挤压成形的挤压压力为 30 MPa。型芯坯体烘干温度为 200～250 ℃，烘干时间为 0.5～2.0 h。铝合金型芯烧结温度为 700 ℃，时间为 0.5～1.0 h;铜、铁、钢型芯烧结温度为 900 ℃，时间为 0.5～2.0 h。

型芯在脱蜡时受蒸汽浸蚀很严重，故型芯表面需涂一层防水膜，该膜既能渗入型芯表面约 2 mm，又能在表面形成约 50 μm 厚度的薄膜。表 2-13 为几种防水涂料的成分和成膜方法。

表 2-13　几种防水涂料的成分和成膜方法

树脂或油漆			固化剂			溶剂		成膜方法
醇酸清漆/mL	酚醛树脂/g	6101 环氧树脂/g	六次甲基四胺/g	多乙烯多胺/mL	聚酰胺/g	二甲苯/mL	丙酮/mL	
95	—	—	—	—	—	5	—	自然风干
—	—	50	—	—	50	—	75	自然风干而后 100 ℃保温 60 min
—	—	100	—	10	—	—	75	
—	32	—	3	—	—	—	50	

2.7 铸件浇注与清理

2.7.1 浇注

1.常用浇注方法

熔模铸件常用的浇注方法有以下几种。

1）重力浇注

重力浇注又分用转包浇注、熔炉直接浇注和翻转浇注三种方法。生产中最常用的是转包浇注。当浇注质量要求较高的小型精铸件时，为保证较高的型壳温度、减少钢液氧化和热损失，可使用从熔炉直接浇入型壳浇口杯的熔炉直接浇注法。当生产质量要求高，又含有铝、钛、铌等易氧化元素的小型铸件时，可预先将型壳倒扣在坩埚上，再将熔炉炉体缓慢匀速翻转，使钢液注入型壳中，即为翻转浇注。

2）真空吸铸（CLA 法）

将型壳置于密封室内，通过抽真空使型壳内形成一定的负压，金属液在压力差的作用下，被吸入型腔，当铸件内浇道凝固后，去除真空条件，直浇道中未凝固的金属液靠自重流回熔池中。这种浇注方法提高了合金液的充型能力，铸件最小壁厚可达 0.2 mm，同时减少了气孔、夹渣等缺陷，可显著提高铸件的工艺出品率（>90%），特别适合于生产质量要求较高的小型精细薄壁铸件。

3）离心浇注

为提高金属液的充型能力和铸件的致密度，常采用离心浇注法。航天用的钛合金熔模铸件几乎全部采用离心浇注法。常用的离心浇注机是立式的，如图 2-21 所示。

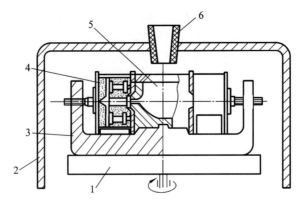

图 2-21 离心浇注机示意图

1—离心转台；2—外罩；3—铸型固定架；4—铸型；5—金属承接器；6—浇杯

4）调压铸造

在真空中一定压差下将金属液压入型腔，充型压差为 0.01～0.02 MPa，随后保持压差并增大压力至 0.5～0.6 MPa，使铸件在此压力下结晶，即为调压铸造。浇注铝合金时浇注温度为 680～700 ℃，型壳温度为 200～300 ℃。

5）低压铸造

一般的熔模铸造型壳难以承受低压铸造时的保压压力,所以必须使用实体熔模铸型,即用耐火材料颗粒干法造型或湿法造型,或用熔模陶瓷型、熔模石膏型等来进行低压浇注。该法充型性好,铸件疏松较少。

6）定向凝固

一些熔模铸件如飞机发动机叶片,需要采取定向凝固技术以获得力学性能优良的单晶体或柱状晶。图 2-22 所示为叶片定向凝固装置示意图。浇注之前,将型壳放在石墨电阻加热器中的水冷底座上。当型壳被加热到一定过热温度时,向型壳内浇入过热金属液,底座下的循环水将铸件结晶时所放出的热量带走,这时根据铸件晶体生长方向与散热方向相反的规律,晶粒就沿着垂直于底座的方向向上生长。为保证凝固界面和界面前沿温度梯度的稳定性,与此同时,铸件以一定的速度从炉中移出或将炉子移离铸件,而使铸件空冷,保证晶体的顺利生长。最后叶片全部由单晶或柱状晶组成。

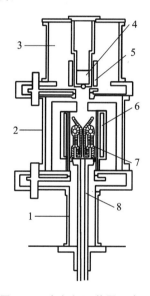

图 2-22　定向凝固装置示意图

1—拉模室;2—模室;3—熔化室;4—坩埚和原料;5—水冷底座和杆;
6—石墨电阻加热器;7—型壳;8—水冷感应圈

2.浇注工艺参数

浇注温度、浇注速度、铸型温度等浇注工艺参数对铸件质量均有影响。熔模铸造常采用热型浇注,由于铸件的结构特点和合金种类不同,型壳温度也有所不同(见表 2-14),有时还需相应调整合金的浇注温度。浇注速度通常可采用浇注时间表示,采用容量为 10 kg 的高频感应翻转炉浇注,其浇注时间为 3～4 s;采用浇包浇注 5～10 kg 铸件时,浇注时间为 4～8 s;浇注100 kg 铸件时,浇注时间小于 10 s。

表 2-14　不同合金浇注时的型壳温度　　　　　　　　　　　　　　单位:℃

合金种类	铝合金	铜合金	铸钢	高温合金
温度	300～500	500～700	700～900	800～1050

2.7.2　清理

熔模铸件的清理包括清除铸件组上的型壳、切除浇冒口和工艺肋、磨削浇冒口余根、清除铸件表面和内腔的黏砂和氧化皮、消除铸件表面毛刺等。

1. 清除型壳

现使用较多的为振击式脱壳机(见图 2-23),结构简单,操作方便,但劳动条件差。铸件上窄槽、小孔和盲孔内的型壳不易脱出,需辅以钻孔、碱煮等方法才能清除。

图 2-24 所示为高压水力清砂设备示意图,它利用 10～40 MPa 高压水,经喷枪喷嘴形成高压射流射到带型壳的铸件组上,从而将型壳和铸件组分开。高压水不损坏铸件,该设备具有生产效率高、劳动条件好、经济性好的优点。高压水力清砂在熔模铸件的清理中已广泛使用。铝铸件水压以 8～10 MPa 为宜,铸钢件水压以 20～40 MPa 为宜。

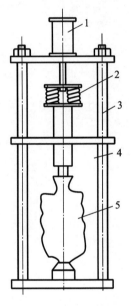

图 2-23　振击式脱壳机
1—气缸;2—弹簧;3—导柱;
4—气锤;5—铸件组

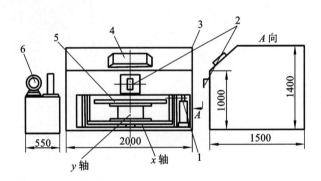

图 2-24　高压水力清砂设备
1—小车;2—水枪;3—工作室门;
4—观察窗;5—工作台;6—水泵

2. 切除浇冒口

切割浇冒口的方法很多,有砂轮切割、气割、压力冲击切割、锯切、气刨切割等。砂轮切割适用于合金钢、碳钢、高温合金、钛合金的中小铸件的浇冒口切割。锯切主要用于铝合金、铜合金铸件。

3. 铸件表面清理

清除铸件表面和内腔的黏砂和氧化皮,有机械清理法和化学清理法。

机械清理有抛丸、喷砂等方法。由于熔模铸件精度要求高,使用抛丸清理时应注意不破坏铸件精度和表面粗糙度,喷丸直径应小于 0.5 mm。喷砂有干喷砂和湿喷砂两种,后者有光饰作用。

化学清理是利用碱或酸对型壳的化学作用,以破坏砂粒间的黏结作用,达到清砂的效果。

化学清理的主要方法包括碱煮、碱爆、电化学清理和泡酸等。

4.铸件修补和清整

1)铸件的修补

在满足铸件技术要求的前提下,对一些缺陷可进行修补。较大的孔洞类缺陷可采用补焊法修补;铸件上存在与表面连通的细小孔洞可采用浸渗处理法修补;重要铸件内部封闭的缩松等缺陷可用热等静压法处理。

2)铸件清整

清整是指将清砂干净、初检合格的铸件和经过修补的铸件,进行精细修整、矫正、光饰和表面处理,以达到铸件技术要求的工序。

因蜡模变形、金属凝固收缩、热处理、清理等导致铸件变形时,应对变形铸件进行矫正。矫正通常在热处理后进行,可用冷矫或热矫,矫正后的铸件应进行回火以消除应力。

当铸件表面粗糙度尚不能满足技术要求时,可进行光饰加工。光饰的方法有液体喷砂、机械抛光、普通滚光、振动光饰、离心光饰、磨粒流光饰和电解抛光等。

 习题

一、名词解释

1.硅溶胶　　2.硅酸乙酯水解　　3.水玻璃模数　　4.树脂模料　　5.皂化物

6.压型温度　　7.涂料的粉液比　　8.析晶

二、填空题

1.熔模铸造的模料强度通常以＿＿＿＿＿＿＿＿来衡量。

2.硅溶胶型壳的干燥过程实质上就是硅溶胶的＿＿＿＿＿＿＿＿过程。

3.一般来说,硅溶胶中 SiO_2 含量越高、密度越大,则型壳强度越＿＿＿＿＿＿＿＿。

4.模料中最基本的两个组成＿＿＿＿＿＿＿＿和＿＿＿＿＿＿＿＿之间的比例,即为涂料的粉液比。

5.通常按模料熔点的高低将其分为＿＿＿＿＿＿＿＿、＿＿＿＿＿＿＿＿和＿＿＿＿＿＿＿＿模料。

6.硅溶胶中 Na_2O 含量和 pH 值反映了硅溶胶及其涂料的＿＿＿＿＿＿＿＿。

7.常用石蜡-硬脂酸模料的配比为白石蜡和一级＿＿＿＿＿＿＿＿各 50%。

8.常用陶瓷型芯分为＿＿＿＿＿＿＿＿和＿＿＿＿＿＿＿＿两种。

三、判断题

1.压蜡温度愈高,熔模的表面粗糙度越小,表面越光滑;但压蜡温度越高,熔模的收缩率越大。（　　）

2.压注压力和保压时间对熔模尺寸有影响,随压力和保压时间增加,熔模的线收缩率减小。（　　）

3.为提高水玻璃模数,可在水玻璃中加入氢氧化钠。（　　）

4.熔模铸造使用最广泛的浇注方法是热型重力浇注法。（　　）

5.使用树脂基模料时,脱蜡后所得的模料可以直接用来制造新的熔模。（　　）

四、简答题

1.影响熔模质量的因素有哪些?

2.常用模料有两类,其基本组成、特点和应用范围如何? 模料为什么要进行回收处理?

3.试述常用三种制壳黏结剂的特点及应用范围。

4.熔模铸造用硅溶胶主要有哪些物化参数? 它们对型壳质量有何影响?

5.硅溶胶制壳每层分几步? 为什么? 影响硅溶胶型壳干燥的因素有哪些?

6.水玻璃制壳的硬化工序起什么作用? 常用的硬化剂种类有哪些?

7.型壳焙烧的目的是什么? 常用三种型壳焙烧工艺参数如何?

8.什么情况下需使用熔模铸造型芯?

第3章

石膏型熔模精密铸造成形

【本章教学要点】

知识要点	掌握程度	相关知识
石膏型熔模精密铸造的概念	熟悉石膏型熔模精密铸造的工艺过程、工艺特点及其应用	石膏型熔模精密铸造
石膏型熔模精密铸造的工艺设计	了解石膏型熔模精密铸造工艺设计的内容,熟悉工艺设计过程	铸造工艺设计基础,工程流体力学
石膏型制造工艺	能够合理地选择石膏型熔模精密铸造的模样、石膏浆料的原材料	石膏晶体结构及石膏性能

 导入案例

石膏型熔模精密铸造的发展与应用

石膏型熔模是在美术雕塑、制牙业和金银首饰这三方面基础上发展起来的。1907—1909 年,牙科医生们利用石膏型熔模成功地铸出金牙。20 世纪 30 年代初期,金银首饰制造者开始引用制牙工艺制作精细首饰。目前世界上大多数的精细首饰都是用石膏型熔模精密铸造生产的。

由于用石膏型熔模精密铸造技术制取的铸件具有形状可以任意复杂、尺寸精度高、表面粗糙度低等优点,美、英、日等发达国家从 20 世纪 50 年代开始将它用于工业零件的生产,该技术已成功地用于各种薄壁、复杂的结构件及微波零件的生产,其产品在航空、军工等领域得到广泛的应用。

美国 TEC-CAST 公司(泰克公司)用该技术生产了波音 767 客机的燃油增压泵壳体和整体叶轮精铸件。英国 Deritemd 公司采用该技术铸造了直升机载导弹瞄准器的罩壳铝合金精铸件。英、法等国自 20 世纪 70 年代开始将石膏型熔模精密铸造工艺用于生产卫星通信、电子、宇航等部门的微波器件,如英国的 MM 公司能生产数百种微波器件,已形成标准化、系列化产品。英国生产的微波铸件除了供应本国需要外,还批量出口到欧洲大陆国家和美国等地。

我国是从 20 世纪 70 年代对该技术展开研究的,最初用于航空零件的制造,目前已广泛地应用在微波器件、塑料模具和塑料产品等的生产中。例如,机械部济南铸锻机械研究所将其用于增压器用铝叶轮的批量生产,南京航空航天大学运用该技术研制出 $Al_2O_3(P)/Al$ 复合材料模具,西安理工大学和西安金属结构厂联合铸造出了中型锡青铜钟,南京晨光机器厂铸出了锡青铜傅抱石像,合肥工业大学铸造出了 MC 尼龙衣架等。

目前,国外对石膏型熔模精密铸造技术的研究应用已取得了重大进展,不仅在模料成分配比、石膏型制备工艺和铸件成形方面具备极高的技术水平,而且正在向大型、薄壁、整体、复杂精细铸件和优质铸件的方向发展。

资料来源:

叶荣茂,田立志,张东成.铝合金熔模石膏型精密铸造工艺及发展[J].航天工艺,1985 (4):38-44.

康燕.石膏型混合料工艺性能研究[D].太原:中北大学,2010.

◀ **3.1 概　述** ▶

石膏型熔模精密铸造（plaster investment casting）是指采用可熔性材料制取与所需零件形状和尺寸相近的熔模，用石膏浆料灌制铸型，经干燥、脱蜡、焙烧后即可浇注铸件的方法。石膏型熔模精密铸造是将石膏型铸造与熔模铸造相结合而形成的一种新的特种铸造方法。

3.1.1　工艺过程

石膏型熔模精密铸造工艺过程见图3-1。石膏型熔模精密铸造工艺过程的关键步骤：将熔模组装，并固定在专供灌浆用的砂箱平板上，在真空下把石膏浆料灌入，待浆料凝结后经干燥即可脱除熔模，再经烘干、焙烧成为石膏型，在真空下浇注获得铸件。

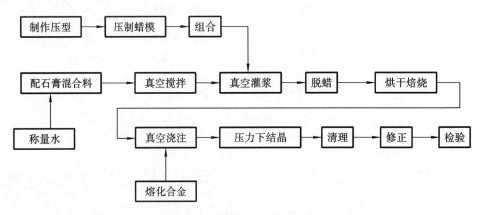

图 3-1　石膏型熔模精密铸造工艺流程图

石膏型熔模精密铸造所采用的熔模与普通熔模铸造所采用的可熔性模样相同，只是用石膏造型（灌浆法）代替用耐火材料制壳。该法利用石膏浆料对熔模的良好复印性和石膏型导热系数小而有利于合金液对铸型的充填等特点，用来铸造薄壁、复杂铝合金优质精铸件。

3.1.2　工艺特点

（1）石膏浆料的流动性很好，凝结时有轻微的膨胀，所制铸型轮廓清晰、花纹精细，可铸出小至 0.2 mm 间隔的凹凸花纹。该工艺与一般熔模铸造不同，不受涂挂工艺的限制，可灌注大中小型复杂铸型。

（2）石膏型的导热性能很差，浇入型腔的金属液保持流动时间长，故能生产薄壁复杂件，最小壁厚可达 1.0 mm，甚至 0.5 mm。但铸件凝固时间长，致使铸件产生气孔、针孔、疏松、缩孔的倾向大。采用细化晶粒、压力结晶的工艺，以及精炼除气工艺和变质处理，可提高铸件的力学性能和气密性能。

（3）石膏型表面硬度不够高、热导率小，因此内浇道一般不直对型壁和型芯，以防冲刷破坏,应沿着型壁和型芯设计内浇道。对复杂薄壁件,为防止铸件变形及开裂,内浇道应均匀分布,避免局部过热及浇不足,内浇道尽量设计在热节处以利于补缩。

（4）石膏型溃散性好,易于清除。

（5）石膏型的耐火度低,故适于生产铝、锌、铜、锡、金和银等合金的精密复杂铸件。

3.1.3　应用概况

石膏型熔模精密铸造适合生产尺寸精度高、表面光洁的精密铸件,特别适宜生产大型复杂薄壁铝合金铸件,也适用于锌、铜、金和银等合金。铸件最大尺寸达 1000 mm,质量范围为 0.03～908 kg,壁厚范围为 0.8～1.5 mm（局部可为 0.5 mm）。铸件尺寸精度为 CT4～CT6级,表面粗糙度值为 $Ra0.8～6.3\ \mu m$。该法已被广泛用于航空、航天、兵器、电子、船舶、仪器、计算机等行业的薄壁复杂件制造,也常用于艺术品铸造中。

典型铸件如燃油增压器泵壳、波导管、叶轮、塑料成形模具、橡胶成形模具等。

图 3-2 所示为美国 TEC-CAST 公司（泰克公司）用该技术生产的波音 767 客机的燃油增压器泵壳,重 63 kg,材质为 365 铝合金。该铸件外形复杂,内部有多个变截面的弯曲油路歧管,并要求很高的气密性以防止高压时漏油,中心孔距离公差要求保持在 ± 0.25 mm范围内。该泵壳原由多个加工件组合而成,制造周期长,成本高,泰克公司采用 22 个分体蜡模组合成一个整体蜡模,并使用 12 个可溶型芯,铸造出整体精铸件,大大缩短加工周期,降低成本。

图 3-3 为美国泰克公司利用石膏型熔模铸造技术铸造的铝合金整体叶轮。它由几十个叶片和轮壳组成,是发动机增压器、离心泵和压缩机等的关键零件。

图 3-2　燃油增压器泵壳

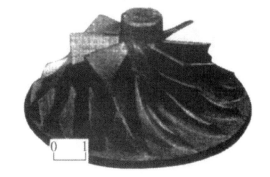

图 3-3　整体叶轮

英国 Deritemd 公司用该技术铸造的直升机载导弹瞄准器的罩壳铝合金精铸件,其壁厚仅 (1.78 ± 0.5)mm,局部壁厚达 1 mm,面积达到 3200 cm² 。

图 3-4 所示为雷达用波导管,是铝合金铸件。其外表面要求不高,内腔多呈矩形,内通道精度要求很高,直径在 25 mm 以下时,内通道公差要求为 $\pm(0.05～0.1)$mm;直径为 25～50 mm 时,公差要求为 $\pm(0.082～0.15)$mm。表面粗糙度要求达到 $Ra1.6\ \mu m$。

图 3-5 所示为一个镶宝石的戒指树。这些造型精美,线条细密流畅,这枚价值连城的戒指正是用石膏型熔模精密铸造工艺制造出来的。

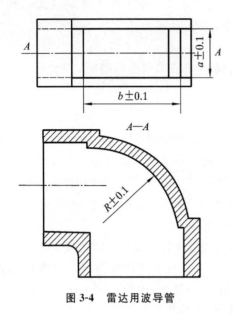

图 3-4 雷达用波导管

图 3-5 镶宝石的金戒指树

◀ 3.2 模样选择与制造 ▶

石膏型精密铸造用的模样主要是熔模,也可使用气化模、水溶性模(芯),但主要是用蜡模样。

3.2.1 模料

对于一般中小型铸件,可使用熔模铸造用模料;对于大中型复杂铸件,当其尺寸精度和表面粗糙度要求严格时,则应使用石膏型精铸专用模料。

石膏型精铸专用模料主要有下列三方面要求。

(1)模料强度高、韧性好,能承受石膏浆料灌注的作用力而不变形损坏。

(2)模料线收缩率小,保证熔模尺寸精确,防止模样厚大部分缩陷和产生裂纹;模料线膨胀率小,减小脱蜡时石膏型所受胀型力。

(3)滴点低、流动性好,以利于成形和脱蜡。

表 3-1 为我国石膏型熔模精铸的专用模料配方。

表 3-1 石膏型熔模精铸专用模料配方   单位:%

模料型号	硬脂酸	松香	石蜡	褐煤蜡	EVA[①]	聚苯乙烯
48#	60~40	30~20	5~20	5~20	1~5	—
48T#	60~40	30~20	5~20	5~20	1~5	10~30

注:①EVA 为乙烯与醋酸乙烯共聚树脂。

3.2.2 水溶性模(芯)料

制作复杂内腔的薄壁铸件,用金属芯压制熔模无法拔芯时,就得使用水溶芯或水溶石膏芯等来形成内腔。

常用的水溶性模料有尿素模料、无机盐模料、羰芯等,见表 3-2~表 3-4。为减少凝固时羰芯的收缩、龟裂,提高其塑性,可加入一些增塑剂。

表 3-2　尿素模料配方(质量分数)　　　　　　　　　单位:%

序号	尿素	硼酸	硼酸钾	羧甲基纤维素	水
1	98~97	2~3			
2	85~75		15~25		
3	85			10	5

表 3-3　无机盐模料配方(质量分数)　　　　　　　　　单位:%

名称	KNO_3	$NaNO_2$	$NaNO_3$	$Al_2(SO_4)_3$	$(NH_4)_2SO_4$	H_2O
亚硝酸盐模料	55	45	—			
硝酸盐模料	55	—	45	—	—	—
硫酸盐模料	—	—	—	45	7	48

表 3-4　羰芯成分(质量分数)　　　　　　　　　单位:%

序号	聚乙二醇	碳酸氢钠(工业)	滑石粉(工业)	增塑剂
1	50~60	25~20	25~20	—
2	50	20	30	—
3	55	35	—	10[①]
4	50	35	—	15[②]

注:①乙烯吡咯烷酮:醋酸乙烯酯(质量比为 60:40)。
②单羟甲基二甲基乙丙酰脲或二甲基乙丙酰脲甲醛树脂。

用上述水溶性模料制型芯(尿素芯、羰芯等)来形成熔模内腔(如同砂型的砂芯),在灌注石膏浆料之前需将型芯溶失掉,灌注时熔模内腔才能被浆料填充。这将增加水溶失型芯的工序,同时由于石膏型脱除性还不够好,特别是内腔复杂的铸件,清理困难,易导致复杂薄壁铝铸件变形或损坏。另外,灌浆时浆体的作用力常会使熔模薄壁处发生变形或破裂。

采用水溶石膏型芯和水溶陶瓷型芯来压制熔模就可避免上述问题的发生,因这两种型芯是在铸件成形之后才脱除的。两种型芯的成分见表 2-11 及表 2-12。

3.2.3 熔模制作

熔模压制工艺与一般熔模铸造相同。一般水溶尿素模料、无机盐模料及水溶石膏型芯都是灌注成形的。

水溶陶瓷型芯一般是将各组分先混制成可塑性坯料,再加压成形,经 700 ℃左右烧结后待用。羰芯压制则是先在 100 ℃以下将聚乙二醇熔化,然后徐徐加入干燥的混合模料,边加边搅拌,加完后继续搅拌 0.5~1 h,静置除气 4 h 以上,即可压制型芯,压力保持在 0.4~0.6 MPa,模料温度为 65~75 ℃,压型温度为 25~30 ℃。若采用水蒸气脱蜡,须在已成形的型芯表面涂刷防水涂料层以防止水溶型芯在脱蜡时受水蒸气浸蚀,涂料由酚醛树脂 32 g、乙醇 65 mL、六次甲基四胺 3 g 配置而成。使用时,型芯必须干燥(涂层自干或烘干)。

◀ 3.3 石膏型制造 ▶

3.3.1 石膏型用原材料

制备石膏型所用的原材料主要有石膏粉、水、填料和添加剂等。

1. 石膏

石膏型熔模精密铸造所用的石膏为半水石膏。

半水石膏通常是由二水石膏经压蒸或煅烧加热而制成的。当二水石膏加热脱水时,由于加热程度及反应条件不同,脱水石膏的结构和特性也不同。

二水石膏在常压下煅烧加热到 107~170 ℃,可产生 β 型半水石膏:

$$CaSO_4 \cdot 2H_2O \xrightarrow{107\sim170\ ℃常压} CaSO_4 \cdot \frac{1}{2}H_2O + \frac{3}{2}H_2O$$

（二水石膏）　　　　　　　　　（β 型半水石膏）

二水石膏在 124 ℃条件下压蒸(1.3 倍大气压)加热,可产生 α 型半水石膏:

$$CaSO_4 \cdot 2H_2O \xrightarrow{124\ ℃压蒸} CaSO_4 \cdot \frac{1}{2}H_2O + \frac{3}{2}H_2O$$

（二水石膏）　　　　　　　　　（α 型半水石膏）

1)半水石膏的化学组成

半水石膏有 α 型、β 型两种,均是 $CaSO_4$ 的半水化合物,因而化学组成完全相同,晶胞尺寸也很相近,见表 3-5。

表 3-5　半水石膏的化学组成和结构特征

石膏类别	化学成分/(质量分数,%)				晶格类型	晶格常数 /10^{-1} nm
	$CaSO_4$	CaO	SO_3	H_2O		
α 型半水石膏	93.8	38.63	35.16	6.2	单斜	$a=6.84, b=11.78, c=12.50$
β 型半水石膏	93.8	38.63	35.16	6.2		$a=6.87, b=11.88, c=12.61$

2)半水石膏的性能

虽然 α 型、β 型半水石膏的化学成分相同,微观结构基本相似(见图 3-6),二者在宏观性能上却有很大的差别,见表 3-6。

 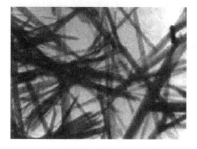

(a) α型半水石膏（×1000）   (b) β型半水石膏（×2500）

图 3-6 半水石膏水化后的 SEM 图像

表 3-6 两种半水石膏的性能

种类	晶粒平均粒径 /nm	密度 /(g·cm^{-3})	总比表面积 /(m^2·g^{-1})	石膏型性能		
				相同流动度时水固比	石膏浆料凝结时间/min	干燥抗压强度/MPa
α型半水石膏	94	2.73～2.75	1	0.4～0.5	15～25	40～43
β型半水石膏	38.8	2.62～2.64	8.2	0.65～0.75	8～15	13～15

α型半水石膏具有致密、完整而粗大的晶粒，故总比表面积小。β型半水石膏多孔，表面不规则似海绵状，其表面积大，致使两种半水石膏比表面积差别很大。当配成相同流动度（标准稠度）的石膏浆料时，α型半水石膏所需水固比小，浆料凝固后强度高，β型半水石膏则反之。

因此，α型半水石膏更适合作为石膏铸型用材料。

3）半水石膏的水化及硬化

半水石膏加水后发生如下的水化反应：

$$CaSO_4 \cdot \frac{1}{2}H_2O + \frac{3}{2}H_2O \Longrightarrow CaSO_4 \cdot 2H_2O \downarrow + Q$$

从反应式可知，在半水石膏转化为二水石膏的同时伴随着放热反应。半水石膏与水拌和后，首先形成不稳定的、高度过饱和的溶液（二水石膏的溶解度比半水石膏的溶解度小得多），于是二水石膏的晶体自发地在半水石膏溶液中形核和长大。随着二水石膏的晶体的生成和长大，又促进半水石膏的继续溶解、水化。析出的二水石膏晶体相互交错、连生形成结晶结构网，形成具黏结力和内聚力的石膏硬化体，从而建立了强度。

2. 填料

为使石膏型具有良好的强度，减小其线收缩和裂纹倾向，需要在石膏中加入填料。

适合作石膏型混合料的填料种类很多，从化学组成来分主要有四大类。

1）SiO_2-Al_2O_3 系填料

该系填料的应用比较多，主要有石英粉（SiO_2）、石英玻璃粉、玻璃纤维、高岭土粉、硅线石粉、铝矾土粉等，主要特点是价格便宜、来源广泛，还可明显降低石膏型的热收缩和裂纹倾向。

2）氧化锆粉（ZrO_2）、锆英石粉（$ZrSiO_4$）

这类耐火材料的特点是蓄热系数大、耐火度高，氧化锆的熔点为 2690 ℃，纯锆英石在 1540 ℃以下很稳定，不会发生相变，它们很适合作为高熔点合金和要求尺寸精度、表面光洁度高的铸件的石膏型填料,而对于铸造铝合金等低熔点铸件,则没必要采用。

3)氧化镁(MgO)、尖晶石(MgO·Al$_2$O$_3$)、镁橄榄石(2Mg·SiO$_2$)

这类填料特点是熔点高、密度大,都属中性材料,因而其常温和高温下的化学性质稳定,它们的导热性也好(或蓄热系数大)。这些特性都有利于提高石膏铸型的耐火度,降低石膏型的热收缩和裂纹倾向,防止铸件产生缩孔、黏砂等缺陷,获得好的表面质量,特别适合作为高熔点合金铸件的石膏型的填料。

4)耐火黏土

耐火黏土是SiO$_2$、Al$_2$O$_3$、MgO、CaO等氧化物经人工加工的混合料,特点是熔点比较高,线膨胀系数较小,来源广,成本低。由于各地加工的耐火黏土中的氧化物种类、含量、纯度(指其他有害氧化物的含量)不同,因此其密度、熔点等性能各异。

无碱玻璃纤维也常用作填料。无碱玻璃纤维又分为Na$_2$O和K$_2$O两种。

各种填料对石膏型性能的影响见表3-7~表3-9。

表3-7 填料种类对石膏混合料抗弯强度的影响 单位:MPa

填料	硅石粉	硅线石	莫来石	高岭土	高铝矾土	工业氧化铝
灌浆后2 h	0.25	0.40	0.75	0.80	1.00	0.80
灌浆后7 d	0.50	1.50	2.30	2.40	2.60	2.00
烘干90 ℃,4 h	1.30	2.80	3.40	3.80	4.60	3.50
700 ℃焙烧后	0.20	0.65	0.80	0.86	0.85	0.65

表3-8 填料种类对石膏混合料裂纹倾向的影响

填料	α型半水石膏	石英	硅线石	高岭土	莫来石	高铝矾土	工业氧化铝	锆英石粉	石英玻璃
300 ℃空冷	微裂	极轻微裂	不裂	不裂	不裂	不裂	不裂	不裂	不裂
700 ℃空冷	碎裂	微裂	不裂	极轻微裂或不裂	极轻微裂	极轻微裂	轻微裂	轻微裂	不裂

表3-9 填料种类对石膏混合料浆体凝时间的影响 单位:min

填料	硅石粉	硅线石	高岭土	莫来石	高铝矾土	工业氧化铝	锆英石粉	α型半水石膏
初凝时间	7.0	8.5	8.0	10.0	12.0	9.0	10.0	8
终凝时间	10.0	10.5	10.0	12.0	13.5	11.0	12.0	10

3. 添加剂

为提高石膏型的某些性能,如高温强度和焙烧后的强度,加速或减缓石膏浆料的凝结,减小其收缩等,需在石膏浆料中加入添加剂。

(1)增强剂 增加石膏型的湿强度、焙烧后强度和高温强度。常用的增强剂是某些硫酸盐,如Na$_2$SO$_4$、K$_2$SO$_4$、NiSO$_4$、MgSO$_4$等,其中以Na$_2$SO$_4$的效果最好。

(2)促凝剂 加速石膏浆料凝结。常用的促凝剂有Na$_2$SiF$_6$、NaCl、NaF、MgCl$_2$、MgSO$_4$、Na$_2$SO$_4$、NaNO$_3$、KNO$_3$、少量二水石膏等。

（3）缓凝剂 减缓石膏浆料凝结。缓凝剂有以下三类。

①磷酸盐、碱金属硼酸盐、硼酸、硼砂等。

②有机酸及其可溶性盐，如琥珀酸钠、柠檬酸及其盐、醋酸等。

③蛋白胶、皮胶、硅溶胶、纸浆废液等。

3.3.2 石膏浆料

1. 石膏浆料配比

石膏浆料的配比及制浆工艺对石膏型及铸件质量影响很大，应严格控制。

石膏浆料由半水石膏、填料、添加剂及水组成。表 3-10 是生产中常用的石膏浆料配比。

表 3-10 石膏浆料配比（质量分数） 单位：%

序号	α 型半水石膏	硅石粉砂	石英玻璃	其他材料	水	备注
1	30	70	—	—	33～35	一般铸件
2	30	35	—	铝矾土粉砂 35	60	中等精度铸件
3	30	20	—	上店土粉砂 50	31～43	中等精度铸件
4	30	—	—	莫来石粉砂 70	45	中等精度铸件
5	30	35	35	—	43～53	高质量铸件
6	30	—	—	铝矾土粉砂 70	适量	大中型艺术品
7	35.5	29.0	方石英 35.5	硅藻土 2	30～50	首饰品

2. 石膏浆料的制备

石膏浆料吸附大量的气体，在浆体搅拌时又会卷入大量的气体，致使浆体中有大量的气泡，影响石膏型腔表面的质量。为使浆料中所含的气体能够顺利外排，常采用真空下搅拌的措施。图 3-7 所示为石膏真空搅拌与灌浆设备示意图。通常石膏浆料是在搅拌室中混合，去除气泡后，通过阀门注入灌浆室，灌浆室中的真空度略高于搅拌室，使浆料在一定压力下流入铸型，但压差应控制适当，以免引起浆料喷射，以致冲击熔模。制备过程中的真空度和搅拌时间这两个工艺参数对浆料密度有影响（见图 3-8、图 3-9），从而影响浆料的质量，应严格加以控制。

可按比例分别称量出各种原材料，先将水溶性添加剂加入水中搅匀，边搅拌边加入粉料，待粉料加完后，立刻合上搅拌室顶盖抽真空，并继续搅拌。真空度应在 30 s 内达到 0.05～0.06 MPa，搅拌 2～3 min，搅拌机转速为 250～350 r·mim^{-1}。石膏浆料的初凝时间一般为 5～7 min，搅拌必须在初凝前结束，及时开始灌浆。

3.3.3 灌浆

中小型铸件可采用真空灌浆法。如用图 3-7 所示的设备，先将有模组的砂箱放入灌浆室中，将真空抽到 0.05～0.06 MPa。开启与搅拌室连接的二通阀使浆料平稳地注入砂箱中，灌浆时间取决于模组大小及复杂程度，一般不超过 1.5 min。灌浆时应将浆料引到底部，然后逐渐上升，以利于气体排出。灌完后立刻破真空，取出石膏型。静置 1～1.5 h，使其有一定强度，

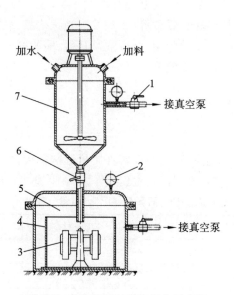

图 3-7　真空搅拌与灌浆设备示意图

1—真空阀；2—真空表；3—熔模模组；4—砂箱；5—灌浆室；6—二通阀；7—搅拌室

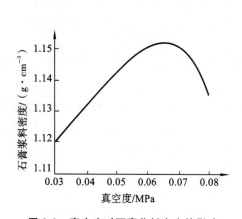

图 3-8　真空度对石膏浆料密度的影响

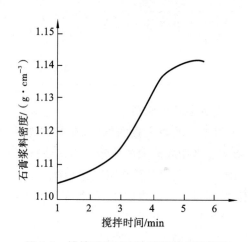

图 3-9　搅拌时间对石膏浆料密度的影响

此期间切忌振动和外加其他载荷，否则会损害石膏型的强度、精度，甚至使石膏型破裂。

大型铸件只能在大气中灌浆，为防止产生表面气泡，可在模样表面先涂刷或喷涂薄层浆料，然后进行灌浆。灌浆时要注意保持砂箱与底板间的密封性，并可对底板上加以轻微振动，以防裹气。

3.3.4　干燥和脱蜡

1. 自干

灌浆后的石膏型要先自然干燥 24 h 以上，使水分散逸，强度增加。对厚度大的石膏型，或当环境温度低、湿度大时，自干时间还需增加。

2. 脱蜡

石膏型熔模精密铸造通常采用蒸汽或远红外线加热法脱蜡,脱蜡温度约 100 ℃,时间 1～2 h。

不用水溶石膏型芯的石膏型一般使用蒸汽脱蜡,模料中不含聚苯乙烯填料时蒸汽温度不高于 110 ℃;模料中含聚苯乙烯填料时蒸汽温度不能高于 100 ℃,温度过高会出现裂纹。注意不能将石膏型浸入热水中脱蜡,否则会损害石膏型的表面质量。

对有水溶石膏型芯的石膏型,一般不能用蒸汽脱蜡,应采用远红外线加热法脱蜡。

脱蜡时应使直浇道中的蜡料先熔失,保证排蜡通畅。对粗大的直浇道,在脱蜡前可先用电烙铁等工具来熔失部分蜡料,减小加热时的膨胀,加快浇道内蜡的排除。

3. 烘干

把脱蜡后的石膏型置于 80～90 ℃流动空气中干燥 10 h 以上,可使用一般电阻丝加热的干燥箱、远红外线加热的干燥箱或有鼓风装置的烘干房,也可放在大气中自然干燥 24 h 以上。

3.3.5　焙烧

1. 焙烧目的

焙烧的主要目的是去除残留于石膏型中的模料、结晶水以及其他发气物质;其次是完成石膏型中一些组成物的相变过程,使石膏型体积稳定。焙烧还能提高型壳强度和透气性。

2. 焙烧工艺

焙烧温度要达 700 ℃,以便将脱蜡时渗入石膏型内的残蜡烧尽。

石膏型在焙烧过程中要发生一系列相变,伴有体积的急剧变化,加之石膏型导热性能差,所以焙烧时必须采用阶梯升温,尽可能使石膏型表里温度一致。如果升温过快,石膏型将会开裂。降温时采用随炉冷却,当温度降至 200～300 ℃时才可出炉冷却。如果出炉温度过高,也会使石膏型开裂。石膏型焙烧工艺见图 3-10。

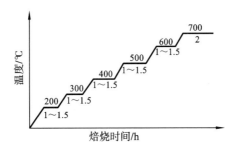

图 3-10　石膏型焙烧工艺

3. 焙烧设备

根据石膏型的类别、生产规模可选用不同的焙烧设备。焙烧设备有电阻炉、天然气炉、油炉、干燥箱、微波炉等。

4. 石膏型干燥程度的检测

一般石膏型均应在无水状态下进行浇注。因此,焙烧后待浇注的石膏型应处于无水状态。石膏型干燥程度的检测方法有称量恒重法、温度测定法、导电测定法、差热分析法、岩相分析法和浸入铝液法等。如焙烧后的石膏型还未完全干燥,则应增加焙烧保温时间。

◀ 3.4 浇 注 ▶

焙烧好的石膏型在空气中很容易受潮，必须尽快浇注。进行石膏型精密铸造时，一定要充分考虑到石膏型透气性差、导热性差的特点，可采取一些措施如加压或真空浇注以便顺利完成浇注。

3.4.1 浇注方法

对复杂薄壁铸件来说，金属液在充填石膏型时必须克服两种阻力，即型腔中气体阻力和狭窄腔内毛细管附加阻力。只有金属液充填力大于这两种阻力的总和时，铸件才能成形。

石膏型常用的浇注方法有两类：一类是重力浇注，利用金属液本身的重力进行充填；另一类是反重力浇注，用金属液与型腔间的压力差来进行充填。

铝合金石膏型精铸件常用的浇注方法及特点如下。

1. 重力浇注

金属液在重力下注入型腔。此法不需特殊设备，操作简便，但只适用于壁不薄、形状简单的中小件。只要浇注系统设计合理，金属液充型过程中的气体能顺利地排出，铸件热节处能得到补缩，亦可浇成轮廓清晰无孔洞缺陷的合格铸件。

2. 低压铸造

金属液在气压作用下注入型腔，充型压力为 0.02～0.03 MPa，结晶压力为 0.04～0.06 MPa。低压铸造可使复杂薄壁铸件成形，并减少浇注系统金属消耗，但要求仔细控制工艺参数。适于生产批量较大的复杂薄壁铸件。

3. 真空吸铸

金属液在负压作用下吸入型腔，充型真空度为 60～70 kPa。此工艺可浇注优质复杂薄壁铸件，允许降低浇注温度和金属消耗，但应控制铸件顺序凝固。适于生产中、小型复杂薄壁铸件。

4. 真空下重力浇注

在真空中将金属液浇入型腔，真空度为 4～6 kPa，在大气压下凝固。真空浇注可在减少氧化和阻力条件下使薄壁铸件浇注成形。适于生产大型薄壁铸件。

5. 真空加压铸造

图 3-11 为真空加压铸造设备的结构示意图。真空加压铸造技术的工艺原理可以描述如下：①将铸型和装有金属液的浇包安置在工作舱内，并快速关闭舱门，实现工作舱的密封；②启动设备，对工作舱抽真空，并在真空下完成铸件的浇注、充型；③对工作舱充压，并保压一段时间，使铸件在外加压力条件下凝固成形。采用真空加压铸造技术可使铸件晶粒细化，致密度提高，组织及性能均得到明显改善。目前真空加压铸造技术已成功应用于航空、航天、兵器、船舶类铝合金薄壁铸件的工程化生产。

6. 调压铸造

在真空中一定压差下将金属液吸入型腔，随后保持压差，在压力下结晶。充型压差为0.01

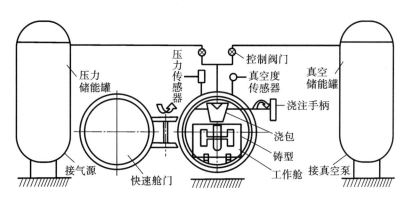

图 3-11　真空加压铸造设备结构示意图

～0.02 MPa,结晶压力为 0.5～0.6 MPa。调压铸造可在减少充型压力和降低浇注温度条件下使薄壁铸件成形,并使铸件有较高的致密度,但需要较复杂的设备。适于生产有厚壁部分的复杂薄壁铸件。

3.4.2　浇注工艺参数

浇注工艺参数主要是指合金浇注温度和石膏型温度,两者应合理配合,以取得良好的效果。

1. 合金浇注温度

由于石膏型导热性差,合金浇注温度可低于其他铸造方法。铝合金浇注温度一般控制在700 ℃左右,大型薄壁件不宜超过 720 ℃。

2. 石膏型温度

确定石膏型温度时要考虑两个因素,一是石膏型抗激冷激热能力差,二是石膏型导热性差。石膏型温度过低,浇注时石膏型易开裂;石膏型温度过高,铸件凝固速度慢,易出现粗大组织。浇注时石膏型温度一般控制在150～300 ℃之间,大型复杂薄壁件取上限,中小型、壁稍厚铸件取下限。

◀ 3.5　铸件清整 ▶

对大型复杂薄壁铝精密铸件必须进行大量细致的清理、修补和矫正等工作。

1. 清理

首先要脱除石膏型或石膏芯。虽然石膏型的残留强度不高,但铸件内腔及凹陷处的石膏难以脱除,要防止因清理造成的铸件变形。国外常用 5 MPa 的高压水清除石膏型,效果较好。脱除可溶石膏型芯则可将铸件浸泡在水中一定时间使其溃散清除,然后用喷砂去除铸件表面残留的石膏或氧化皮。喷砂所用的砂粒大小、形状及喷砂压力均应合适,以防破坏铝铸件表面质量。

2. 修补

对有缺陷但尚不属于废品的铸件可以进行修补。对一些孔洞用氩弧焊补焊。对铸件表面粗糙、有飞翅、毛刺和铝豆以及形状不合要求、尺寸不合格等缺陷,可采用修平、打磨等各种方式修补,使其达到合格。

3. 矫正

对于变形量不大的铸件,可通过专用矫正夹具对铸件进行矫正。矫正的主要目的是使铸件形状、尺寸合格,但要防止出现裂纹等其他缺陷。

铝合金铸件矫正前需经固溶处理,使铸件具有良好的延性及变形能力,然后经冰冷处理,最后进行矫正。

 # 习题

一、填空题

1. 石膏型熔模精密铸造时,石膏型温度一般在_____℃之间。

2. _____型半水石膏更适合作为石膏铸型用材料。

3. 为使石膏型具有良好的强度,减小其线收缩和裂纹倾向,需要在石膏中加入_____。

4. 石膏型导热性能差,焙烧时应采用_____升温。

5. 制备石膏型所用的原材料主要有_____、_____和_____等。

二、简答题

1. 石膏有哪几种?石膏型精密铸造应选用哪种石膏?为什么?

2. 石膏浆料中为什么要加填料?填料应如何选择?

3. 为什么石膏浆料配制和灌注时需在真空下进行?

4. 石膏型精密铸造常用的充填及凝固方法有哪些?各适用于什么情况?

5. 如何确定石膏型精密铸造浇注工艺参数?

第4章

陶瓷型铸造成形

【本章教学要点】

知识要点	掌握程度	相关知识
陶瓷型铸造的概念	了解陶瓷型铸造的工艺流程、工艺特点及其应用	快速制模技术
陶瓷型铸造的工艺设计	熟悉陶瓷型铸造工艺设计的过程,根据铸件的特点能够合理地编制陶瓷型铸造工艺	工程流体力学,铸造工艺设计基础
陶瓷型铸造工艺	了解陶瓷型铸造所用造型材料,熟悉陶瓷浆料的配制工艺	胶体化学,陶瓷材料学

 导入案例

陶瓷型铸造的发展趋势

分析陶瓷型铸造存在的问题和当今研究的方向,21世纪陶瓷型铸造技术将沿着如下几个方向发展。

1. CAD和快速成形(RP)技术制造母模

根据零件CAD模型,快速自动完成复杂的三维实体(模型)制造的RP技术可直接或间接用于模具制造,具有技术先进、成本较低、设计制造周期短和精度适中等特点。从模具的概念设计到制造完成,仅为传统加工方法所需时间的1/3和所需成本的1/4左右。因此,陶瓷型铸造与RP技术结合,将是陶瓷型铸造技术进一步深入发展的方向。

2. 陶瓷型制备新工艺的多样性

目前,陶瓷型制备新工艺中应用最广泛的应属薄壁陶瓷型,其次涂敷浆砂制备陶瓷型也得到了较好的推广,还有喷涂法制备陶瓷型和复合陶瓷型等。

3. 采用研磨抛光技术,提高模具表面品质

模具表面品质对模具使用寿命、制作外观品质等方面均有较大影响,我国目前仍以手工研磨抛光为主,品质不稳定,故应采用更稳定的机械抛光。而数控研磨机可实现三维曲面模具的自动化研磨抛光,特种研磨与抛光方法如挤压研磨、电化学抛光、超声抛光以及复合抛光等效果更好,可以明显提高模具的表面品质。

4. 可替代硅酸乙酯水解液的黏结剂的开发及应用研究

长期以来硅酸乙酯水解液一直作为重要的黏结剂广泛应用于铸造行业。但是随着人们对产品的要求越来越高和硅酸乙酯水解液自身的各种缺陷,20世纪60年代,硅溶胶作为黏结剂应用于铸造领域,以其无可比拟的优势逐步取代了曾经广泛使用的制备工艺复杂、有污染、成本高的硅酸乙酯水解液。硅溶胶黏结剂虽然存在着干燥速度慢、制壳效率低等缺点,但越来越高的环保要求,促进了一系列的快干硅溶胶被研发并生产应用。

硅溶胶以其独特的优点(如价格低廉、无须水解工序,不存在 VOC 问题,生产工艺简单,浆料性能稳定和废弃的陶瓷浆料可重复利用等)受到大多数专家和铸造企业的广泛青睐。目前,硅溶胶用于陶瓷型铸造已经得到进一步研究。

资料来源:

张业明,曾明.陶瓷型铸造的现状和发展趋势[J].铸造设备与工艺,2009(2):57-60.

◀ 4.1 概　　述 ▶

陶瓷型铸造(ceramic mold casting)是 20 世纪 50 年代由英国人诺尔·肖氏首先研究成功的,故又称为肖氏工艺。它是在砂型铸造和熔模铸造的基础上发展起来的,该法所生产铸件的尺寸精度和表面粗糙度介于克朗宁壳型铸造和熔模铸造之间,所以人们把陶瓷型铸造方法归为精密铸造领域。陶瓷型铸造自诞生以来,被广泛地应用于金属尤其是模具的铸造中。为弥补肖氏工艺的不足,先后出现了一些新的硬化方法,如尤涅开斯脱(Unicast)工艺、复合肖氏工艺、肖特(Schott)制造工艺和谢兰姆开斯脱(Ceramcast)工艺等。

4.1.1　工艺过程

陶瓷型铸造是使用硅酸乙酯水解液作黏结剂,与耐火材料混合制成陶瓷浆料,在催化剂的作用下,经灌浆、结胶、硬化、起模、喷烧和焙烧等工序而制成表面光洁、尺寸精度高的陶瓷铸型,用于生产铸件的成形方法。陶瓷型铸造又分整体陶瓷铸型和复合陶瓷铸型两大类。

1. 整体陶瓷铸型

整体陶瓷铸型全部由陶瓷浆料灌注而成。成形工艺流程见图 4-1。整体陶瓷铸型所用陶瓷浆料太多,成本高,而且透气性差,型壁太厚时喷烧铸型易产生较大的变形,适用于生产小型铸件和制造陶瓷型芯或砂型中的陶瓷镶块。

2. 复合陶瓷铸型

复合陶瓷铸型,又称带底套的陶瓷铸型,即仅在铸型型腔表面灌注一层薄薄的陶瓷浆料,其余部分铸型采用水玻璃砂底套或金属底套等,构成复合陶瓷铸型,用于锻模、压铸模等模具的铸造,能提高铸型强度和冷却速度。其中水玻璃砂底套制作方便,透气性好,成本低,应用较普遍。其工艺流程见图 4-2。

4.1.2　工艺特点

陶瓷型铸造的工艺特点如下:

(1)陶瓷铸型生产的铸件尺寸精确、表面光洁。陶瓷铸型的型腔表面采用的是与熔模铸造型壳相似的陶瓷浆料,母模是在浆料硬化后起模的,因此铸型精确而光洁。所生产的铸件尺寸精度为 CT5～CT8 级,表面粗糙度为 $Ra3.2～12.5\ \mu m$,远优于砂型铸件。

(2)适用于各种铸件。陶瓷铸型高温化学稳定性好,能适应各种不同铸造合金(如高温合

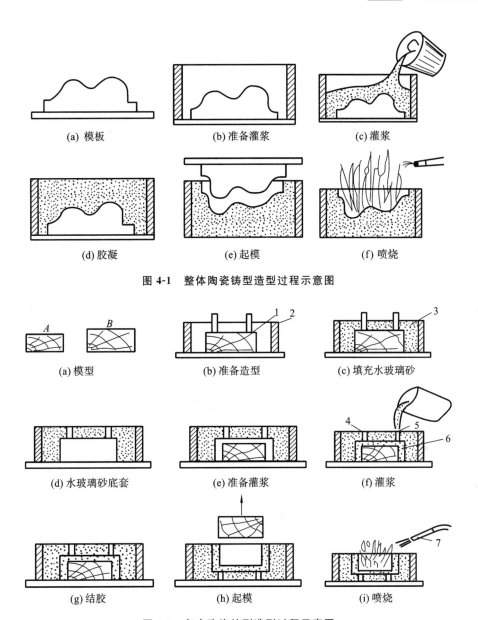

(a) 模板　　　　　　　(b) 准备灌浆　　　　　　(c) 灌浆

(d) 胶凝　　　　　　　(e) 起模　　　　　　　(f) 喷烧

图 4-1　整体陶瓷铸型造型过程示意图

(a) 模型　　　　　　　(b) 准备造型　　　　　(c) 填充水玻璃砂

(d) 水玻璃砂底套　　　(e) 准备灌浆　　　　　(f) 灌浆

(g) 结胶　　　　　　　(h) 起模　　　　　　　(i) 喷烧

图 4-2　复合陶瓷铸型造型过程示意图

1—模型；2—砂箱；3—水玻璃砂；4—排气孔；5—灌浆孔；6—陶瓷浆料；7—空气喷嘴

金、合金钢、铸钢、铸铁和黑色金属等)的生产,对铸件的重量和尺寸没有什么限制,可生产几十克到几十吨的铸件。特别适合于生产各种合金的模具。

(3)陶瓷铸型制作工艺简单,不需要复杂的工艺装备和设备,投资少,周期短。但所用原材料价格较高,不适于生产批量大、结构复杂、重量轻的铸件。

4.1.3　应用概况

陶瓷型成形工艺一经问世就受到工业发达国家的重视。20 世纪 60 年代,该工艺大量用于金属型和冲压模的制造。在 60 年代末期,美国仅在锻压模方面应用该工艺的生产量就达到

2000 多吨。此外,美国通用汽车公司 90%以上的锻压模均采用陶瓷型精密铸造;英国、德国、日本、苏联等也开始了陶瓷型工艺的开发与应用研究,并成功地应用于模具生产。20 世纪 70 年代,我国引进了肖氏工艺并应用于生产,如 1970 年成都汽车厂用该工艺生产了冲压模;1972 年常州柴油机厂用该工艺生产型腔复杂、几何尺寸精度要求高的热芯盒和模板等;此外,上海拖拉机厂、柳州拖拉机厂等均将该工艺应用于生产各种铸造金属模、锻模、冲压模,而且均在不同程度上取得良好的效果。

现今陶瓷型铸造已成为大型厚壁精密铸件生产的重要方法,广泛用于冲模、锻模、铸造模样、玻璃器皿模、塑料器具模、橡胶品模、金属型、热芯盒、工艺品等表面形状不易加工的铸件生产。图 4-3(a)为汽车连杆轧辊模具,材质为 5CrMnMo 模具钢,用于轧制 40 mm 厚的 45 钢连杆。图 4-3(b)为热锻模具,材质为铸钢。图 4-4 为各种铸造模具。图 4-4(a)为生产钳子的熔模铸造压型,是用快速成形方法制造的蜡模生产的。图 4-4(b)是用快速成形的树脂模,通过陶瓷型铸造工艺翻制出的压铸模具(钢)。图 4-4(c)是生产防滑圈件用的铸铝模板,模底板和模样分别铸好后,再划线装配而成。

(a) 汽车连杆轧辊模具　　　　　　　　　　　　　　　(b) 热锻模具

图 4-3　轧辊模具和热锻模具

(a) 熔模铸造压型　　　　　　　(b) 压铸模具　　　　　　　(c) 铸铝模板

图 4-4　铸造模具

◂ 4.2　陶瓷型铸造工艺 ▸

4.2.1　母模与底套

1. 母模

传统的陶瓷型用母模有木模、石膏模和金属模。近年来为快速生产铸件,也有使用快速成形法制作的塑料模、纸模、蜡模作为母模,大大节约了母模的制作时间,多用于试生产和单件小批量生产中。为保证陶瓷型铸件的精度,母模精度应比铸件精度高,可参考表 4-1。

表 4-1　母模各部分尺寸精度

母模的部位	尺寸精度
零件上不需加工的自由表面	IT9～IT11 级
零件有加工的面	IT8～IT9 级
零件上不需加工,而由铸件直接保证的工作面	IT7～IT8 级

影响陶瓷型铸件表面质量的主要因素是母模的表面质量和分型剂。一般母模表面粗糙度为 $Ra1.6\sim1.7\ \mu m$。经验证明,选择合适的分型剂如聚苯乙烯液就可明显改善陶瓷型的表面质量,其表面粗糙度为 $Ra1.2\sim1.65\ \mu m$。

2. 底套

陶瓷型的砂底套一般都采用水玻璃砂制作。水玻璃砂可采用二氧化碳硬化或有机酯硬化,其配方见表 4-2。目前生产上应用最广的是 CO_2 水玻璃砂底套陶瓷型。CO_2 水玻璃砂底套具备强度高、透气性好、制作简便等优点。制作底套时应设 $\phi30\sim50\ mm$ 的灌浆孔和 $\phi10\ mm$ 左右的排气孔。对于批量小、尺寸大的铸件,制作底套的模型可用母模贴黏土层或橡胶层等形成,黏土层或橡胶层的厚度即为陶瓷浆料层的厚度。陶瓷层的厚度则根据铸件大小和铸造合金不同而不同,见表 4-3。在批量生产时应制造专用的底套来制作模型。

表 4-2　砂底套用水玻璃砂配方(质量分数)　　　　　　　单位:%

硬化方式	硅砂/目		水玻璃(模数 2.4)	膨润土
	20～40	12～20		
CO_2 硬化	50	50	7～8	1～2
有机酯(自硬)	50	50	4～5	—

表 4-3　陶瓷型灌浆厚度的选用　　　　　　　单位:mm

合金种类	中、小件	大件
铸铝	5～7	8～10
铸铁、铸铜	6～8	8～12
铸钢	8～10	10～15

4.2.2　陶瓷浆料组成

陶瓷浆料主要成分为耐火材料、黏结剂、催化剂、分型剂等。

1. 耐火材料

耐火材料是陶瓷浆料中的骨干材料,与金属液直接接触,应有足够的耐火度、热化学稳定性、小的热膨胀系数、合理的粒度及分布。同时,耐火材料不应与金属液及黏结剂——硅酸乙酯水解液发生化学反应。因此,要根据生产铸件的合金种类来选择耐火材料。同时,由于硅酸乙酯水解液呈酸性,除应关注耐火材料的主要成分以外,还必须严格控制耐火材料中碱金属、铁等氧化物的含量,防止这些物质改变硅酸乙酯水解液的 pH 值,防止水解液过快胶凝而失效,或在浇注时生成低熔点化合物造成铸型耐火度下降而引发铸件表面质量问题。常用陶瓷型耐火材料及性能见表 4-4。

表 4-4　常用耐火材料成分及性能

名称	化学成分/(质量分数,%)					性能		
	Al_2O_3	SiO_2	ZrO_2	Fe_2O_3	CaO + MgO	熔点/℃	密度 /(g·cm^{-3})	线膨胀系数 /K^{-1}
硅砂	<2.0	>97	—	<0.5	—	1713	2.65	12.5×10^{-6}
刚玉	>97	<0.25	—	<0.15	—	2045	3.95~4.02	8.6×10^{-6}
棕刚玉	>94.5	—	—	—	—	1900	3.95~4.02	8.6×10^{-6}
煤矸石	41~46	54~51	—	1~1.5	0.4~0.8	1700~1790	2.62~2.65	5.0×10^{-6}
铝矾土	>80	—	—	0.8~1.4	0.4~0.7	≈1800	3.2~3.4	(5.0~5.8)×10^{-6}
莫来石	>67	—	—	—	—	1800	2.8~3.1	5.4×10^{-6}
锆砂	<0.3	<33	>65	<0.4	—	2430	4.7~4.9	4.6×10^{-6}

耐火材料的粒度粗细及其分布对陶瓷浆料中耐火材料与黏结剂的比例,即粉液比有很大影响。而粉液比又直接影响着陶瓷型的收缩、变形及表面致密程度。浆料中耐火材料越多,即粉液比越高,陶瓷型表面就越致密,表面粗糙度也越低;同时,陶瓷浆料在凝固时的收缩也就小,所制陶瓷型尺寸变化也小,陶瓷型强度较高(见图 4-5、图 4-6)。实验证明,粒度分散的耐火材料其紧实密度较大,在配浆料时,这种粉料的临界加入量相应较高,即粉液比大,(见图 4-7),易得到性能较好的陶瓷型。

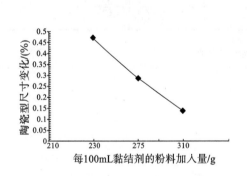

图 4-5　陶瓷型耐火材料加入量与尺寸变化率的关系

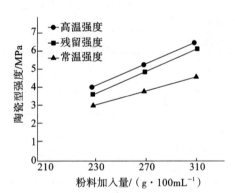

图 4-6　陶瓷型耐火材料加入量与强度的关系

对铸造尺寸精度和表面粗糙度要求高的合金钢锻模、压铸模、玻璃器皿模具,应采用耐高温的、热稳定性好的刚玉粉、锆砂粉或碳化硅作为陶瓷型浆料的耐火材料。

对铸铁件或铸铝件,可采用价格较便宜的铝矾土或石英粉作为耐火材料。

2. 黏结剂

陶瓷型铸造常用的黏结剂是硅酸乙酯水解液。原硅酸乙酯只有经过水解反应才具有黏结能力。水解反应就是硅酸乙酯、水及溶剂乙醇,通过盐酸的催化作用而发生的反应,其反应方程式为

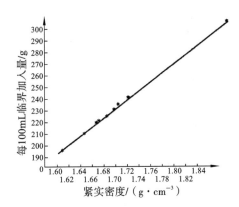

图 4-7 耐火材料紧实密度与临界加入量的关系

$$(C_2H_5O)_4Si + 2H_2O \longrightarrow SiO_2 + 4C_2H_5OH$$

水解反应的实质是硅酸乙酯中的乙氧基团（C_2H_5O）被水中的羟基（OH）所取代的过程，有机的硅酸乙酯转变为无机的硅酸胶体溶液，水解后得到的硅酸胶体溶液就称为硅酸乙酯水解液。

水解过程影响着硅酸乙酯水解液的质量。为保证黏结剂质量，需对水解加入物的质量、加入数量、水解方法等严加控制。水解用原材料见表 4-5。

表 4-5　水解用原材料

名称	种类	作用
原硅酸乙酯	工业硅酸乙酯	水解作用的主体，常用的有硅酸乙酯 32 和硅酸乙酯 40
水	工业蒸馏水	产生水解反应
乙醇	工业用	互溶剂和稀释剂
盐酸	化学纯	催化剂，也是水解液及陶瓷料浆 pH 值的稳定剂
硫酸	化学纯	催化剂，常用于综合水解时，也是水解液及陶瓷料浆 pH 值的稳定剂
醋酸	化学纯	水解液及陶瓷料浆 pH 值稳定的缓冲剂
硼酸	化学纯	添加剂，提高陶瓷型强度，用量过多会导致铸型耐火度下降
甘油	化学纯	添加剂，提高陶瓷型韧性

相比之下，硅酸乙酯 40 的水解温度比硅酸乙酯 32 低，水解过程平稳，容易控制，所制备的水解液稳定性也优于硅酸乙酯 32。加入同样数量的催化剂时，硅酸乙酯 40 水解液胶凝时间短。因此，硅酸乙酯 40 的综合工艺性能优于硅酸乙酯 32。

3. 催化剂

用硅酸乙酯水解液配成的陶瓷浆料往往需要很长时间才能胶凝。为提高生产率，在制造陶瓷型的浆料中必须加入催化剂来缩短胶凝时间。

陶瓷型常用催化剂有两类：无机催化剂，如 $Ca(OH)_2$、MgO、$NaOH$、CaO、$Mg(OH)_2$、Na_2CO_3；有机催化剂，如各种有机胺，包括醇胺、环己胺、甲基胺等。日前，国内多用无机催化剂，如 $Ca(OH)_2$、MgO，而国外则多用有机催化剂。两类催化剂的不同体现在：无机催化剂起模时间短、操作困难；有机催化剂可使陶瓷型在一个较长的时间范围内起模，并提高了陶瓷型强度，从而大大改善其起模性能。不同催化剂的加入量各不相同，为使浆料搅拌均匀并便于灌浆,大件胶凝时间应控制在 $8\sim15$ min,中小件胶凝时间控制在 $4\sim6$ min 为宜。

4. 分型剂

由于硅酸乙酯水解液黏附能力较强,其中的乙醇对许多物质的溶解能力又较大,因此陶瓷型浆料很容易黏附在母模表面上,导致起模困难,严重影响铸型的表面质量。为此,母模表面应涂上一层脱模能力较强的分型剂。目前广泛采用的分型剂有上光蜡、石蜡、变压器油、凡士林、黄油、硅油、树脂漆和聚苯乙烯液等。不同分型剂对陶瓷型表面质量的影响见表 4-6,其中以聚苯乙烯液涂覆性能最好,所制陶瓷型表面质量好。同时,聚苯乙烯液可任意调节黏度,涂层均匀,成膜快,脱模效果好,一次涂膜可供多次甚至数十次灌浆使用。其次是各种树脂漆,其脱模作用保持时间较长,可作为半永久性分型剂。但是应注意使树脂漆膜充分干燥,否则浆料中乙醇会使涂层泡胀、剥落,破坏母模的表面质量。黄油太稠,难以涂刷均匀。硅油虽有脱模效果,但它不易干燥成膜,灌浆时易将油膜冲掉,从而降低铸型的表面质量。

表 4-6 不同分型剂对陶瓷型表面质量的影响

分型剂种类	陶瓷型表面粗糙度 $Ra/\mu m$
黄油	5.1
硅油	5.5
树脂漆	3.9
聚苯乙烯液	1.9

4.2.3 陶瓷型制作

1. 陶瓷浆料的配制

国内常见的陶瓷浆料有硅石浆料、锆石浆料、高岭石浆料、铝矾土浆料和刚玉浆料。为防止陶瓷型开裂可加入质量分数为 10% 甘油硼酸溶液,如每 100 mL 水解液加入质量分数 3%~5% 的甘油硼酸溶液。有时为提高陶瓷浆料的透气性,可在 100 g 耐火材料中加 0.3 g 过氧化氢水。

浆料中耐火粉料与硅酸乙酯水解液的配比要适当。若粉料过多,则浆料太稠,流动性差,难以成形,即使勉强成形,铸型也容易产生大的裂纹。若粉料太少,则浆料太稀,陶瓷型容易出现分层,收缩大,强度低。

配制浆料时先将耐火材料与粉状催化剂混合均匀,然后将附加物倒入水解液中,最后将备好的水解液倒入容器中,随后倒入粉料,同时不断进行搅拌。

2. 灌浆

由于浆料中加有催化剂,浆料中黏结剂很快就会从溶胶状态转变为凝胶状态,即发生胶凝,浆料黏度也随之增大,见图 4-8。图 4-8 中 AB 段称结胶时间。从黏度开始增大至迅速增大期间,图 4-8 中 BC 段称胶凝苗子,此时需立即灌浆。若灌浆过早,易冲走母模表面的分型剂,引起黏模。同时,由于灌浆后浆料凝固时间长,耐火材料容易沉淀,易造成分层和铸型开裂。若灌浆太迟,浆料流动性太差,易造成铸型内腔轮廓不清晰,表面质量差。

为掌握好结胶时间,可先配小样观察黏度变化规律。黏度的测定一般用流杯黏度计。找到 AB 段、BC 段的数据,作为生产中控制灌浆和起模时间的参考。

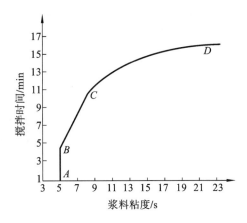

图 4-8　浆料黏度随搅拌时间的变化

结胶时间可用催化剂加入量来调整,为使铸造工艺能顺利进行,小件结胶时间应控制在 4～6 min,中大件结胶时间控制在 8～15 min 较合适。

灌浆速度不宜太快,以免卷入空气,最好边灌浆边振动,以改善浆料的流动性,使浆料中的气泡易于上浮,不附着在母模表面,以免造成铸型表面气孔缺陷。

3. 起模

当浆料固化后,但尚处于弹性状态时就应起模。此时用砂型硬度计测试硬度,宜在 HSS80～90 之间。一般起模时间约等于 2 倍结胶时间。起模过早,因浆料固化不完全,强度较低,陶瓷型会出现大量裂纹而报废。起模太迟,铸型已无弹性,使得母模脱模困难。

为保证铸型精度和质量,陶瓷型起模时不允许上下左右敲击母模,这就需要较大的起模力才能起出模样,可设计专用起模器辅助起模。生产中常用机械起模,如中小件起模用的螺旋双钩起模器(见图 4-9)和大件起模用的螺钉起模器(见图 4-10)等。

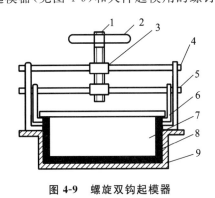

图 4-9　螺旋双钩起模器

1—螺杆;2—旋柄;3—螺母;4—支架;5—滑动臂;
6—起模钩;7—模样;8—陶瓷型;9—砂底套

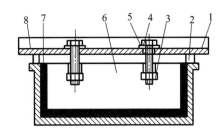

图 4-10　螺钉起模器

1—角铁架;2—垫块;3—螺母;4—起模螺钉;
5—垫圈;6—模样;7—陶瓷型;8—砂底套

4. 喷烧

起模后要立即点火喷烧陶瓷型,使酒精燃烧起来,均匀地挥发,从而使陶瓷型表面有一定的强度和硬度,并出现均匀密布的显微裂纹。这样的陶瓷层表面不会影响铸件表面粗糙度,但可提高陶瓷层的透气性和尺寸稳定性。如取模后不立即点火喷烧,陶瓷层内外的酒精挥发速度不同,型腔表面的酒精挥发快,收缩大,陶瓷层内部的酒精挥发慢,收缩小,从而造成陶瓷型出现大裂纹。同时喷烧工艺还影响到陶瓷型尺寸的变化和强度大小,见图 4-11 和图 4-12。从图中可以看出,起模后立即点火喷烧的陶瓷型尺寸变化率是最小的,而其强度是最高的。

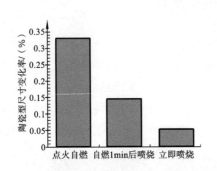

图 4-11　陶瓷型喷烧工艺与尺寸变化率的关系

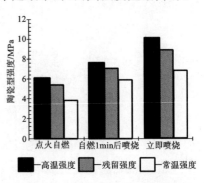

图 4-12　陶瓷型喷烧工艺与强度的关系

5. 焙烧

经过喷烧后,可以去掉 80%～90% 的有机溶剂,焙烧的目的是去除陶瓷型中残余的乙醇、水分和少量的有机物,并使硅酸胶体脱水,最后形成体型结构,并进一步提高陶瓷层的强度。所以,喷烧过的陶瓷型一定要经过焙烧。全部由陶瓷浆料灌制的陶瓷型,焙烧温度可高达 800 ℃,焙烧时间 2～3 h,出炉温度应在 250 ℃以下,以防止产生裂纹。带有水玻璃砂底套的陶瓷型,焙烧温度(烘干)应控制在 350～550 ℃。焙烧温度与陶瓷型强度的关系见图 4-13。不同合金对铸型强度要求不同,陶瓷型焙烧温度也可不同。铸钢件铸型焙烧温度应大于 600 ℃,铸铁件铸型焙烧温度应大于 500 ℃,铸铝和铸铜件铸型焙烧温度则可在 350～450 ℃之间。焙烧时间由铸型厚度决定,铸型越厚焙烧时间越长。但是,焙烧会使铸型的尺寸膨胀,温度越高膨胀就越大。陶瓷型放入高温炉里焙烧时,型腔的工作面要向上平放,切忌型腔面侧立或向下倒放。同时,砂底套也应该放在一块平板上,以防变形而影响铸型的尺寸。

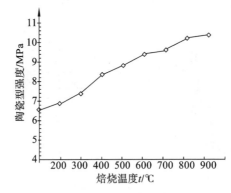

图 4-13　焙烧温度与陶瓷型强度的关系

6. 浇注

陶瓷型常采用热型浇注。浇注时陶瓷型的温度应保持在 200 ℃左右。浇注过程中应注意挡渣,浇注温度和浇注速度略高于砂型铸造。

在浇注厚大铸钢件时,容易出现黏砂或表面脱碳。为此,可采取如下措施:合箱前,在型腔表面用乙炔焊枪喷上一层炭黑,或者喷涂一层酚醛树脂-酒精溶液(两者的质量比为 1:2 或 1:4)。对较厚的铸钢件可采用在氮气保护下浇注的工艺,以防脱碳。

浇注后铸件最好在型内冷却至室温才开箱,以防铸件产生裂纹或变形。

◀ 4.3 RP-陶瓷型应用实例 ▶

RP-陶瓷型是一种将 RP(快速成形)转换成可供金属浇注的陶瓷型铸造技术,它是陶瓷型铸造与 RP 技术相结合的产物。采用 RP-陶瓷型制作零件,可大大缩短产品的试制周期。

图 4-14 为 RP-陶瓷型成形的子午线轮胎模具实例。图 4-15 为基于 RP 技术的叶片快速精铸系统。

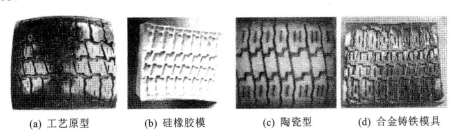

(a) 工艺原型　　　(b) 硅橡胶模　　　(c) 陶瓷型　　　(d) 合金铸铁模具

图 4-14　RP-陶瓷型成形的子午线轮胎模具

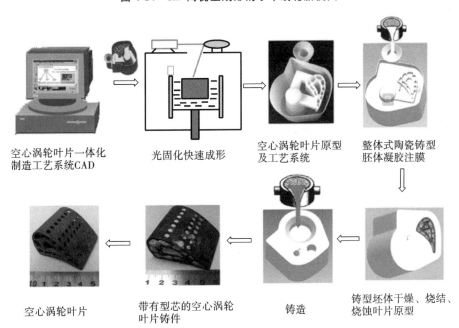

空心涡轮叶片一体化　　　光固化快速成形　　　空心涡轮叶片原型　　　整体式陶瓷铸型
制造工艺系统CAD　　　　　　　　　　　　及工艺系统　　　　　　胚体凝胶注膜

空心涡轮叶片　　　带有型芯的空心涡轮　　　铸造　　　铸型坯体干燥、烧结、
　　　　　　　　　叶片铸件　　　　　　　　　　　　烧蚀叶片原型

图 4-15　基于 RP 技术的叶片快速精铸系统

 习题

一、填空题

1.陶瓷型铸造可分为_____和_____两大类。

2.陶瓷型精密铸造常用的黏结剂是_____。

3.为提高生产率,在制造陶瓷型的浆料中必须加入_____来缩短胶凝时间。

4.陶瓷型喷烧的目的是使酒精燃烧起来,均匀地挥发,从而使陶瓷型表面有一定的强度和硬度,并出现均匀密布的_____。

二、简答题

1.为什么广泛采用复合陶瓷铸型,而不使用整体陶瓷铸型?

2.陶瓷型铸造灌浆时应注意哪些问题?

3.陶瓷浆料制备过程中加入催化剂的作用是什么?

4.陶瓷浆料硬化起模后为什么还要经过喷烧?有什么注意事项?

5.显微裂纹在陶瓷型焙烧过程中的作用是什么?

第5章

消失模铸造成形

【本章教学要点】

知识要点	掌握程度	相关知识
消失模铸造的概念	了解消失模铸造的特点及其适用范围	特种消失模铸造技术
模样材料	了解消失模材料的特性,能够根据具体铸件合理选择模样材料	高分子化学
消失模铸造充型过程	了解金属液充填特性及铸件凝固特点	工程流体力学、传热学、凝固理论
消失模铸造涂料	熟悉消失模铸造涂料的组成、作用及性能	流变学基本知识

导入案例

特种消失模铸造技术

为了克服铝镁合金消失模铸造中充型浇注、氧化燃烧、氢针孔等困难,提高消失模铸造零件的性能,目前正在研究开发如下几种特种消失模铸造技术,具有较大意义。

1.真空低压消失模铸造技术

它将真空消失模铸造与低压铸造有机地结合起来,有如下特点:综合了低压铸造与真空消失模铸造的技术优势,在可控的气压下完成充型过程,大大提高了金属液充型能力;与压铸相比,设备投资小、铸件成本低、铸件可热处理强化;而与砂型铸造相比,铸件的精度高、表面粗糙度小、生产率高、性能好;在重力作用下,直浇口成为补缩通道,浇注温度的损失小,液态合金在可控的压力下进行补缩凝固,合金铸件的浇注系统简单有效、成品率高、组织致密;真空低压消失模铸造的浇注温度低,适合于多种有色合金。

2.压力消失模铸造技术

它是消失模铸造技术与压力凝固结晶技术的结合。其原理是在带砂箱的压力罐中,浇注金属液使泡沫塑料气化消失后,迅速密封压力罐,并通入一定压力的气体,使金属液在压力下凝固结晶成形。这种铸造技术的特点是能够显著减少铸件中的缩孔、缩松、气孔等铸造缺陷,提高铸件致密度,改善铸件力学性能。加压下凝固,外力对枝晶间液相金属的挤压作用使初凝枝晶发生显微变形,可大幅提高冒口的补缩能力,使铸件内部缩松得到改善;加压凝固还会提高氢析出的临界内压力,不易形核形成气泡,抑制针孔的形成,同时压力增加了气体在固相合金中的溶解度,使可能析出的气泡减少。

3.振动消失模铸造技术

在消失模铸造过程中施加一定频率和振幅的振动,使铸件在振动场的作用下凝固。由于消失模铸造

凝固过程中对金属熔液施加了一定振动,振动力使液相与固相间产生相对运动,而使枝晶破碎,增加液相内结晶核心,使铸件最终凝固组织细化,力学性能得以改善。该技术可利用消失模铸造中现成的紧实振动台,通过振动电机产生的机械振动,使金属液在动力激励下生核,达到细化组织的目的,是一种操作简便、成本低廉、无环境污染的特种消失模铸造新方法。

资料来源:

樊自田,王继娜,黄乃瑜.实现绿色铸造的工艺方法及关键技术[J].铸造设备与工艺,2009(02):2-7,62.

◀ 5.1 概　　述 ▶

1956年,美国H.F.Shoyer采用聚苯乙烯泡沫塑料块粘接成泡沫模样代替木模,埋入水玻璃砂型中,直接浇注金属液使其汽化消失最终获得铸件,1958年获得实型铸造(full mould casting)专利。1963年,美国福特公司采用树脂砂实型铸造工艺生产汽车覆盖件冲模模具获得成功。1964年,美国T.R.Smith申请了用干砂振动造型的实型铸造专利。20世纪80年代,美国铸造协会(AFS)将采用泡沫模样与干砂造型的铸造方法定义为消失模铸造LFC(lost foam casting)。消失模铸造又称气化模铸造EPC(evaporative pattern casting),以铸件尺寸精度高、表面光洁、无污染等优点,被誉为"21世纪的铸造新方法""绿色铸造技术"。

5.1.1　工艺过程

消失模铸造是将与铸件尺寸形状相似的泡沫模样粘接组合成模样簇,刷涂耐火涂料并烘干后,埋在干砂中振动造型,在常压或负压下浇注,金属液使模样受热分解汽化,并占据模样位置,凝固冷却后形成铸件的铸造方法。图5-1为消失模铸造工艺过程示意图。

5.1.2　工艺特点

1.铸件尺寸精度高,表面粗糙度低

由于不用取模、分型、无拔模斜度、不需要型芯,并避免了由于型芯组合、合型而造成的尺寸误差,因而铸件尺寸精度高。消失模铸件尺寸精度可达CT5~CT6级,表面粗糙度可达$Ra6.3~50\ \mu m$。

2.工序简单、生产效率高

由于采用干砂造型,无型芯,因此造型和落砂清理工艺都十分简单,同时在砂箱中可将泡沫模样串联起来进行浇注,生产效率高。

3.设计自由度大

泡沫模样的可组合性为铸件结构设计提供了充分的自由度。可以通过泡沫塑料模片组合铸造出高度复杂的铸件。

4.清洁生产

一方面型砂中无化学黏结剂,低温下泡沫塑料对环境无害;另一方面采用干砂造型,大大

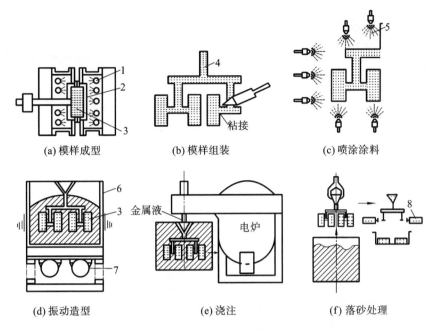

(a) 模样成型　　(b) 模样组装　　(c) 喷涂涂料

(d) 振动造型　　(e) 浇注　　(f) 落砂处理

图 5-1　消失模铸造工艺过程

1—蒸汽管；2—型腔；3—模样；4—浇注系统；5—涂料；6—砂箱；7—振动台；8—铸件

减少铸件落砂、清理工作量，大大降低车间的噪声和粉尘，有利于工人的身体健康和实现清洁生产。

5. 投资少、成本低

消失模铸造生产工序少，落砂处理设备简单，旧砂的回收率高达 95% 以上。另外由于没有化学黏结剂等的开销，模具寿命长，铸件加工余量小，减轻了铸件毛坯重量等，因此铸件综合生产成本低。

5.1.3　应用概况

消失模铸造技术以其独特的优势，已广泛应用于工业生产，尤其是在汽车行业中得到了飞速的发展。美国通用汽车公司于 1985 年建成世界上第一条消失模铸造生产线，用于生产汽车柴油机的铝缸盖。接着福特汽车公司和约翰迪尔公司，以及德国的宝马公司、英国的斯坦顿公司、北爱尔兰的 Montupet 公司、意大利的 FrancoTosi 公司、法国的雪铁龙公司等先后建成消失模铸造生产线。

消失模铸造技术特别适合于形状复杂、需要砂芯成形的铸件，如发动机缸体、缸盖、进气歧管等，此外还广泛用于曲轴、凸轮轴、变速箱壳体、离合器壳、阀体、电机壳体、轮毂、刹车盘、磨球、耐磨衬板以及艺术品等铸件的生产。适用材质有灰铸铁、球墨铸铁、铝合金、铜合金、碳钢、合金钢、不锈钢等。

图 5-2～图 5-4 所示为采用消失模铸造的铝合金四缸发动机缸体、铸铁曲轴及艺术品铸件。

图 5-2　四缸发动机缸体

图 5-3　铸铁曲轴

图 5-4　铝合金艺术品

◀ 5.2　模 样 制 作 ▶

5.2.1　对模样的要求

模样质量是消失模铸造成败的关键性环节。模样不仅决定着铸件的外部质量,还与金属液直接接触并参与传热、传质、动量传递和复杂的物理、化学反应,对铸件的内在质量也有着重要影响。因此,消失模铸造模样必须满足如下要求。

(1)汽化温度和发气量低,以减少浇注时的烟雾;

(2)汽化迅速、完全,残留物少;

(3)密度小、强度高和表面刚性好,以使模样在制造、搬运和造型过程中不易损伤,确保模样尺寸和形状稳定;

(4)珠粒均匀,结构致密、加工性能好。

5.2.2 模样材料

目前用于消失模铸造的模样材料主要有可发性聚苯乙烯(简称 EPS)、可发性聚甲基丙烯酸甲酯(简称 EPMMA)和可发性苯乙烯与甲基丙烯酸甲酯共聚树脂(简称 STMMA)。

1. 可发性聚苯乙烯(EPS)

聚苯乙烯是一种碳氢化合物,其分子式为$(C_6H_5 \cdot C_2H_3)_n$。EPS 具有密度低、汽化迅速、易加工成形等优点,是最早用于消失模铸造的模样材料。因其价格低廉来源广泛,广泛应用于铝合金、铜合金、灰铸铁及一般铸钢件的生产。EPS 含碳量高,高温裂解后产生的炭渣多。由于球墨铸铁原铁液呈过共晶碳饱和状态,EPS 会使铸件上表面和侧表面形成炭夹渣和炭皱皮缺陷。而对于含碳量较低的铸钢件,EPS 会造成铸件增碳,对铸件的加工性能、焊接性能和抗冲击韧性等产生不良影响。

2. 可发性聚甲基丙烯酸甲酯(EPMMA)和共聚树脂(STMMA)

聚甲基丙烯酸甲酯(EPMMA)是针对采用 EPS 生产低碳钢或球墨铸铁铸件容易产生增碳和炭黑缺陷而研发出来的消失模铸造专用模样材料。但 EPMMA 的发气量和发气速度都比较大,浇注时容易产生反喷。因此又开发出了 EPS 和 MMA 以一定比例配合的共聚树脂 STMMA(ST—苯乙烯,MMA—甲基丙烯酸甲酯),在解决增碳缺陷和发气量大引起的反喷缺陷两方面都取得较好的效果,成为目前铸钢和球铁件生产中广泛采用的新材料。

3. 泡沫材料的选用

首先根据铸件材质及对铸件质量要求来选择泡沫材料种类,再根据铸件的最小壁厚选择泡沫珠粒尺寸。在发泡倍率为 40~50 时,预发泡后的珠粒粒径约增加 3 倍。一般情况下,厚大铸件选用较粗粒径的珠粒,薄壁铸件选用较细粒径的珠粒,以铸件最薄部位至少并排 3 个珠粒为宜。据此可以求得珠粒的最大允许直径,即最大允许直径=模样的最小壁厚×1/3。

表 5-1 与表 5-2 分别为消失模铸造常用泡沫珠粒规格和泡沫塑料的性能,供选用时参考。

表 5-1 三种国产珠粒的性能指标

指标	EPS	STMMA	EPMMA
色泽	半透明珠粒	半透明乳白色珠粒	乳白色珠粒
含碳量/(质量分数,%)	92	60~90	60
表观密度/(g·cm^{-3})	0.55~0.67		
珠粒直径/mm	1$^\#$(0.60~0.80);2$^\#$(0.40~0.60);3$^\#$(0.30~0.40); 4$^\#$(0.25~0.30);5$^\#$(0.20~0.25)		
预发泡倍数	≥50	≥45	≥40

表 5-2 EPS、STMMA 及 EPMMA 泡沫塑料的性能及应用范围

性能	EPS	STMMA	EPMMA
裂解性能	苯环结构,裂解相对较难	介于 EPS 与 EPMMA 之间	链状结构,容易裂解
残碳量	多	居中	少

性能	EPS	STMMA	EPMMA
预发温度	低	居中	高
汽化温度	高	居中	低
发气量及发气速度	量少,速度慢	居中	量大,速度快,易反喷
应用范围	铝铜合金、灰铸铁及一般钢铸件	灰铸铁、球墨铸铁、低碳钢及低碳合金钢	球墨铸铁、可锻铸铁、低碳钢、低碳合金钢及不锈钢铸件

5.2.3　泡沫模样的制作

泡沫塑料模样制作方法可分为板材加工和发泡成形。板材加工是将泡沫塑料板材通过电热丝切割,或铣、锯、车、刨、磨削机械加工,或手工加工,然后胶合装配成所需的泡沫塑料模样。板材加工法主要用于单件、小批量生产时的大中型模样。发泡成形工艺则用于成批、大量生产时制作泡沫塑料模样。

泡沫模样制作工艺过程:原始珠粒→预发泡→干燥、熟化→发泡成形→模样。

1. 预发泡

预发泡过程就是将原始珠粒加热到软化点以上,使发泡剂急速汽化膨胀至预定大小,再迅速冷却使泡沫珠粒停止发泡,保持预发后的体积。预发泡工艺是泡沫模样成形的一个至关重要的环节。一般而言,泡沫模样的密度调整主要是通过调整预发泡的倍数来实现。

消失模铸造用珠粒的预发泡通常采用间歇式预发泡机。预发方式主要有真空预发和蒸汽预发两种。

1)真空预发

图 5-5 所示为真空预发泡机结构示意图,筒体带夹层,中间通蒸汽或油加热,筒体内加入待预发的原始珠粒,加热搅拌后抽真空,然后喷水雾化冷却定型。

由于真空预发泡机的加热介质(蒸汽或油)不直接接触珠粒,珠粒的发泡是真空和加热的双重作用而使发泡剂加速汽化逸出的结果。因此,预热温度、预发时间、真空度的大小和抽真空的时间是影响预发珠粒质量的关键因素,必须进行优化组合。一般真空度设定为 0.06~0.08 MPa,抽真空时间为 20~30 s,预发时间和预热温度由夹层蒸汽压来控制。

真空预发的珠粒含水量低、相对干燥,有利于获得超低密度泡沫模样,比如 EPS 模样密度达到 16 kg·m^{-3},EPMMA 模样密度达到 20 kg·m^{-3},但预发密度不易精确控制。

2)蒸汽预发

图 5-6 所示为蒸汽预发原理示意图。珠粒从上部定量加入,高压蒸汽从底部进入用于加热原始珠粒,筒体内的搅拌器不停转动,当预发珠粒的高度达到光电管的控制高度时,自动发出信号,停止进气并卸料。

蒸汽预发泡机不是通过时间而是通过预发泡后的容积定量(即珠粒的预发密度定量)来控制预发倍率的。不同模样材料的预发温度参数见表 5-3。

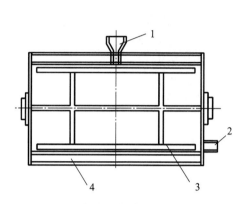

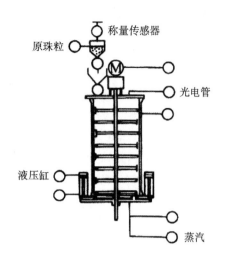

图 5-5　真空预发泡机结构示意图

1—加料斗;2—卸料口;

3—搅拌叶片;4—双层壁加热膨胀室

图 5-6　蒸汽预发原理示意图

表 5-3　蒸汽预发温度参数

珠粒材料	EPS	STMMA	EPMMA
预发温度/℃	100~105	105~115	120~130

　　采用蒸汽预发泡时,由于珠粒直接与水蒸气接触,预发珠粒水分的质量分数高达 10% 左右,因此卸料后必须经过干燥处理。此外,蒸汽预发泡机对预发珠粒料位监控较准确,可控制预发密度。

2. 熟化

　　刚刚预发的珠粒不能立即用来在模具中进行二次发泡成形,这主要是因为预发珠粒从预发泡机卸料到储料仓时,由于骤冷造成泡孔中发泡剂和渗入蒸汽的冷凝,从而使泡孔内部处于真空状态。此时的预发珠粒弹性不足,流动性较差,不利于充填紧实模具型腔和获得较好表面质量的泡沫模样。预发泡后的珠粒,必须在空气中放置一段时间,让空气充分渗入泡孔中,保持泡孔内外压力的平衡,使珠粒富有弹性,以便最终发泡成形,这个过程称为熟化处理。最合适的熟化温度是 20~25 ℃。温度过高,发泡剂的损失增大;温度过低,减慢了空气渗入和发泡剂扩散的速度。最佳熟化时间取决于熟化前预发珠粒的湿度和密度,一般来说,预发珠粒的密度越低,熟化时间越长;预发珠粒的湿度越大,熟化时间也越长。表 5-4 列出了水的质量分数在 2% 以下不同密度的预发泡珠粒需要的最短和最佳熟化时间参考值。

表 5-4　EPS 预发泡珠粒熟化时间参考值

堆积密度/$(g \cdot m^{-3})$	15	20	25	30	40
最佳熟化时间/h	48~72	24~48	10~30	5~25	3~20
最短熟化时间/h	10	5	2	0.5	0.4

3. 发泡成形

　　将熟化后的珠粒充填到模具的型腔内,再次加热使珠粒二次发泡,发泡珠粒相互黏结成一个整体,经冷却定形后脱模,形成与模具形状、尺寸一致的整体模样,这一过程称为发泡成形。

1)发泡成形机

发泡成形机有立式和卧式之分。

立式成形机[图 5-7(a)]的开模方式为水平分型,模具分为上模和下模。其特点如下:①模具拆卸和安装方便;②模具内便于安放嵌件(或活块);③易于手工取模;④占地面积小。

卧式成形机[图 5-7(b)]的开模方式为垂直分型,模具分为左模和右模。其特点如下:①模具前后上下空间开阔,可灵活设置气动抽芯机构,便于制作有多抽芯的复杂泡沫模样;②模具中的水和气排放顺畅,有利于泡沫模样的脱水和干燥;③生产效率高,易实现计算机全自动控制;④结构较复杂,价格较贵。

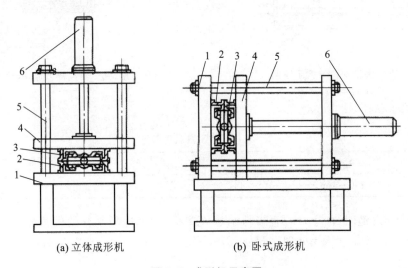

(a) 立体成形机   (b) 卧式成形机

图 5-7 成形机示意图

1—固定工作台;2—固定模;3—移动模;4—移动工作台;5—导杆;6—液压缸

图 5-8 及图 5-9 分别为德国 Teubert 机器公司的 TDV-100LF 间歇式蒸汽预发泡机和 Teubert TSACLF 型全自动消失模模样成形机。

图 5-8 TDV-100LF 间歇式蒸汽预发泡机

图 5-9 Teubert TSACLF 型全自动消失模模样成形机

2)发泡成形工艺

发泡成形工艺如图 5-10 所示。合理的发泡成形工艺是获得高质量泡沫模样的必要条件。

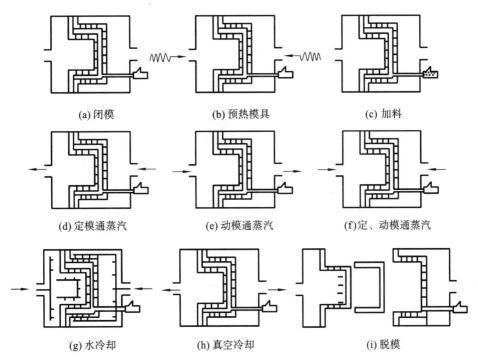

(a) 闭模　　　　　　　(b) 预热模具　　　　　　(c) 加料

(d) 定模通蒸汽　　　　(e) 动模通蒸汽　　　　(f) 定、动模通蒸汽

(g) 水冷却　　　　　　(h) 真空冷却　　　　　　(i) 脱模

图 5-10　发泡成形工艺流程

(1)闭模预热。

当使用大珠粒料(如包装材料用 EPS 珠粒)时,可在分型面处留有小于预发珠粒半径的缝隙,这样加料时压缩空气可同时从气孔和缝隙排出,有利于珠粒快速填满模腔。但留有缝隙的做法往往在模样分型面处产生飞边。模具闭模以后,要将它预热到 100 ℃,保证在正式制模之前模具是热态和干燥的,减少珠粒发泡成形时蒸汽的冷凝,缩短预发时间。预热不足,将造成发泡不充分的珠粒状不良表面,模具中残存的水分会导致模样中出现空隙和孔洞。

(2)填料。

泡沫珠粒的充填对于获得优质泡沫模样非常重要。泡沫珠粒在模具中填充不均匀或不紧实会使模样出现残缺不全或融合不充分等缺陷,都会影响产品的表面质量。充填珠粒的方法有手工填料、料枪射料和负压吸料等。其中料枪射料用得最普遍,普通料枪利用压缩空气将珠粒吸入模腔内。泡沫珠粒能否充满模具型腔,主要取决于压缩空气和模具上的排气孔设置。压缩空气的压力一般为 0.2～0.3 MPa。

(3)加热。

加热就是往模腔内通蒸汽的过程,预发珠粒填满模具型腔后,通入温度约 120 ℃、压力为 0.1～0.15 MPa 的蒸汽,保压时间视模具厚度而定,从几十秒至几分钟。此时珠粒的膨胀仅能填补珠粒间空隙,珠粒表面熔化并相互黏结在一起,形成的表面平滑,密度基本不变。

(4)冷却。

模样在出模前必须进行冷却,以抑制出模后继续长大,即抑制第三次膨胀。冷却时使模样降温至发泡材料的软化点以下,模样进入玻璃态,硬化定型,这样才能获得与模具形状、尺寸一致的模样。

模样一般采用喷水冷却,将模具冷却到 40～50 ℃,有的机动模喷水雾后接着抽真空,使水雾蒸发、蒸汽凝结,同时真空条件使保留的水分、戊烷减少,因此模样具有较好的尺寸稳定性。

(5)脱模。

一般根据成形机开模方向,并结合模样的结构特点,选定起模方式。对于简易立式成形机,常采用水与压缩空气叠加压力推模法;对于自动成形机,有机械顶杆取模法和真空吸盘取模法。

模样从模具中取出时,一般存在 $0.2\%\sim0.4\%$ 的收缩,并且含 $6\%\sim8\%$ 质量分数的水分和少量发泡剂。水分和发泡剂的存在容易导致反喷和气孔等缺陷。因此在生产实际中,常将模样置入 $50\sim70\ ℃$ 的烘干室中强制干燥 $5\sim6\ h$,达到稳定尺寸、去除水分的目的。

◀ 5.3 发泡模具的设计与制造 ▶

发泡成形模具是决定模样质量最主要、最直接的因素,粗劣的模具绝不可能获得优质的模样。与此同时,模具的加工制造成本低,操作方便,对提高模样制作的效率和降低铸件的成本也起着十分重要的作用。

5.3.1 发泡成形工艺设计

1.发泡模具分型面确定

采用成形机制模,无论是水平分型还是垂直分型,多为两开模分型结构。两开模分型面的基本形式和普通铸造的分型形式一样,有直线分型、折线分型、曲线分型三种。此外还有水平垂直双分型、水平垂直三分型以及多开模分型等形式。分型面的选择应根据铸件的具体结构来选择,应尽量减少分型数量,使复杂模样能一次整体做出。分型面的选择原则主要有三条:①保证泡沫模样的精度;②便于泡沫模样从模具中取出;③有利于模具加工。

2.注射料口位置选择

注射料口位置的设计,直接影响模样的质量。选择注射料口时应遵循的原则是:进料顺,排气畅,受阻小,使泡沫模样充填紧实、密度均匀。对于大件或复杂件,若一个注射料口不够,可设计多个注射料口。对于薄壁的模样,若加料口的截面积大于模样的壁厚时,可将该处模样的截面积局部增大,以利于珠粒充型。所增大的模样厚度,可以在修模时刮除。注射料口的位置一般有中心注料、切线进料、内浇道进料、多进料口进料等多种方式。

3.模样的分片与黏结

形状复杂的泡沫模样若不能一次整体发泡成形,则需对其进行分片处理,即将一个整体模样切割成几个小的模样,各个小片模样单独成形,然后再将各个模片黏结组合成一个整体。黏结剂的选择应符合以下要求:对泡沫模样无腐蚀作用,黏结后固化速度较快,常温强度足够,并有一定的柔软性;胶缝不会收缩凹陷而影响泡沫模样的黏结强度;在 $60\ ℃$ 烘房中,黏结剂不软化失去强度,造成胶缝开裂或浇口断裂;黏结剂分解汽化温度较低,发气量不大,固体残留物越少越好。泡沫模样用黏结剂分为三大类:热熔胶、水基胶和溶剂胶。其中热熔胶的冷却凝固最快、强度最好且胶缝无收缩。

图 5-11 所示为汽车排气管泡沫模样分片图。该零件的流道曲面复杂,采用三维 CAD 软

件将其分解成三个模片,且分割面均为曲面。各模片在黏结时,借用黏结胎膜完成模片的曲面精确黏结。

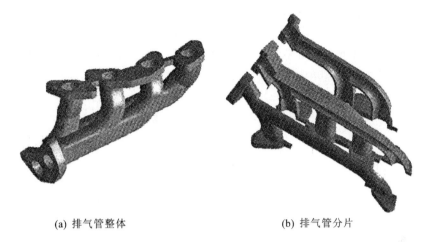

(a) 排气管整体   (b) 排气管分片

图 5-11 排气管泡沫模样分片图

5.3.2 发泡模具本体设计

1. 发泡模具结构特点

与其他铸造成形方法的模具结构不同,发泡模具有它的结构特点:一是发泡模具上设有一成形蒸汽室的外框架,蒸汽室内安装有冷却水管。二是发泡模具为薄壳随形结构,即模具型腔的背面形状也按照型腔面来设计,以确保模具壁厚均匀,以满足发泡成形模具快速加热和快速冷却的工艺要求。采用锻造铝合金时,模具型腔壁厚推荐值为 8~10 mm。采用铸造铝合金时,模具型腔壁厚推荐值为 10~12 mm。三是在模具整个型腔面上布满透气孔、透气塞或透气槽。

图 5-12 所示为立式自动成形机用水平分型模具的结构简图。图 5-13 为德国 Teubert 公司采用三腔独立蒸汽室同时生产"变速箱"的 3 个模片的模具。

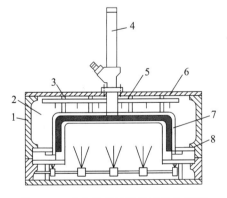

图 5-12 消失模成形用模具结构简图

1—模框;2—蒸汽室;3—支撑筋;4—充填枪;
5—冷却水管;6—盖板;7—模具;8—固定板

图 5-13 三腔独立蒸汽室同时生产"变速箱"的
3 个模片的模具

2. 发泡模具尺寸的确定

1) 铸件加工余量

根据我国铸件公差等级,并结合国外消失模铸件的应用实践,确定消失模铸件的尺寸公差为 CT6~CT8(高出机械造型砂型铸件尺寸公差 1~2 个等级),壁厚公差等级为 CT5~CT7(与熔模铸件的尺寸公差相当)。消失模铸件的毛坯加工余量为砂型铸件加工余量的 30%~50%,大于熔模铸件加工余量的 30%~50%。消失模铸件的机械加工余量的取值如表 5-5 所示。

单位:mm

表 5-5　消失模铸件的加工余量

铸件最大外轮廓尺寸/mm		铸铝件	铸铁件	铸钢件
<50	顶面	1.0	2.0	2.5
	侧、底面	1.0	2.0	2.5
50~100	顶面	1.5	3.0	3.5
	侧、底面	1.0	2.0	2.5
100~200	顶面	2.0	3.5	4.0
	侧、底面	1.5	3.0	3.0
200~300	顶面	2.5	4.0	4.5
	侧、底面	2.5	4.0	3.5
300~500	顶面	3.5	5.0	5.0
	侧、底面	3.0	4.0	4.0
>500	顶面	4.5	6.0	6.0
	侧、底面	4.0	5.0	5.0

2) 收缩率

确定发泡模具的型腔尺寸时,应将铸件的收缩和泡沫模样的收缩都计算在内。对于密度为 22~25 $kg \cdot cm^{-3}$ 的泡沫模样,EPS 的线收缩率为 0.3%~0.4%,共聚物(STMMA 或 EPMMA)的线收缩率为 0.2%~0.3%。用共聚物制造的泡沫模样的尺寸稳定性要高于 EPS 泡沫模样。

3) 泡沫模样的拔模斜度

泡沫模样从发泡模具中取出,需要一定的拔模斜度,设计和制造发泡模具时应将拔模斜度考虑在内。选择泡沫模样的拔模斜度有三种方法:增大壁厚法、增减壁厚法和减小壁厚法。对拔模斜度的具体取值应考虑如下情况。

①泡沫模样在模具中,因冷却和干燥收缩,造成凹模易起、凸模难拔的现象,故凸模的拔模斜度应大于凹模的拔模斜度。

②若无辅助取模措施,拔模斜度应取大值。采用负压吸模或顶杆推模等取模方法时,模具的拔模斜度可取小值。

在模具设计时,泡沫模样的拔模斜度一般在 0.5°~1.5°之间选择,具体视型腔的深度、模样尺寸大小及铸件的精度要求而定。

5.3.3 发泡模具制造

1. 模具材料的选择

发泡模具在制模过程中,要经受周期性蒸汽加热和喷水冷却,因此要求模具材料具有良好的导热性能和耐蚀性,能适应快速加热和冷却,而且不易生锈。模具材料还应有足够的强度来承受型腔珠粒发泡时所产生的压力和加热蒸汽压力,以保持形状和尺寸稳定性。生产中常选用锻造铝合金或铸造铝合金来制造消失模发泡成形模具。

2. 模具加工

如前所述,消失模模具通常采用铝合金制造,而且为薄壳随形结构,因此其制造方法主要为铸造和机加工两种。

1)铸造成形方法

(1)传统的铸造成形工艺。

首先根据模具的二维设计图制作木模,然后造型、浇注,获得模具毛坯,再用普通的机械加工方法,制作出最终使用的模具。

铸造成形工艺存在精度差、速度慢等问题,尤其是随形面的制作难以做到真正意义上的薄壳随形(二维设计及木模制作所限)。

(2)基于快速成形的制模工艺。

首先完成模具的三维设计,而后借助快速成形设备在几个或几十小时内快速制作出模具的原型,然后结合熔模铸造、石膏型铸造、转移涂料等铸造工艺,快速翻制出精确的模具毛坯。

2)现代机械加工方法

目前在消失模发泡模具制造中,最常见的是电火花加工和数控加工两种方法,相对铸造成形方法而言,精度更高,但成本也较高。

(1)电火花加工。

此方法主要是借助纯铜或石墨电极,利用电化学腐蚀作用实现对模具的型腔加工。该工艺获得的模具表面粗糙度值最低,但其电极的设计和加工比较麻烦,一般要通过数控加工和钳工修整来完成,因此一般用于凹模和局部清根。

(2)数控加工。

数控加工是高档模具制造过程中最常用的加工方法。由于模具是薄壳随形结构,如果采用锻坯材料,在加工过程中要十分注意加工顺序,尽可能降低模具加工过程中的变形。

3. 模具型腔的排气结构

模具型腔面加工完成后,需在整个型腔面上开设透气孔、透气塞、透气槽,使发泡模具有较高的透气性,以达到发泡工艺的如下要求。

① 注料时,压缩空气能迅速从型腔排走;

② 成形时,蒸汽能穿过模具进入泡沫珠粒间隙使其融合;

③ 冷却阶段,水能直接对泡沫模样进行降温;

④ 负压干燥阶段,模样中的水分可通过模具迅速排出。

可见,模具的透气结构对泡沫模样的质量至关重要,不能忽视。

1)透气孔的大小和布置

透气孔的直径为 0.4～0.5 mm,过小,易折断钻头;过大,影响泡沫模样的表面美观度。有资料介绍,透气孔的通气面积为模具型腔表面总面积的 1％～2％。据此估算,在 100 mm× 100 mm 的模具型腔面积上,若钻 φ0.5 mm 的孔,需均匀布置 200～400 个,即孔间距为 3～6 mm。透气孔采用外大内小的形式,其间距和结构如图 5-14 所示。

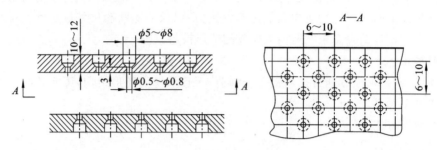

图 5-14 透气孔的间距和结构

2)透气塞的形式、大小和布置尺寸

透气塞有铝质和铜质两种,有孔点式、缝隙式和梅花式等形式,主要规格有 φ4 mm、φ6 mm、φ8 mm 和 φ10 mm 四种。按透气塞的通气面积为模具型腔总表面积的 1％～2％估算,在 100 mm×100 mm 的模具面积上,若要安装 φ8 mm 的孔点式透气塞(该透气塞上共有 φ0.5 mm 的通气小孔 7 个),则需均匀布置 6～8 个。各种规格的透气塞的安装距离推荐值如表 5-6 所示。

表 5-6 透气塞的安装参考尺寸 单位:mm

透气塞直径	φ4	φ6	φ6	φ10
安装距离	10 / 10	14 / 14	25 / 25	30 / 30
透气塞种类	孔点式	缝隙式		梅花式

3)透气槽

对于难以钻透气孔或安装透气塞的部位,可设计透气槽来解决模具的透气问题。例如,电机壳模具上的散热片处不易安透气塞,但可在拼装的每个模具块之间开数条宽度为 10～20 mm、深度为 0.3～0.5 mm 的透气槽,如图 5-15 所示。

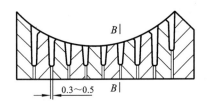 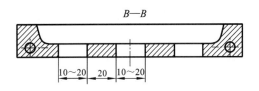

图 5-15　透气槽的开设

◀ **5.4　涂　　料** ▶

消失模涂料在造型、金属液充填与凝固过程中,始终与高温金属液、干砂及模样接触并相互作用,其性能好坏将直接影响消失模铸件的质量。涂料技术是消失模铸造的关键技术之一。

5.4.1　涂料的作用与性能要求

1. 涂料的作用

①防止铸件产生黏砂,降低铸件表面粗糙度。消失模铸造中金属液的渗入压力要大于普通砂型铸造,铸件表面有较严重的毛刺和黏砂现象。模样表面一定厚度的涂层,可以起到阻止金属液渗入的作用,从而防止铸件产生毛刺和机械黏砂。

②提高泡沫塑料模样的刚度,防止模样在搬运、填砂、振动及负压定型过程中产生变形和破坏,保证铸件尺寸精度。

③有助于泡沫模样热解的气体和液体产物顺利地通过涂层并经铸型排到型外,防止铸件产生气孔、夹渣及炭黑等缺陷。

2. 涂料的性能要求

①有较高的耐火度和化学稳定性。涂料在浇注时不被高温金属熔化,也不与金属氧化物发生化学反应,避免形成化学黏砂。

②涂层有较好的透气性。从防止铸件黏砂的角度来说,泡沫模样表面的涂层要尽可能致密,但致密的涂层不利于模样热解后形成的气体排逸。因此要求涂层具有一定的透气性,以便热解形成的气体及型腔内的空气能顺畅地排出。

③涂层有较好的强度和刚度,保护模样并形成一个完好而可靠性高的铸型。

④有良好的工艺性能,如较好的润湿性、黏附性、涂挂性,较快的低温干燥速度等。

5.4.2　涂料的组成、制备与使用

1. 涂料的组成

消失模涂料一般由耐火材料、黏结剂、载体(溶剂)、悬浮剂以及其他添加剂组成。

1)耐火材料

耐火材料是涂料的主体,它决定涂料的耐火度、化学稳定性和绝热性。对耐火材料的要求是有高的耐火度、适度的烧结点和细度、良好的高温化学稳定性、不被金属液及其氧化物润湿、不与型砂起不良反应、不损害铸件的化学成分及性能、热膨胀系数小、导热性良好、热容量大、

发气量小、来源广、对人体健康无害。表 5-7 是几种常用耐火材料的物理化学性质。

表 5-7　几种常用耐火材料的物理化学性质

耐火材料	化学性能	熔点 /℃	密度 /(g·cm⁻³)	线膨胀系数 /(10⁻⁶℃⁻¹)	热导率 /[W·(m·K)⁻¹]
刚玉粉	中性	2000~2050	3.8~4.0	8.6	5.2~12.5
锆砂粉	弱酸性	<1948	3.9~4.9	4.6	2.1
石英粉	酸性	1713	2.65	12.5	1.8
铝矾土熟料	中性	1800	3.1~3.5	5~8	—
高岭石熟料	中性	1700~1790	2.62~2.65	5.0	0.6~0.8
滑石粉	碱性	800~1350	2.7	7~10	—
氧化镁粉	碱性	>1840	3.6	14	2.9~5.6
硅藻土粉	中性	—	1.9~2.3		0.14
云母	弱碱性	750~1100	—		—
珠光粉	中性	1700	3.3		

生产不同合金的消失模铸件时,应选用不同的耐火材料制作涂料。这是因为不同合金对涂料的耐火度、化学稳定性和绝热性要求各不相同。例如,铝铸件消失模涂料常用硅藻土、滑石粉等;铸铁件常用石英粉、铝矾土、高岭土熟料、棕刚玉粉等;铸钢件常用刚玉粉、锆英粉、镁砂粉等。

配制消失模涂料除要正确选择耐火材料种类外,还应正确选择耐火材料的粒度、分布以及颗粒形状,以保证涂料的透气性。消失模涂料用耐火材料颗粒以圆形为好,粒度偏粗而集中较合适。

2)黏结剂

黏结剂的作用是将耐火材料颗粒黏结在一起,使涂层具有一定强度,并使耐火材料颗粒黏附在泡沫塑料模样上,防止涂层从泡沫塑料模表面脱落或开裂。涂料在使用过程中的性质及涂层在浇注过程中的表现都与黏结剂的性质有关。

为保证消失模涂料既有高强度又有高的透气性,要合理地选择黏结剂。

常用的黏结剂大致可分为无机和有机两类。每种黏结剂又可分为亲水型和憎水型。亲水型黏结剂可溶于水,适用于水基涂料。憎水型黏结剂一般用于醇基涂料,某些憎水型黏结剂经处理后也可用于水基涂料。

无机黏结剂可以保证涂层常温和高温强度,而有机黏结剂在常温状态可以提高涂层的强度,在浇注时被烧失,又能有效地提高涂层的透气性。配制消失模涂料需要正确使用多种黏结剂,以确保涂料性能符合要求。

3)载体

液体载体是耐火材料的分散介质,作用是使耐火材料颗粒悬浮起来,使涂料成为浆状,以便涂敷。水和有机溶剂是两种最常用的载体,以水为载体的涂料称为水基涂料。最常用的有机溶剂为醇类,以各种醇类为载体的涂料称为醇基涂料。生产中使用较多的为水基涂料。国内外消失模商品涂料多直接配成水基膏状涂料,或是购买时为粉状,使用时加水配成水基涂料。对于消失模树脂砂的实型铸造,也可用醇类溶剂作载液。

4)悬浮剂

悬浮性是指涂料抵抗固体耐火材料分层和沉淀的能力。

为防止涂料中的固体耐火材料沉淀而加入的物质称为悬浮剂,防止载液对型、芯的过分渗透。悬浮剂对调节涂料的流变性和改善涂料的工艺性能方面也有重要作用。

水基涂料常用的悬浮剂有膨润土、凹凸棒土、羧甲基纤维素(CMC)、聚丙烯酰胺、海藻酸钠等。醇基涂料常用的悬浮剂有有机膨润土、锂膨润土、凹凸棒土、聚乙烯醇缩丁醛(PVB)等。

5)添加剂

添加剂是为了改善涂料的某些性能而添加的少量附加物。

①润湿剂　为改善水基消失模涂料的涂挂性,需在涂料中加润湿剂。

②消泡剂　它是能消除涂料中气泡的添加剂。

③防腐剂　它是防止水基涂料产生发酵、腐败、变质的添加剂。

涂料的配方对其性能影响极大,生产厂家可购买已配制好的商用涂料,也可自行配制涂料。

2. 涂料的制备及使用

1)涂料的制备

涂料的制备工艺对涂料的性能也有一定影响,常见的制备工艺主要有球磨、碾压和搅拌。一般而言,搅拌器的转速越高,搅拌时间越长,涂料混合就越均匀,不易沉淀,涂挂效果好。球磨机和碾压机配制涂料,因耐火涂料颗粒能被破碎可选用较粗颗粒;而搅拌机配制涂料没有破碎作用,因而选择粒度较细的耐火材料。球磨机和碾压机配制水基涂料时耐火材料因破碎形成新生表面而有较大的活性,使载体在耐火材料颗粒表面均匀分布,故有较好的稳定性、触变性,强度较高。

2)涂料的涂挂及烘干

(1)涂料的涂挂。

涂料的涂挂方式主要有刷涂法、浸涂法、淋涂法、喷涂法和流涂法等。

其中浸涂法具有生产效率高,节省涂料、涂层均匀等优点,但由于泡沫模样密度小(与涂料密度相差几十倍)且本身强度又不高,浸涂时浮力大,容易导致模样变形或折断,因而浸涂时应采取适当的浸涂工艺。

消失模铸造涂料大都采用浸涂法或浸淋结合的方法,刷涂法则用于涂料的修复性补刷和体积较大而无法浸涂的单件生产。

(2)涂料的烘干。

涂料烘干受泡沫塑料软化温度的限制,最好在常温下吹风晾晒,使涂料初步失水,而且涂料层不易开裂,所以一般采用在 55 ℃以下的气氛中烘干 2～10 h。相对湿度控制在 40%,避免泡沫模软化变形收缩或热熔胶脱胶。烘干时还应注意空气的流动,以降低湿度,提高烘干效率。

烘干设备有鼓风干燥箱、干燥室及连续式烘干窑等。热源有电热,暖气或热风等。烘干过程中还必须注意模样的合理放置或支撑,防止模样变形,必须烘干烘透,烘干后的模样要防止吸潮。

◀ 5.5　消失模铸造工艺 ▶

与传统铸造不同,消失模铸造在浇注时型腔不是空腔。高温金属与泡沫塑料模样发生复杂的物理化学反应,泡沫塑料模样高温分解产物的存在以及反应吸热对液态金属的流动、铸件的夹杂缺陷、化学成分变化等都产生影响。因此,在进行消失模铸造工艺设计时,除了一般铸造工艺应遵循的原则外,尤其要注意泡沫塑料模样的受热、分解对金属液充型及凝固的影响,注意减少或消除由此造成的消失模铸件内部或表面缺陷。

5.5.1　铸造工艺设计

1.浇注系统设计

在消失模铸造生产中,浇注系统是影响铸件质量的重要因素之一。如果浇注系统设置不合理,就会产生气孔、缩孔、铸铁件皱皮、冷隔状夹渣和铸钢件增碳等缺陷。

1)浇注系统的形式

按金属液引入型腔的位置不同,浇注系统可分为顶注式、侧注式、下 1/3 处浇注式、阶梯式、底注式和下雨淋式等多种。顶注式、阶梯式和底注式是最基本的三种形式,见图 5-16。

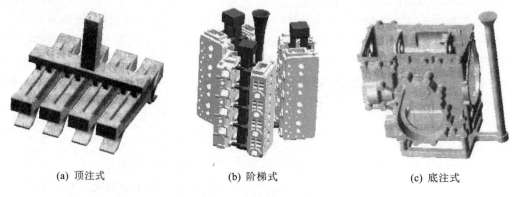

(a) 顶注式　　　　　(b) 阶梯式　　　　　(c) 底注式

图 5-16　浇注系统的形式

实际生产中,应根据铸件结构特点和铸件材质合理选择浇注系统。

(1)顶注式[图 5-16(a)]。

顶注式浇注系统充型速度快,金属液温度降低少,有利于防止浇不足和冷隔缺陷;充型后上部温度高于底部,适于铸件自下而上地顺序凝固和冒口补缩。此浇注系统简单,工艺出品率高。但因金属液流难控制,模样材料分解产物与金属液流运动方向相反,容易产生夹杂。顶注式浇注系统适合高度不大的铸件。

(2)阶梯式[图 5-16(b)]。

阶梯式浇注系统从铸件侧面分两层或多层注入金属液,兼有底注式和顶注式的功能。若采用中空直浇道,底层内浇道进入金属液多,然后上层内浇道也很快起作用。若采用实心的直浇道模样,则大部分金属液从最上层内浇道进入,滞后一段时间后,下层内浇道才起作用。为使金属液均匀通过上下内浇道,一般上层内浇道需向上倾斜。阶梯式浇注系统适合薄壁、质量小、形状复杂的铸件。

(3)底注式[图 5-16(c)]。

底注式浇注系统充型平稳,不易氧化,分解产物与金属液流动方向一致,有利于排气浮渣,但金属液流动前沿与分解产物接触时间较长,温度下降比较多,充填速度最慢,容易在铸件顶部出现皱皮缺陷,尤其厚大件更为严重。在铸件顶部设置集渣冒口收集分解产物,可保证铸件无皱皮缺陷。底注式浇注系统适合于厚、高、大铸件。

2)浇注系统尺寸确定

消失模铸造工艺浇注系统的基本特点是快速浇注、平稳充型,因此常采用封闭式浇注系统。特点是控制流量的最小截面处于浇注系统的末端,浇注时直浇道内的泡沫塑料迅速汽化,并在很短的时间内被液体金属充满,浇注系统内易建立起一定的静压力使金属液呈层流状填充,可以避免充型过程中金属液的搅动与喷溅。

(1)内浇道尺寸的确定。

与传统砂型铸造工艺一样,首先确定内浇道(最小截面)的尺寸,再按比例确定直浇道和横浇道的尺寸。

浇注系统的最小截面积由流体力学公式计算,有以下经验公式:

$$A_{内} = \frac{G}{0.31\mu t \sqrt{H_P}} \tag{5-1}$$

式中 $A_{内}$——内浇道总面积(cm^2);

G——流经内浇道的金属液总重量(kg);

t——浇注时间(s);

H_P——金属液的平均静压头(cm);

μ——流量损耗系数,铸铁件取 0.4~0.6,铸钢件取 0.3~0.5。

(2)浇道比例。

内浇道尺寸确定后,通过浇注系统各组元截面比例关系,可确定横浇道和直浇道的尺寸,各组元比例关系推荐如下。

对于黑色金属铸件,$A_{直}:A_{横}:A_{内} = (2.2 \sim 1.6):(1.25 \sim 1.2):1$;

对于有色金属铸件,$A_{直}:A_{横}:A_{内} = (2.7 \sim 1.8):(1.30 \sim 1.2):1$。

2. 直浇道与铸件模样间的距离

直浇道与铸件模样间的距离 S 与铸件材质、大小有关,可按下面的经验公式计算。

$$S = K + \alpha G + \beta H \tag{5-2}$$

式中 S——直浇道与铸件模样间的距离(mm);

K——常数(mm),浇注铝合金时,$K = 60$ mm,浇注铜合金时,$K = 80$ mm,浇注铸铁时,$K = 120$ mm,浇注铸钢时,$K = 140$ mm;

H——铸件高度(mm);

G——铸件重量(kg);

α——修正系数,为 0.08 $mm \cdot kg^{-1}$;

β——修正系数,为 0.06。

3. 铸件最小壁厚

目前国内用于消失模铸造的泡沫材料(EPS 或共聚物)的最小原始珠粒粒径为 0.2~0.3

mm,根据泡沫材料预发泡后的粒径增大效果和最小截面排放规则,限制了泡沫模样的最小壁厚不应小于 3 mm。

4. 最小铸出孔

最小铸出孔主要取决于铸造合金和铸件结构,也与砂型的充填紧实有关。铸孔直径小于 $2.5\sim3$ mm、通孔的孔深 h 与孔径 d 的比值 h/d 大于 3、不通孔 h/d 大于 2.5 时,均不铸出。

5.5.2　铸造工艺过程

1. 造型

1)砂箱

与传统砂箱不同,消失模铸造一般采用带抽气室的真空砂箱。砂箱主体通常由 $5\sim8$ mm 厚的钢板焊接而成,用槽钢或角钢加固,真空室也可通过金属软管组成或用钢板焊接结合过滤网组成。根据抽气室的结构特点可分为底抽式、侧抽式和复合式三种。

砂箱形状有方形和圆形两种,方形砂箱居多,圆形砂箱一般设计方形底座,以方便在流水线上运转、组箱造型、翻箱等操作。

砂箱尺寸一般应根据使用条件、生产铸件种类及批量综合考虑,原则上应保证模样各面吃砂量不小于 100 mm,甚至不小于 50 mm。对于单件大批量流水线生产,砂箱尺寸应保持最小,以便最大限度地降低型砂用量,减少型砂能源消耗,缩短充填和紧实时间,以提高生产效率。对于批量较小而产品品种较多的生产情况,其砂箱一般尽可能大,以保证其通用性。

2)型砂

消失模铸造用型砂应具有良好的透气性和流动性,经多次使用后仍能保持原来的性能。目前生产中应用以普通硅砂为主,型砂粒度为 $40\sim70$ 目。

宝珠砂是市场上新近推出的一种型砂品种,由铝矾土熟料二次熔化加工而成,呈球形,具有良好的透气性、流动性、回用性和耐高温性,已在铸造行业中推广应用。

3)填砂

填砂过程包括底部砂床准备、放置模样簇、填砂振动等步骤。底部砂床厚度一般在 100 mm 以上。

由砂斗向砂箱内填充型砂,有两种应用比较普遍的方法。

①柔性管加砂　用柔性管与砂斗相接,人工移动柔性管陆续向砂箱内各部位加砂,可以人为地控制砂子落高,避免损坏模样涂层。最后要保持砂箱顶部模样吃砂量的厚度大于 100 mm,此种加砂方法比较灵活。对于难以填砂的部位,可用人工辅助充填,效果也很好。

②雨淋式加砂　在砂斗底部装有加料箱,抽去闸板后,砂子通过加料箱底部均匀分布的小孔流入砂箱中,加料箱的尺寸基本等于砂箱的尺寸大小。这种方式加砂比较均匀,对模样的冲击力很小,并可定量加砂和密封除尘,加砂效果及加砂环境都较好,但加砂机构略显复杂。

4)振动紧实

消失模铸造中干砂的加入、填充和紧实是得到优质铸件的重要工序。砂子的加入速度必须与砂子紧实过程相匹配。振动紧实应在加砂过程中进行,以便使砂子充入模型空腔,并保证砂子达到足够的紧实度而又不发生变形。

振动台的作用是使干砂产生无定向共振,从而充满泡沫模组内外,并达到一定的紧实度,且不会损坏泡沫模样。考虑到泡沫模样容易变形,其振动紧实一般为高频率低振幅的振动形式。

振动台的基本结构如图 5-17 所示,由机座、压缩空气管、空气弹簧、振动电机、工作台面、砂箱顶柱、导向杆组成。

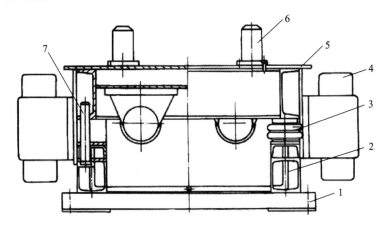

图 5-17　振动台基本结构

1—机座;2—压缩空气管;3—空气弹簧;4—振动电机;5—工作台面;6—砂箱顶柱;7—导向杆

根据振动方向的不同,振动台分为一维、二维、三维及多维振动台。目前常用的消失模铸造振动台有两种,即一维振动台和三维振动台。

生产实践表明,频率为 50~60 Hz、振幅为 0.5~1.0 mm、振动时间为 30~60 s 可满足消失模铸造振动紧实的要求。

5)真空系统

真空系统的组成如图 5-18 所示。真空系统由真空泵、水浴罐、截止阀、管道系统和分配器等组成。

负压(真空度)的作用如下:将砂箱内的空气抽走,使密封砂箱内部处于负压状态,因此在砂箱的内外产生一定的压差;在压差的作用下固定干砂,防止冲砂、铸型崩散和型壁移动;将泡沫模样热解过程中产生的热解产物吸出,加快金属液前沿的推进速度,提高充型能力;在密封下浇注,改善工作环境。

浇注过程中,负压会发生变化,开始浇注后负压降低,达到最低值后,又开始回升,最后恢复到初始值。浇注过程负压下降最低点不应低于(铸铁件)100~200 mmHg(13.3~26.7 kPa),生产上最好控制负压在 200 mmHg(26.7 kPa)值以上,不允许出现正压状态,可通过阀门调节负压,保持在最低限以上。真空度是消失模铸造的重要工艺参数之一,真空度大小的选定主要取决于铸件的重量、壁厚及铸造合金和造型材料的类别等。

2. 浇注与冷却凝固

1)金属液的充填

由于型腔中泡沫模样的存在,与传统的空腔铸造相比,消失模铸造不仅充型速度慢,而且充型形态也有明显的不同。

在消失模铸造中,由于泡沫模样的绝热作用,充型过程中只有流动前沿附近的泡沫模样发生熔化、汽化,流动前沿的流形总是从内浇道开始以放射弧状依次向前推进,如图 5-19 所示。

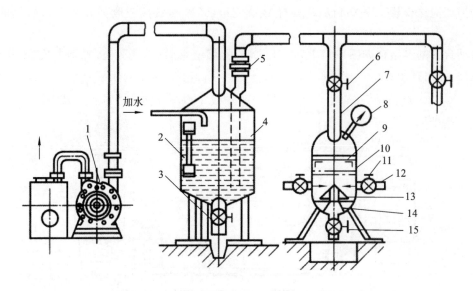

图 5-18 真空抽气系统

1—真空泵;2—水位计;3—排水阀;4—水浴罐;5—球阀;6—逆流阀;7—3 寸管;8—真空表;9—滤网;
10—滤砂与分配罐;11—截止阀(若干个);12—进气管(若干个);13—挡尘罩;14—支托;15—排尘阀

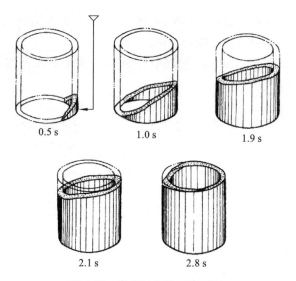

图 5-19 套筒零件的充填形态

2)浇注工艺

消失模铸造在浇注时,铸型内的泡沫塑料模样将发生体积收缩、熔融、汽化和燃烧等一系列物理化学变化。由于浇注过程中金属液-泡沫塑料模样-铸型三者的相互作用,它的浇注工艺比普通砂型铸造复杂得多。

(1)浇注温度。

浇注温度对铸件的质量影响很大,温度不足容易引起皱皮,过高又易引发黏砂。由于泡沫模样的存在,浇注过程会消耗大量的热量,因此消失模铸造的浇注温度一般比普通砂型铸造要高 30~50 ℃。铸件复杂程度不同、壁厚不同,浇注温度也不同。一般而言,铸件结构越复杂、壁厚越薄,浇注温度越高。最佳浇注温度范围一般需工艺试验确定。

（2）浇注速度。

消失模铸造浇注过程一般采用慢—快—慢的浇注方式。刚开始慢浇,以防止模样汽化过快而反喷。金属液充满直浇道后加快浇注速度,可以保证金属液尽快充填,避免型壁坍塌和浇不足。浇注后期应慢浇,以防止金属液的外溢,造成金属液的浪费和型砂处理的麻烦。

（3）浇注时的真空度。

一定范围内适当提高真空度,有利于提高金属液的流动性,增强充型能力,加快模样热解产物的排出,减少铸件气孔、夹渣等缺陷。但真空度太高,也易带来一些渗透黏砂等缺陷。浇注时砂箱内真空度可参照表 5-8 选取。

表 5-8　使用各种铸造合金的真空度　　　　　　　　　　　　　　单位:MPa

合金种类	铸钢	铸铁	铸铝
真空度	$-0.05 \sim -0.03$	$-0.04 \sim -0.02$	$-0.02 \sim 0$

3）金属液的凝固特点

消失模铸造的凝固特点主要有以下两点。

①消失模铸造的冷却凝固速度比普通砂型铸造慢,消失模铸造工艺需要较高的浇注温度,也进一步加剧了这一变化趋势。

②消失模铸造铸型刚度好,浇注铸铁件时,铸型不容易发生体积膨胀,使铸件的自补缩能力增强,因而大大减少了铸件缩孔、缩松倾向。

为了弥补消失模铸造冷却速度慢带来的对铸件组织和性能的影响,一般通过采用激冷造型材料或调整铸件化学成分、优化合金处理工艺等措施来解决。

 习题

一、填空题

1.消失模铸造泡沫塑料模样制作方法可分为_____和_____。

2.消失模铸造的浇注温度一般比普通砂型铸造要高_____℃。

3.消失模铸造的冷却凝固速度比普通砂型铸造的_____。

4.有机黏结剂在常温状态可以提高涂层的强度,在浇注时被烧失,又能有效地提高涂层的_____。

5.在 EPS、EPMMA 和 STMMA 三种模样材料中,发气量最大的是_____。

6.消失模铸造涂料应具有高的_____和良好的_____。

7.消失模铸造常采用_____浇注系统。

二、判断题

1.对表面增碳要求特别高的少数合金钢铸件,模样材料一般选择 EPS 珠粒。（　　　）

2.钢液的原始含碳量越高,增碳越严重。（　　　）

3.涂料的性能仅与其组成有关,而与制备工艺无关。（　　　）

4.耐火材料颗粒的粒度越大,分布越集中,涂料的透气性越好。（　　　）

5.消失模铸造浇注时负压越高越好。（　　　）

三、简答题

1.为什么说消失模铸造是一种绿色铸造方法?

2.生产铝、铁、钢不同合金消失模铸件时各应选择哪种制模材料? 为什么?

3.试述消失模铸造用涂料的作用与性能。

4.消失模铸造与砂型铸造相比金属液的充型有何特点? 凝固有何区别?

5.消失模浇冒系统设计应考虑哪些原则?

6.消失模铸造时浇注位置的确定与砂型铸造有哪些相同点和不同点?

7.为什么消失模铸造时常采用封闭式浇注系统?

8.消失模铸造浇注时负压的作用是什么? 如何选择?

第6章

金属型铸造成形

【本章教学要点】

知识要点	掌握程度	相关知识
金属型铸造的概念	了解金属型铸件形成过程的特点,熟悉金属型铸造的应用范围	液态金属凝固成形与温度场相关关系,金属铸型温度场特点
金属型铸造工艺设计	掌握金属型铸件零件结构的铸造工艺性分析;掌握金属型铸件浇注位置、分型面的选择原则,能够合理选择金属型铸件的工艺参数	凝固理论、铸造工艺设计基础
金属型设计	了解金属型的主要结构形式、金属型设计的步骤;初步掌握金属型铸造型芯的应用及设计	材料科学基础、模具制造基本知识
金属型铸造工艺	了解金属型铸造工艺过程及操作方法,熟悉金属型铸造工艺规范的主要内容,能够正确选择金属型的预热温度、工作温度、浇注温度及金属型涂料	传热学基本定律、金属型浇注过程热平衡原理

导入案例

中国古代金属型铸造

铸型材料从石、泥、砂改用金属,从一次型经多次型又改进成为耐用性更高的所谓"永久"型(即金属型),在铸造技术的历史发展上具有重要的意义。1953年河北兴隆铁范的发现,证明我国早在战国时期已经用白口铁的金属型浇注生铁铸件。这批铁范包括锄、镰、斧、凿、车具等类共八十七件,大部分完整配套。其中,镰和凿是一范两件,锄和斧还采用了金属芯。它们的结构十分紧凑,颇具特色。范的形状和铸件相吻合,使壁厚均匀,利于散热;范壁带有把手,以便握持,又能增加范的刚度。可以说,范是一种中国风格的金属型,并且在那个时候已经大体定形了。近年来,在河南南阳、郑州、镇平和河北满城、山东莱芜等地又陆续出土汉代铁范许多件,品种比战国时期显著增多,形式却基本相同。河南渑池汉魏铁器窖藏中还有铸造成形铁板和矢镞的铁范以及长达半米的大型铁犁范。

除铁制金属型外,战国时期和汉代已经用铜制金属型铸造钱币,如传世和出土的五铢铜范等。它们在生产中起着重要作用,但是在文献中很少看到记载。《汉书·董仲舒传》里说:"犹金之在镕,惟冶者之所为。""镕"字注:"谓铸器之模范也。"这可以认作是金属型铸造的最早记述。但是后来这个"镕"字多和"熔"字通用,失去它的本意了。

用铁范铸炮是我国传统金属型铸造的一个创造。第一次鸦片战争时期,在浙江省炮局监制军械的龚振麟,为了赶铸炮位,打击侵略者,曾经创议用铁范铸炮并且得到成功。他所撰写的《铁模铸炮图说》,由魏源(1794—1857)收入《海国图志》中,得以保存到现在。它是世界上最早论述金属型铸造的科学著作。书中总结了使用铁范的一些优点,如一范多铸,成本低,工效高("用一工之费而收数百工之利""用匠之省无算"),减少表面清理和旋洗内膛的工作量,铸型不含水汽、没有气孔,收藏、维护方便,如果战事紧迫,能很快投产以应急需,等等。所有这些都讲得比较真切,和现代铸造学对金属型的认识是一致的。

资料来源:

华觉明.中国古代三大铸造技术[M].北京:中国青年出版社,1978.

◀ 6.1 概　　述 ▶

金属型铸造(gravity die casting)是指在重力下将金属液浇入用金属材料制造的铸型中并在型中冷却凝固而获得铸件的一种成形方法。一副金属型可浇注几百次甚至数万次,故又称永久型铸造(permanent mold casting)。

6.1.1 工艺过程

金属型铸造成形工艺过程如图 6-1 所示。

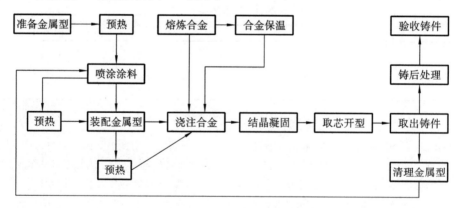

图 6-1　金属型铸造工艺流程图

6.1.2 工艺特点

金属型铸造成形的工艺特点如下:

(1)金属型的热导率和热容量大,金属液冷却速度快,所得铸件组织致密,力学性能好。

(2)铸件尺寸精度(CT6~CT9级)高,表面粗糙度值($Ra6.3\sim12.5~\mu m$)低,批量生产质量稳定,废品率低,工艺出品率高。

(3)同砂型铸造相比,所需设备少,工艺流程短,占地面积小,劳动条件好。

（4）由于可使用砂芯和其他非金属芯，金属型铸造可生产具有复杂内腔结构的铸件，如发动机缸体、缸盖等。

（5）易于实现机械化、自动化，生产效率高。

金属型铸造成形的主要缺点是金属型的激冷作用大，本身无退让性和透气性，因此铸件容易出现冷隔、浇不足、卷气、变形及裂纹等缺陷。且金属型的制造周期长，所需成本也较高，只有在大量、成批生产时才能显示出好的经济效果。

6.1.3 应用概况

金属型适用于形状不太复杂、尺寸较精确的中小型铸件成批或大量生产，铝、镁合金应用最为广泛。部分金属型铸件质量见表 6-1。自 20 世纪 80 年代以来，金属型铸铁件生产技术的应用在欧盟、日本、美国等发达国家受到非常重视。目前采用金属型生产的铸铁品种包括灰铸铁、球墨铸铁、可锻铸铁和抗磨白口铸铁等。产品主要有汽车、拖拉机及其他输送机械的刹车系统零件，如转向拉臂、平衡轴、齿轮、皮带轮、排气管，冷冻、空调的气压机缸体、曲轴，液压系统用铸件，电机零件，玻璃工业用模具，地下管道用接头、三通类管件，粉碎、研磨机械用磨球、磨段等。

表 6-1　金属型金属型铸件重量

项目		铸件重量
铸铁件	一般	数千克至 100 kg
	最重	曾铸过达 3 t 的铸件
铸钢件	一般	数千克至 100 kg
	最重	曾铸过达 5 t 的铸件
非铁合金	一般	数十克到几十千克
	最重	超过 200 kg 的铸件较少见
铜合金铸件		数百克至几十千克

注：铸件不包括使用金属型铸造的轧辊及钢锭。

图 6-2 及图 6-3 分别为采用金属型铸造的 AlSi6Cu4 铝合金 V6 发动机缸体和球墨铸铁齿惰轮铸件。

图 6-2　V6 发动机缸体

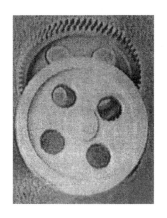

图 6-3　球墨铸铁齿惰轮

◄◄ 6.2 金属铸件成形特点 ►►

金属型铸件成形特点,主要表现在三个方面:金属型导热性比砂型大、无透气性和无退让性。

6.2.1 金属型导热特点对铸件凝固过程中热交换的影响

当液体进入铸型后,随即形成一个"铸件-中间层-铸型"的传热系统。金属型铸造的中间层是由铸型涂料层和铸件冷却收缩或铸型膨胀所形成的间隙组成。中间层热导率远比铸件和铸型小得多(见表6-2)。

表 6-2　部分金属和非金属材料的热导率

材料名称	铸铁	铸钢	铸铝	铸铜	白垩	石棉
热导率/[W·(m·K)$^{-1}$]	39.5	46.4	272.6	390.9	0.6～0.8	0.1～0.2
材料名称	黏土	氧化锌	氧化钛	硅藻土	氧化铝	石墨
热导率/[W·(m·K)$^{-1}$]	0.6～0.8	≈10	≈4	≈0.04	≈18	≈13.7

显然,金属型铸造的传热过程主要取决于中间层的传热过程。通过调节中间层热阻(如改变涂料层的成分或厚度),就可以控制铸件的凝固速度。

铸件冷凝过程中,通过中间层将热量传至铸型,铸型在吸收热量的同时,通过型壁将热量传至外表面并向周围散发。在自然冷却的情况下,一般铸型吸收的热量往往大于铸型向周围散失的热量,铸型的温度不断升高。在强制冷却条件下,如对金属型外表面采取风冷、水冷等,可加强金属型的散热效果,提高铸件的凝固速度。

6.2.2 由金属型无透气性引起的铸件成形特点

由于金属型为密实块状材料,无透气性,型腔中气体、涂料和砂芯产生的气体在金属液充填时将不能排出,会在型腔凹入死角或金属液流的汇合处形成气阻,造成浇不足缺陷(见图6-4),这些气体也可能被金属液卷入而侵入铸件形成气孔。

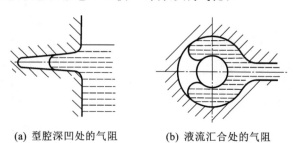

(a) 型腔深凹处的气阻　　　　(b) 液流汇合处的气阻

图 6-4　因气阻而造成铸件浇不足的示意图

此外,经长期使用的金属型,型腔表面可能出现许多细小裂纹,如果涂料层太薄,当金属液充填后,处于裂纹中的气体受热膨胀,也会通过涂料层而渗进金属液中,使铸件出现针孔,如图 6-5 所示。

因此,采用金属型铸造时,必须采取适当的排气措施,以消除由于金属型无透气性带来的不良后果。如在金属型上设置排气槽或排气塞,应特别注意在死角和气体汇集处设置排气槽、排气塞,以便及时将气体排出。同时涂料层要充分干燥,去除型腔表面铁锈和微裂纹。

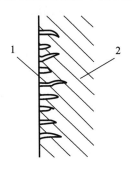

图 6-5 铸件表面的针孔

1—针孔;2—铸件

6.2.3 由金属型无退让性引起的铸件凝固收缩特点

在金属型铸造过程中,铸件凝固至固相形成连续的骨架时,其线收缩便会受到金属型、芯的阻碍。若此时铸件的温度在该合金的再结晶温度以上,处于塑性状态,收缩受阻将使铸件产生塑性变形,其变形值 $\varepsilon_{塑}$ 大小为

$$\varepsilon_{塑} = \alpha_1 (T_{缩} - T_1) \tag{6-1}$$

式中 α_1——合金在 $T_{缩}$ 至 T_1 温度范围内的线收缩率;

$T_{缩}$——合金开始线收缩时的温度;

T_1——凝固至某一时刻铸件的温度。

当 $\varepsilon_{塑}$ 大于铸件在 T_1 温度下的塑性变形极限 ε_0 时,铸件就可能出现裂纹。若铸件上有热节存在,则变形量可能向该处集中并出现裂纹。

当铸件温度降至合金再结晶温度以下时,合金处于弹性状态。受金属型、芯的阻碍收缩作用,铸件中产生内应力 σ:

$$\sigma = E\alpha_2 (T_{弹} - T_2) \tag{6-2}$$

式中 E——合金在 $T_{弹}$ 至 T_2 温度范围内的弹性模量;

α_2——合金在 $T_{弹}$ 至 T_2 温度范围内的线收缩率;

$T_{弹}$——合金进入弹性状态时的温度;

T_2——铸件冷却至某一时刻的温度。

当 σ 大于铸件在 T_2 温度下的强度极限 σ_0 时,铸件就会出现冷裂。因此,考虑到金属型、芯无退让性的特点,为防止铸件产生裂纹,并顺利取出铸件,就要采取一些措施:尽早地取出型芯并从铸型中取出铸件,设置必要的抽芯和顶件结构,对严重阻碍铸件收缩的金属芯可改用砂芯,增大金属型铸造斜度和涂料层厚度等。

6.3 金属型铸造工艺方案设计

金属型铸造工艺方案设计内容包括铸件在金属型中的位置、分型面选择、确定工艺参数、浇注系统和冒口设计等。金属型的铸造工艺方案是决定金属型铸件质量的最本质因素。确定铸造工艺方案时应注意以下几点。

（1）浇注系统的设计应尽可能简单，设置直浇道、横浇道等时应避免产生紊流。可采用倾转式浇注以防止浇注时金属液流动过程中形成紊流。

（2）铸件应避免壁厚的突然变化，厚壁与薄壁之间应平滑过渡。壁厚的剧烈变化容易导致金属液流动时形成紊流及凝固时产生热节，增加卷气或缩孔、缩松之类的缺陷。

（3）确保顺序凝固，合理设置冒口或补缩通道。同时，为了保证铸件质量和提高生产效率，还应考虑模具冷却结构的设置。

6.3.1 铸件在金属型中的位置

铸件在金属型中的位置直接关系到其型芯和分型面的数量、液体金属的导入位置、冒口的补缩效果、排气的通畅程度以及金属型的复杂程度等。铸件在金属型中位置的选择原则见表 6-3。

表 6-3 铸件在金属型中位置

选择原则	图例	
	不合理	合理
便于安放浇注系统，保证金属液平稳充满铸型		
便于金属液顺序凝固，保证补缩效果		
使型芯（或活块）数量最少、安装方便、稳固，取出容易		

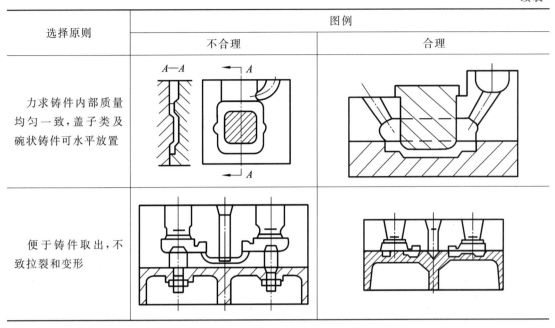

选择原则	图例	
	不合理	合理
力求铸件内部质量均匀一致,盖子类及碗状铸件可水平放置		
便于铸件取出,不致拉裂和变形		

6.3.2　分型面选择

铸件的分型面一般有垂直、水平和综合分型(即垂直、水平混合分型或曲面分型)三种形式,一般应根据铸件结构特点和铸造成形方法的不同进行确定。金属型铸造分型面的选择原则见表 6-4。

表 6-4　分型面的选择原则

选择原则	图例	
	不合理	合理
简单铸件的分型面应尽量选在铸件的最大端面上		
分型面应尽可能地选在同一个平面上		

选择原则	图例	
	不合理	合理
应保证铸件分型方便,尽量少用或不用活块	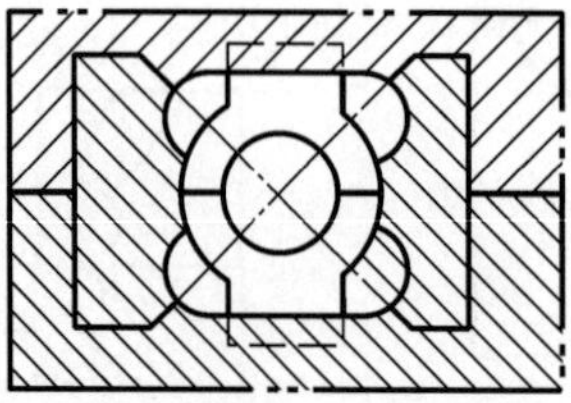	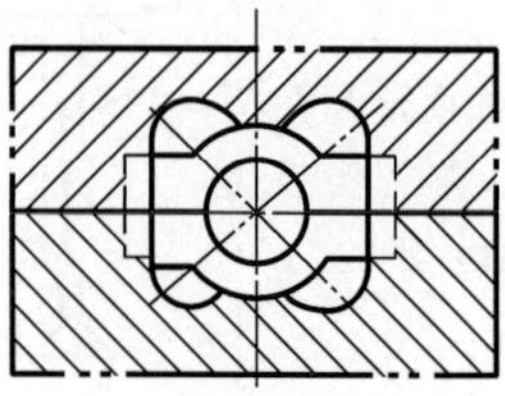
分型面的位置应尽量使铸件避免做铸造斜度,而且很容易取出铸件	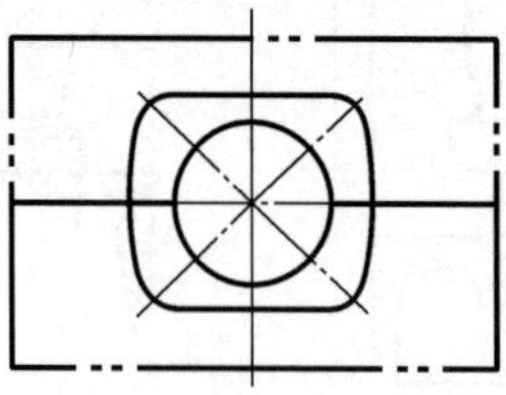	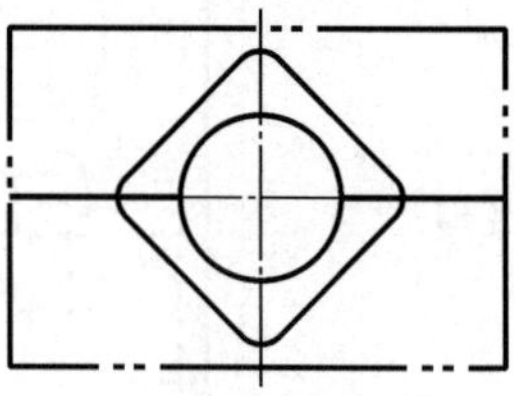
分型面应尽量不选在铸件的基准面上,也不要选在精度要求较高的表面上	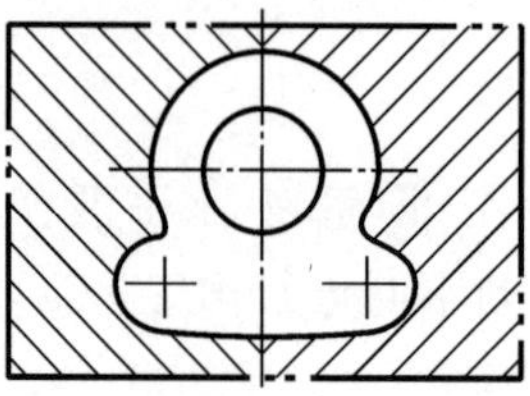	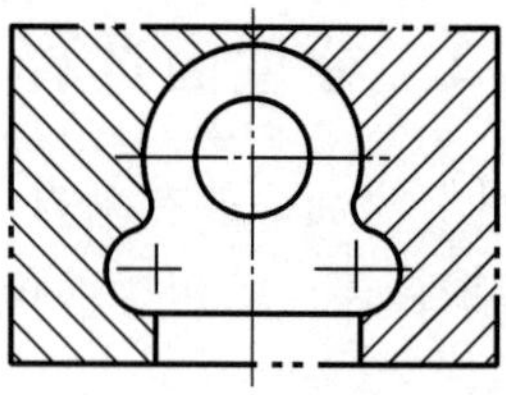
应便于安放冒口,便于气体从铸型中排出	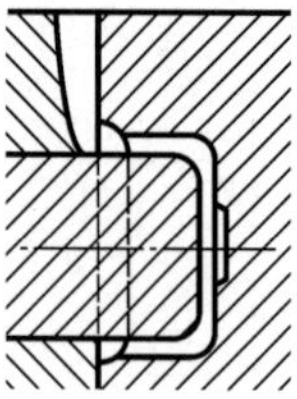	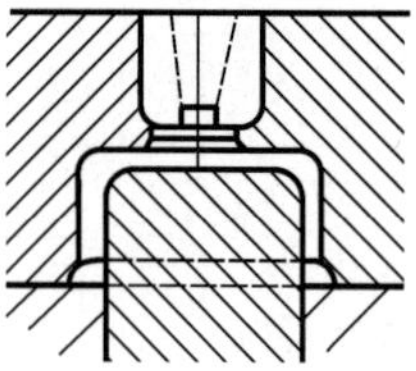

6.3.3　铸件工艺性设计

1. 铸件工艺性设计原则

金属型铸件结构工艺性的合理设计是保证铸件质量,发挥金属型铸造成形优点的先决条件。铸件工艺性设计应在尽量满足产品结构要求的前提下,通过调整机械加工余量、增大铸造斜度、增加工艺余量和工艺肋及工艺凸台等方法,使铸件结构更加合理,从而获得优质铸件。其设计原则如下:

①为了简化金属型结构,零件中某些需要机械加工的小孔(如螺纹孔、安装孔等)一般不铸出来,但当不便于设置冒口补缩时,有些小孔也应铸造出来,以加快厚大部位的冷却速度,避免

产生缩松；

②为了便于设置冒口以对整体铸件进行补缩，有些大孔也可以不铸出。

③为了防止铸件在生产过程中变形，对一些Π形铸件应增加防变形肋，待最后工序加工去掉。

④对于加工过程中装卡定位性差的铸件，可以根据需要设计定位装卡凸台，其位置应有利于铸件补缩。

⑤在不影响产品性能的前提下，可以局部加大铸造斜度。

2.铸造工艺参数选择

1）加工余量

与砂型铸件相比，金属型铸件的加工余量可以适当减少。其选择原则如下。

①对于零件尺寸精度要求高、表面粗糙度值要求低的加工面，应给予较大的加工余量。

②加工面越大，加工余量应越大。

③加工面距加工基准面越远，加工余量应越大。

④铸件用砂芯形成的表面，应比用金属芯形成的表面加工余量大。

⑤浇冒口开设的加工面应给予较大的加工余量。

2）工艺余量

工艺余量指超过机械加工余量的部分。工艺余量根据铸件实际结构确定，应保证铸件顺序凝固。

3）铸件尺寸公差

铸件尺寸公差一般按照 GB/T 6414—2017 确定，特殊要求由供需双方协商确定。

4）铸造圆角

铸造圆角半径 R(mm)一般可以按式(6-3)取值：

$$R = \frac{A+B}{6} \sim \frac{A+B}{4} \tag{6-3}$$

式中　A、B——铸件相邻壁的厚度(mm)。

对于铸铁件，为避免铸件表层白口，铸造圆角半径 R 可按式(6-4)计算：

$$R = \frac{2\delta_1}{\sqrt{\delta_2}} \tag{6-4}$$

式中　R——圆角半径(mm)；

　　　δ_1——金属型壁厚(mm)；

　　　δ_2——铸件壁厚(mm)。

5）铸造斜度

铸件铸造斜度的大小，与铸件表面和金属型间的相对位置有关。凡是在铸件冷却时与金属型表面有脱离倾向的面，应给予较小的铸造斜度；凡是在铸件冷却时趋向于包紧金属型或芯的面，应给予较大的铸造斜度。例如，对于铸件的凹进部分以及孔，其铸造斜度应较大，一般可取2°~7°(对不加工面可取 2°~3°；对加工表面可取 3°~7°)。

对于铸件尺寸要求精确的非加工面，若不允许有铸造斜度，可考虑改变分型面，或使用金属活块、砂芯等方法来解决。

各种合金铸件的金属型铸造斜度，可参考表6-5选择。

表 6-5　各种合金铸件的金属型铸造斜度

铸件表面位置	铝合金	镁合金	铸铁	铸钢
外表面	0°30′	≥1°	1°	1°～1°30′
内表面	0°30′～2°	≥2°	>2°	>2°

6.3.4　浇注系统设计

1. 浇注系统的设计原则

金属型铸造的浇注系统设计可以参照砂型铸造浇注系统的设计方法,根据合金种类及其铸造性能、铸件的结构特点、对铸件的技术要求,及金属型铸造冷却速度快、排气条件差、浇注位置受限制等特点,综合考虑以设计合理的浇注系统。

①金属型冷却速度快,浇口尺寸应适当加大,但应尽量避免产生紊流。

②保证金属液平稳流入型腔,不直接冲击型壁和型芯,并能够起到一定的挡渣作用。

③金属型不透气,必须使金属液顺序地充满铸型,以利于排气。

④铸型的温度场分布应合理,有利于铸件顺序凝固,浇注系统一般开设在铸件的热节或壁厚处,以便于铸件得到补缩。

⑤浇注系统结构应简单,使铸型开合、取件方便。

2. 浇注系统的形式

1)顶注式

内浇道设在铸件的顶部的浇注系统称为顶注式,金属液从铸件顶部流入型腔。顶注式浇注系统可简化金属型结构,使铸型热分布合理,有利于自上而下地进行补缩,可以大流量充满铸型,缩短了充型时间。此外,顶注式浇注系统金属消耗量少,铸型的设计制造方便,切割浇冒口简单,但金属液充型时易产生飞溅,引起金属氧化,不利于排气、排渣,适用于矮而简单的铸件。高度超过 100 mm 的铝、镁合金铸件宜倾斜浇注,即开始浇注时将铸型倾斜 30°～50°,浇注过程中逐渐将铸型复位。

2)底注式

底注式浇注系统的内浇道设在铸件底部。底注式浇注系统金属液自下而上平稳地填充型腔,气体容易排出,浇道可以设计成不同的形式,容易撇渣,但温度场分布不利于自上而下地进行补缩,其金属型结构较复杂。底注式浇注系统广泛用于各种尺寸及各种合金的铸件,特别适用于非铁合金、易产生氧化夹渣的合金。

为了改善铸件的补缩条件,可以采取下列措施:在铸件上部设冒口;调整工艺余量,设法使铸件壁上厚下薄;控制铸型涂料厚度,使其上厚下薄,或在铸型上部采用绝热性较好的涂料。

3)中注式

中注式浇注系统的内浇道设在铸件高度方向上的中部。中注式浇注系统金属液充型比顶注式平稳,能够获得比较合理的温度分布,浇冒口切割方便,但不能完全避免产生飞溅和涡流。中注式浇注系统适用于高度适中,外形特殊,两端及四周有厚大安装边而又不便采用其他浇注方式的铸件。

4)缝隙式

缝隙式浇注系统的内浇道沿铸件侧面作缝隙状布置在整个高度上,紧靠内浇道有截面较大的垂直过道。缝隙式浇注系统金属液充型平稳,有效地防止了氧化、夹渣等缺陷生成,有利于型腔中气体的排出,有利于铸件自上而下进行补缩,因此兼具底注式和顶注式的优点。但缝隙式浇注系统消耗金属较多,切割浇冒口困难。缝隙式浇注系统特别适合质量要求高或高度较大的箱形、筒形等薄壁铝、镁合金铸件。

3. 浇注系统的组成部分

1)浇口杯

浇口杯接受和储存一定量的金属液,并起缓冲和浮渣的作用。浇口杯可以跟金属型做成一体的,也可以单独制造再与金属型组装在一起,也可以采用活动浇口杯。对锡青铜、磷青铜铸件,还常采用漏斗式油砂制成的浇口杯。

2)直浇道

直浇道在设计时应注意:直浇道一般应设计成封闭式;不带浇口杯的直浇道,上部喇叭口直径最好不小于 30 mm;直浇道长度超过 150 mm 时应采用倾斜浇道,直浇道高度不应超过 250 mm,当直浇道设计高度超过 250 mm 时,可采用蛇形或鹅颈形直浇道;直浇道最好是圆形截面,其散热面积最小,方形和菱形截面散热面积大,浇注时棱角处还易产生涡流,但圆形截面直浇道的直径不应超过 25 mm,否则也易产生涡流,造成浇注过程中金属液流内产生中空现象,卷入气体造成氧化夹渣。对于大型铝合金铸件,可将一个大截面的直浇道分散成多个小截面的直浇道;对于大型镁合金铸件,可采用砂芯片状直浇道。

非铁合金浇注时,为防止直浇口内自由降落的金属液产生飞溅现象,可将直浇道制作成倾斜状、鹅颈形或蛇形。为挡渣可在浇注系统中设置过滤网、集渣包,如图 6-6 所示。

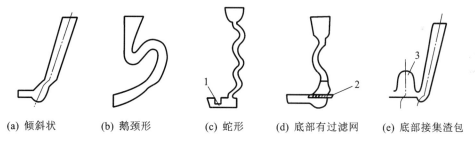

(a) 倾斜状　　(b) 鹅颈形　　(c) 蛇形　　(d) 底部有过滤网　　(e) 底部接集渣包

图 6-6　不同形状的直浇道和直浇道底部的挡渣设计

1—节流器;2—过滤网;3—集渣包

3)横浇道

横浇道在整个浇注系统中起缓冲、稳流和挡渣的作用,并将直浇道的金属液分配给内浇道。金属型往往受分型面的限制,除底注式外,一般不设置横浇道,而设置不同形状的直浇道,在直浇道的下端设置集渣包也可取代横浇道的作用。

4)内浇道

内浇道起着控制金属液流动速度和流动方向的作用,其位置、形状和尺寸大小直接影响铸件的质量。设计内浇道时应考虑金属型的热量分布、金属液流动是否平稳等。

4. 浇注系统尺寸的计算

浇注系统尺寸的确定步骤为先确定浇注时间,再计算最小截面积,然后按比例计算出其他组元的截面积。

1)浇注时间的确定

金属型冷却速度快,透气性差,为防止浇不足、冷隔缺陷,浇注速度应比砂型铸造快。但填充速度过快又会引起铸件氧化夹渣等缺陷。浇注时间计算方法有两种:一种是用砂型铸造浇注时间公式计算,然后将浇注时间减少 $20\% \sim 40\%$;另一种是根据金属液在金属型中平均上升速度 $v_{平升}$ 计算出浇注时间。根据实际经验,铝、镁合金铸件 $v_{平升}$ 的经验计算公式如下:

$$v_{平升} = \frac{h}{t} = \frac{3}{\delta} \frac{4.2}{\delta}$$ (6-5)

式中　　$v_{平升}$——金属液在金属型中平均上升速度($cm \cdot s^{-1}$);

δ——铸件平均壁厚(mm);

h——金属型型腔的高度(cm)。

浇注时间 t 由下式决定:

$$t = \frac{h}{v_{平升}}$$ (6-6)

如浇注系统由金属型形成,一般浇注时间不应超过 $20 \sim 25$ s,以防止金属液在完成充型之前就失去了流动性。

2)最小截面积确定

可根据浇注时间、金属液流经浇注系统最小截面处的允许最大流动线速度 v_{max} 来计算出最小截面积 A_{min}:

$$A_{min} = \frac{G}{\rho v_{max} t}$$ (6-7)

式中　　A_{min}——最小截面积(cm^2);

G——铸件质量(g);

ρ——金属液密度($g \cdot cm^{-3}$);

v_{max}——最小截面允许的最大流动线速度($cm \cdot s^{-1}$);

t——金属液流动时间(s)。

为防止金属液在浇注时卷入气体和氧化,以及使浇注系统能起挡渣作用,一般 v_{max} 值不能太大。对镁合金 $v_{max} < 130$ cm $\cdot s^{-1}$,对铝合金 $v_{max} < 150$ cm $\cdot s^{-1}$。

3)其他组元的截面积

浇注铝、镁合金时,为防止金属液飞溅,出现二次氧化造渣现象,需要降低金属液的流速,常采用开放式浇注系统,此时浇注系统中的最小截面积应当是直浇道的截面积 $A_{直}$,故各组元的截面积比例关系如下。

大型铸件(>40 kg): $A_{直} : A_{横} : A_{内} = 1 : (2 \sim 3) : (3 \sim 6)$。

中型铸件($20 \sim 40$ kg): $A_{直} : A_{横} : A_{内} = 1 : (2 \sim 3) : (2 \sim 4)$。

小型铸件(<20 kg): $A_{直} : A_{横} : A_{内} = 1 : (1.5 \sim 3) : (1.5 \sim 3)$。

内浇道厚度一般应为铸件相连接处对应铸件壁厚的 $50\% \sim 80\%$。对薄壁铸件,内浇道厚度可比铸件壁厚小 2 mm,内浇道的宽度一般为内浇道厚度的 3 倍以上。

内浇道长度:小型铸件为 $10 \sim 20$ mm,中型铸件为 $20 \sim 40$ mm,大型铸件为 $30 \sim 60$ mm。

浇注黑色金属时,常采用封闭式浇注系统,此时浇注系统中的最小截面积为内浇道的截面积,各组元截面积比例关系为 $A_{直} : A_{横} : A_{内} = (1.15 \sim 1.25) : (1.05 \sim 1.25) : 1$。

内浇道长度一般应小于 12 mm,太长会使金属型外廓尺寸加大,且浇注时易降低金属液温度,影响充型,但太短又会造成铸件过热并导致铸件产生缩松缩孔。

6.3.5　冒口设计

金属型中冒口除了起补缩和浮渣作用外,另一个重要作用是保证型腔中的气体能迅速排除。金属型冒口可以根据具体的情况设计成不同的形式与结构。

设计冒口时需注意以下几点。

(1)浇注铝、镁合金时应尽量采用明冒口。因为暗冒口的金属液柱静压力小,仅靠暗冒口进行补缩,效果不好,而明冒口除液柱静压力外,还有大气压力的作用,其补缩效果远胜于暗冒口。

(2)冒口高度不宜过高,太高时金属液消耗大,在大量金属液通过浇口进入冒口时,有可能引起内浇道过热,铸件靠近浇口处易产生缩松。当然冒口高度也不能过小,过小达不到补缩效果。

(3)应尽量节约金属液。为了提高金属的工艺出品率,也为了使冒口起到更好的补缩作用,采用如图 6-7 所示措施,在冒口中设置砂芯或金属芯,或冷铁和冒口并用,可取得明显的效果。

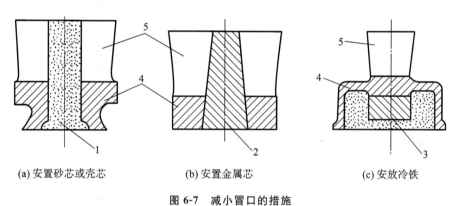

|(a) 安置砂芯或壳芯|(b) 安置金属芯|(c) 安放冷铁|

图 6-7　减小冒口的措施

1—砂芯;2—金属芯;3—冷铁;4—铸件;5—冒口

◀ 6.4　金属型设计 ▶

金属型是金属型铸造的基本工艺装备。它在很大程度上影响着铸件质量及效率。金属型的设计大致包括金属型结构设计、金属型型体设计、金属型型芯设计、排气系统设计、铸件顶出机构设计、金属型的加热和冷却系统设计、金属型材料的选用,还包括确定金属型的尺寸精度、表面粗糙度以及金属型的使用寿命。

6.4.1　金属型结构形式

金属型的结构取决于铸件形状、尺寸大小、分型面选择等因素。按分型面划分,常见的金属型结构形式有整体金属型、水平分型金属型、垂直分型金属型、综合分型金属型等。

1. 整体金属型

整体金属型无分型面,结构简单,浇注出来的铸件没有分型面,保证了铸件的尺寸精度。如图 6-8 所示,整体金属型上面可以是敞开的或覆以砂芯,铸型左右两端设有圆柱形转轴,通过转轴将金属型安置在支架上。浇注后待铸件凝固完毕,将金属型绕转轴翻转 180°,铸件则从型中落下。再把铸型翻转至工作位置,又可准备下一循环。整体金属型多用于具有较大锥度的简单铸件中。

2. 水平分型金属型

水平分型金属型由上下两部分组成,分型面处于水平位置(见图 6-9),铸件主要部分或全部在下半型中,上半型做开型运动,可以配置各种型芯、抽芯和顶出机构。这种金属型可将浇注系统设在铸件的中心部位,金属液在型腔中的流程短,温度分布均匀。由于浇冒口系统贯穿上半型,常用砂芯形成浇冒口系统。但此类金属型上型的开合操作不方便,手工操作时劳动强度大,且铸件高度受到限制,多用于简单铸件,特别适合生产高度不高的中型或大型平板类、圆盘类、轮类铸件。

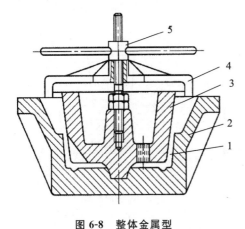

图 6-8　整体金属型

1—铸件;2—金属型;3—型芯;4—支架;5—扳手

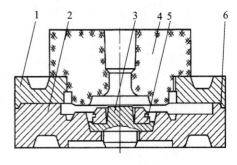

图 6-9　水平分型金属型

1—上半型;2—下半型;3—型块;
4—砂芯;5—镶件;6—定位止口

3. 垂直分型金属型

铸型由左右两块半型组成,分型面处于垂直位置(见图 6-10)。垂直分型金属型便于设置浇冒口系统,设置金属型芯方便,排气条件好。铸件可配置在一个半型或两个半型中。铸型开合和操作方便,容易实现机械化。垂直分型金属型常用于生产小型铸件。

4. 综合分型金属型

对于较复杂的铸件,铸型分型面有两个或两个以上,既有水平分型面,也有垂直分型面(图 6-11),这种金属型称为综合分型金属型。铸件主要部分可配置在铸型本体中,底座起固定型芯作用;或铸型本体主要是浇冒口,铸件大部分在底座中。综合分型金属型的工艺性机动余地大,既有垂直分型的优点,又克服了水平分型的不足,缺点是制作较为复杂。大多数铸件都可应用这种结构,但制作工艺成本较高,主要用来生产形状复杂的铸件。

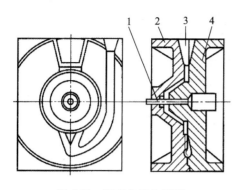

图 6-10 垂直分型金属型

1—金属型芯；2—左半型；3—冒口；4—右半型

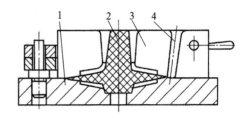

图 6-11 综合分型金属型

1—底板；2—砂芯；3—上半型；4—浇注系统

6.4.2 金属型型体设计

金属型型体是指构成型腔,用于形成铸件外形的部分,主要包括铸件的分型面、型腔尺寸、型腔边缘与金属型边缘之间距离及壁厚等。型体结构与铸件尺寸大小、浇注位置、合金种类等有关。型体结构有整体式和组合式(或镶拼式)两种。

1. 铸件分型面的选择

选择铸件分型面的原则是:

①力求简化金属型结构,少用或不用活块,以减少加工量,降低金属型成本;便于设置浇冒口系统,以及安放并稳固型芯,还要便于取出铸件,容易实现机械化、自动化。

②在金属型上设置顶出铸件机构时,要考虑开型时使铸件停留在装有顶出机构的半型内,并使铸件在这半型内有较大的接触面积或将斜度做得小一些(摩擦力大一些)。其他砂型铸件分型面的选择原则均适用于金属型。

2. 型腔尺寸计算

型腔尺寸是决定铸件尺寸精度的主要因素。金属型型腔尺寸的计算,除根据铸件尺寸和公差外,还应考虑合金的收缩、涂料厚度、金属型加热后膨胀以及金属型各部分的间隙等。上述因素在实际生产中变化很大,需要根据经验加以判定,或通过试模加以调整,以得到合理的数据。

金属型型腔尺寸可用以下经验公式计算:

$$L_x = (L_p + L_p \varepsilon \pm 2\delta) \pm \Delta L_x \tag{6-8}$$

式中　L_x ——型腔尺寸(mm);

　　　L_p ——铸件的名义尺寸(mm);

　　　ε ——综合线收缩率(%);

　　　δ ——涂料层厚度(mm);

　　　ΔL_x ——型腔尺寸制造公差(mm)。

$$L_p = L_{min} + 0.5\Delta L \tag{6-9}$$

式中　L_{min} ——铸件最小极限尺寸(mm);

　　　ΔL ——铸件尺寸公差(mm)。

综合线收缩率 ε 包括铸件收缩和金属型膨胀。对于铝、镁合金铸件,一般情况下 ε 值参考

表 6-6 选取。大型薄壁铸件取下限,小型铸件为了计算方便,ε 值常取 1%。

表 6-6　铝、镁合金金属型铸件的综合线收缩率 ε　　　　单位:%

合金种类	自由收缩	部分受阻收缩	受阻收缩
铝合金	0.9~1.2	0.7~0.9	0.5~0.7
镁合金	1.0~1.2	0.8~1.0	0.6~0.8

涂料层厚度 δ 值在一般情况下每边为 0.1~0.3 mm,型腔凹处取正值,凸处取负值,中心处 δ 等于零,如图 6-12 所示。

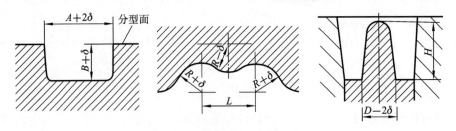

图 6-12　型腔涂料厚度的确定

型腔尺寸制造公差 ΔL_x 与尺寸 L_p 大小有关,如 L_p 为 50~260 mm,则 ΔL_x 为 ±0.15 mm,当 L_p 大于 630 mm 时,ΔL_x 为 ±0.4 mm。

由于影响型腔尺寸的因素很多,不易掌握它们的规律性,故在实际生产中,由经验公式确定的尺寸只能供参考,它还往往要通过试验予以修正。

3. 分型面上型腔之间、型腔与金属型边缘之间距离的确定

浇注时,为了防止金属液通过分型面的缝隙由一个型腔流入另一个型腔或型外,或者为了保证直浇道有足够的高度及防止因型腔间距、型腔离金属型边缘距离太小而引起的局部过热,在设计金属型时,对上述各尺寸应有一个最小限度(见表 6-7)。

表 6-7　金属型分型面上的尺寸

尺寸名称	尺寸值/mm	附图
型腔边缘至金属型边缘的距离(a)	25~30	
型腔边缘间的距离(b)	>30 小件 10~20	
直浇道边缘至型腔边缘间的距离(c)	10~25	
型腔下缘至金属型底边间的距离(d)	30~50	
型腔上缘至金属型顶边间的距离(e)	40~60	

4. 金属型壁厚

从"铸件-中间层-铸型"系统的热交换分析看到,金属型壁厚对铸件凝固速度虽有影响,但它不如涂料和冷却介质的影响强烈。因此在确定金属型壁厚时,多考虑金属型的受力和工作条件。如金属型壁太厚,则金属型笨重,手工操作时劳动强度大;如金属型壁太薄,则刚度差,金属型容易变形,导致金属型使用寿命缩短。

金属型壁厚与铸件壁厚、材质及铸件外廓尺寸等有关。一般根据铸件壁厚加以确定,在保证金属型刚性的前提下,型壁尽量稍薄一些,可按铸件壁厚 1~1.5 倍加以选择。在生产铝、镁合金铸件时,壁厚一般不小于 12 mm,而生产铜合金和黑色金属铸件时,壁厚应不小于 15 mm。

为了在不增加壁厚的同时,提高金属型的刚度,并达到减轻重量的目的,通常在金属型外表面设置加强筋以形成箱形结构。

6.4.3　金属型型芯设计

根据铸件复杂程度及精度要求,金属型铸造可采用可抽出金属芯、可熔金属芯、砂芯及壳芯等。

砂芯的设计原理与砂型铸造相同,但砂芯最好能与大气相通,以便排气。

金属型芯一般设计成活动的,以便在铸件凝固进入塑性区时能及时拔出。因此设计型芯时需注意以下两点。

(1)金属芯定位要准确,稳定可靠,取出轻便,并保证型芯移动时不产生歪斜,避免拉伤铸件。

这与芯头的定位长度、导向和配合间隙大小有关。如芯头直径为 d,定位长度为 H(见图 6-13),则它们的关系可由下式确定。

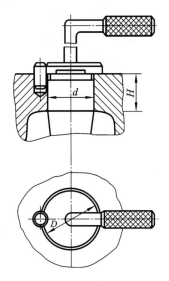

图 6-13　金属型芯的定位

对于上、下型芯,则

$$H = (0.3 \sim 0.8)d \qquad (6-10)$$

对于侧向型芯,则

$$H = (0.5 \sim 1.0)d \qquad (6-11)$$

芯头与芯座的配合公差应适当,间隙过小或过大,都会造成抽芯困难。适宜的配合公差一般为 H7/g6。对圆形型芯,还需防止型芯的转动。当金属芯直径大于 50 mm 时,型芯可制成空心的,型芯壁厚取 15~20 mm。

（2）抽芯力要足够。

抽芯力可按下式计算

$$F_c = AP\mu \tag{6-12}$$

式中　A ——铸件包紧金属型芯的面积（m^2）；

　　　P ——铸件凝固收缩后对金属型芯的包紧压强（MPa），对于铝合金而言，取 $3\sim6$ MPa；

　　　μ ——摩擦系数，根据斜度不同而有所差异，一般在 $0.13\sim0.16$ 之间，斜度大时取小值，斜度小时取大值；

　　　F_c ——抽芯力（N）。

6.4.4　排气系统

金属型本身不透气，因此设计金属型时必须注意型腔气体的排除问题，否则，易使铸件产生冷隔、浇不足，甚至在铸件中形成气孔缺陷。铸造轻合金时，由于有表面氧化膜，而且表面张力大，上述现象更为严重。故在金属型中必须设计好排气系统，一般有以下几种措施。

1. 利用冒口排气或在最后充满处开排气孔

在浇注位置选择和浇冒口设计时应保证金属液平稳充型，使型腔这些气体能顺利从冒口排出。但很多情况下，气体聚集在型腔深处离冒口较远的部位，无法从冒口排气，因此还必须有其他措施，如在最后充满处开直径为 $\phi1\sim\phi5$ mm 的圆形排气孔。

2. 利用分型面与金属芯、顶杆、镶块、金属型配合面的间隙排气

这是一般金属型都采取的措施。在分型面上开排气槽（见图 6-14），也可在金属型与活块、镶块的结合面上开排气槽。槽的深度选择以气体能通过、金属液流不进去为依据，具体尺寸见图 6-15。

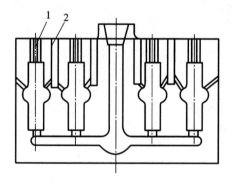

图 6-14　金属型分型面上的排气槽

1,2—排气槽

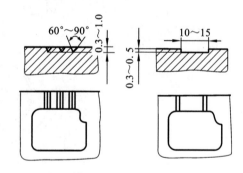

图 6-15　排气槽的尺寸

3. 使用排气塞

排气塞是用钢或铜合金制成的圆柱体，在圆柱表面开排气塞或铣出小平面（见图 6-16），使用时按紧配合装在金属型壁的透孔中，其一端与型腔表面平齐。排气塞常设在型腔中易聚集气体的部位。

4. 其他排气方法

对于金属型芯，可利用型芯和铸型间的间隙排气，还可在型芯表面上开设类似排气塞上的

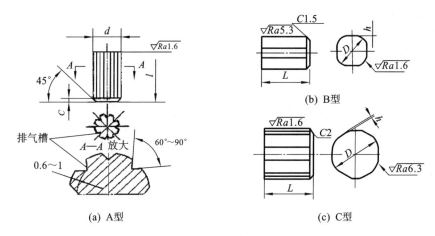

(a) A型　　　　　　　(b) B型
　　　　　　　　　　　　(c) C型

图 6-16　排气塞

槽子进行排气;对于砂芯和壳芯,可利用铸型的型芯座排气;对于组合铸型,可利用组合件间隙排气。

6.4.5　铸件顶出机构

金属型腔凹凸部分,对铸件的收缩会有阻碍,铸件出型时就会有阻力,必须采用顶出机构,方可将铸件顶出。

顶杆的位置设计对铸件的顺利顶出至关重要。为了防止顶伤铸件或将铸件顶变形,在设计顶杆时,一般遵循以下原则:①顶杆布置在铸件出型阻力最大的地方,而且要均匀设置,见图 6-17;②顶杆与铸件接触面积应足够大或设置足够多的顶杆数目,避免在铸件上留下过深的凹坑;③尽可能将顶杆布置在浇冒口或铸件需加工部位。

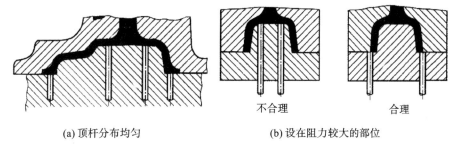

(a) 顶杆分布均匀　　　　　　　　(b) 设在阻力较大的部位

图 6-17　顶杆布置示例

常见的顶杆机构有以下几种:

1. 弹簧顶杆机构

弹簧顶杆机构适用于形状简单、只需一根顶杆的铸件。弹簧顶杆的缺点是弹簧受热后易失去弹性,需经常更换弹簧,故影响广泛应用。

2. 组合式顶杆机构

组合式顶杆机构类似压铸机顶出机构,一般由电动、液压或机械传动装置完成开合型动作,形式较为复杂。在完成开型后,铸件必须留在动型上,以利于正常生产。

3. 楔锁顶杆机构

楔锁顶杆机构相当于在弹簧顶杆机构中,弹簧与金属型接触端面以外的顶杆上开一个楔形的孔,用紧固楔代替弹簧打入楔形的孔,使顶杆复位浇注,浇注完毕后退出紧固楔,敲击顶杆脱出铸件。

6.4.6 金属型的加热和冷却装置

为保证铸件质量和提高金属型寿命,金属型工作时有一个合适的温度范围。开始生产之前,就需对金属型进行预热,以达到工作温度,在生产过程中,为保持连续生产,又必须对金属型加热或冷却,以保持金属型温度在合适范围之内。

1. 加热装置

加热方式有电加热、燃气加热等。

1)电阻丝加热

在金属型需加热处设置电阻丝,如图 6-18 所示。该法使用方便,装置紧凑,加热温度可以自动调节。对大型金属型,电阻丝可直接装在金属型型体上;对大中型金属型,也可用活动电阻丝加热,直接将电阻丝放在敞开的金属型上加热;对小型金属型,则可将电阻丝安装在金属型铸造机上,对整个金属型进行加热。

2)管状加热元件加热

当金属型壁厚超过 35 mm 时,可采用管状加热元件加热。这种方法效率高、拆装方便、寿命长。在不影响金属型强度的情况下,管状加热元件离型面越近越好,如图 6-19 所示。

3)煤气加热

对于小型金属型,可以用移动式煤气喷嘴直接对金属型加热;对大中型金属型则应根据工艺要求分别设置煤气喷嘴加热,力求金属型整体受热均匀。

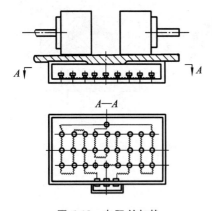

图 6-18 电阻丝加热

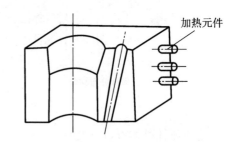

图 6-19 安放管状加热元件的金属型举例

2. 冷却装置

在很多场合,金属型在连续生产情况下,其温度会不断升高,常会因其温度太高而不得不中断生产,待金属型温度降下来,再进行浇注。所以常采取以下措施加强金属型的冷却。

(1)在金属型的背面做出散热片或散热刺,如图 6-20 所示,以增大金属型向周围散热的效率。

散热片的厚度为 4～12 mm,片间距为散热片厚度的 1～1.5 倍。散热刺平均直径为 10 mm 左右,间距以 30～40 mm 为宜。该法适用于铸铁制的金属型。

(2)在金属型背面留出抽气空间,用抽气机抽气,或用压缩空气吹气,以达到降低金属型温度的目的。此法散热效果好,使用安全,不影响金属型的使用寿命。

(3)用水强制冷却金属型,如图 6-21 所示,即在金属型或型芯的背面通循环水或设喷水管加强铸型的冷却。用水冷却金属型的冷却效果最好,但应避免冷却速度过快而降低金属型使用寿命。此法多用于铜合金铸件上。

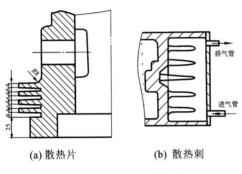

(a) 散热片　　(b) 散热刺

图 6-20　金属型背面的散热片

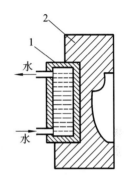

图 6-21　用水冷却金属型

1—冷却水套;2—金属型

(4)设置激冷块冷却,对要求局部激冷的金属型,在激冷处安置激冷块或带散热片的激冷块,加快该处的冷却速度,以防止铸件厚大部位产生缩松。

(5)设置冷却肋与冷却孔冷却,对易产生轻微缩松的较厚的铸件局部部位,可在其型面上开设冷却肋或冷却孔。冷却肋为 2～4 mm 的三角形,冷却孔常设在分型面上,直径为 2～4 mm。

6.4.7　金属型用材料

由于金属型不同部位所处的工作环境大不相同,因此应正确选择金属型各个组成部分的材料,以获得最大的金属型使用寿命和最低的制作成本。

金属型铸造中,由于金属液的浇注温度高(如铝合金的浇注温度为 973～1023 K),金属型的型腔部分直接与高温金属液接触且受交变的热应力作用,为保证金属型的使用寿命,型腔材料应具有足够的耐热性、淬透性和良好的机加工及焊接性能。目前型腔材料应用最多的是 3Cr2W8V 和 4Mo5SiV1(即美国牌号 H13),对于型腔以外且和金属液不直接接触的其他部分(俗称模架)则采用普通碳素钢,此种方式称为镶拼式金属型。当生产量不大或进行产品试制或为降低成本时,也可使用 HT200、蠕墨铸铁、球墨铸铁等材料制作整体金属型。

当铸件结构复杂,需要对金属型进行局部强化冷却时,可采用激冷块,亦可采用水冷或气冷。要求激冷块具有高的热导率和蓄热系数,一般均采用纯铜及铜合金,其中以铍青铜为最优。

金属型或型腔在加工完毕后应进行热处理,如真空淬火,使其获得一定的硬度后才能使用。常用的金属型或型腔材料及热处理要求可参考相关手册。

◀ 6.5 金属型铸造工艺 ▶

6.5.1 金属型预热

金属型预热,是浇注前必不可少的工序之一。金属型在喷刷涂料前需先预热,预热温度根据涂料成分和涂敷方法确定。温度过低,涂料中水分不易蒸发,涂料容易流淌;温度过高,涂料不易黏附,会造成涂料层不均匀,使铸件表面粗糙。金属型预热温度可参照表6-8选取。

表 6-8　金属型预热温度　　　　　　　　　　　　　　　　　　　　　　单位:℃

铸造合金种类	铝、镁合金	铜合金	铸铁	铸钢
预热温度	150～200	80～120	80～150	100～250

金属型喷完涂料之后还需进一步预热至金属型的工作温度,否则金属型工作温度太低,金属液冷却速度太快,易造成铸件冷隔、浇不足等缺陷,铸铁件易产生白口;金属型工作温度太高,会导致铸件力学性能下降,操作困难,进而降低生产效率,缩短金属型寿命。金属型的工作温度与浇注合金的种类,铸件的结构、大小和壁厚有关。表6-9为浇注不同合金铸件时需要的金属型工作温度。

表 6-9　浇注不同合金铸件时金属型的工作温度　　　　　　　　　　　单位:℃

合金种类	铝合金	镁合金	锡青铜	黄铜	铸铁	铸钢
金属型工作温度	200～300	200～250	150～225	100～150	250～350	150～300

6.5.2 涂料及涂敷工艺

在金属型铸造中,应根据铸造合金的性质、铸件的特点选择合适的涂料,这是获得优质铸件和提高金属型寿命的重要环节。涂料应具备足够的耐热性、化学稳定性和一定的导热性能,使用时流动性要好,发气量要低,在剧烈的温度变化下不发生龟裂和剥落。

1.涂料的作用

①保护金属型。涂料可减轻高温金属液对金属型的热冲击和对型腔表面的直接冲刷;在取出铸件时,可减轻铸件对金属型和型芯的磨损,并使铸件易于从型中取出。

②调节铸件各部位在金属型中的冷却速度。采用不同种类和厚度的涂料能调节铸件在金属型中各部位的冷却速度,控制凝固顺序。

③改善铸件表面质量。防止因金属型有较强的激冷作用而导致铸件表面产生冷隔或流痕,避免铸件表面形成白口层。

④利用涂料层蓄气排气。因为涂料层有一定的孔隙度,因而有一定蓄气排气作用。

2.涂敷原则

金属型的型腔、型芯及浇冒口部位的型面均应喷刷涂料。型腔、型芯所用涂料应保证铸件表面光洁,浇冒口应采用保温涂料。铸件壁厚,涂料层应减薄;反之,涂料层应增厚。冒口至需要补缩部位的涂料层应由厚逐渐减薄,以保证冒口的充分补缩。开型困难及易拉伤铸件的部位,应喷刷润滑性好的石墨涂料。涂敷涂料的顺序是先喷刷浇注系统,后喷刷需要涂料层厚的型腔表面,最后喷刷需要涂料层薄的型腔表面。

3. 涂敷工艺

喷刷涂敷之前,应仔细清理金属型的工作面和通气塞,除去旧的涂料层、锈蚀以及黏附的金属毛刺等。新投入使用的金属型,可用稀硫酸洗涤,或经轻度喷砂处理,以改善型面对涂料的黏附力。

清理好的金属型预热至如表 6-8 所示的温度时,即可涂敷涂料。

涂敷涂料时应注意金属型不同部位所要求的涂料层厚度不同。对非铁合金铸件,通常涂料层厚度取值如下:浇冒口部分取 0.5~1 mm(个别情况可达 4 mm);铸件厚壁部分的金属型型腔取 0.05~0.2 mm;铸件薄壁部分的金属型型腔取 0.2~0.5 mm;铸件上的凸台、肋板和壁的交界处,为了更快地冷却,可将喷好的涂料刮去。

6.5.3　金属型浇注工艺

1. 浇注温度

确定合金的浇注温度时应考虑下列因素。

①形状复杂及薄壁铸件,浇注温度应偏高些;形状简单、壁厚及重量大的铸件,浇注温度可适当降低。

②金属型预热温度低时,应提高合金的浇注温度。为了充满铸件的薄断面,提高合金的浇注温度比提高金属型的预热温度效果要好。

③浇注速度快时,可适当降低浇注温度;需缓慢浇注的铸件,浇注温度应适当提高。

④顶注式浇注系统可采用较低的浇注温度;底注式浇注系统要求较高的浇注温度。

⑤当金属型中有很大的砂芯时,可适当降低合金的浇注温度。

几种合金的常用浇注温度见表 6-10。

表 6-10　金属型铸造时合金的浇注温度　　　　　　　　　　　　　　　　单位:℃

钢铁金属			非铁合金		
铸造合金	铸件特点	浇注温度/℃	铸造合金	铸件特点	浇注温度/℃
普通灰铸铁	壁厚>20 mm	1300~1350	铝硅合金	—	680~740
	壁厚<20 mm	1360~1400	铝铜合金	—	700~750
球墨铸铁	—	1360~1400	镁合金	—	720~780
可锻铸铁	—	1320~1350	锡青铜	—	1050~1150
普通碳素钢	大件	1420~1440	铝青铜	—	1130~1200
	中、小件	1420~1450	磷青铜	—	980~1060
高锰钢	—	1320~1350	锰铁黄铜	—	1000~1040

2.浇注工艺

1)常规浇注

浇注一定要平稳,不可中断液流,应尽可能使金属液沿浇道壁流入型腔,以利于消除气孔、夹渣等缺陷;浇注时按照先慢、后快、再慢的浇注原则;浇包嘴应尽可能靠近浇口杯,以免金属液流过长造成氧化,使铸件产生氧化夹杂。

2)倾斜浇注

开始浇注时将金属型倾斜一个角度(一般为45°),然后随浇注过程而逐渐放平。倾斜浇注可以有效地防止铝合金铸件产生气孔、夹渣等缺陷。金属型的转动是通过浇注台或铸造机转动机构实现的。

3)振动浇注

振动浇注可以细化晶粒,提高铸件力学性能,减少铸造缺陷。因振动作用会影响变质效果,所以变质处理后的铝硅合金不宜采用振动浇注。

6.5.4　金属型的试铸

金属型的试铸是金属型设计、制造、验收的重要阶段,它直接关系着批量生产中铸件质量的稳定性。试铸工作分为尺寸定型、冶金定型两个阶段。尺寸定型是使铸件满足产品图样尺寸要求;冶金定型是保证铸件内部质量符合铸件技术条件要求。尺寸定型和冶金定型工作可以同时进行,以缩短试铸周期,加快产品试制进度。

 习题

一、填空题

1.金属型铸造成形的特点:金属型导热性比砂型大、无透气性和_____。

2.在金属型中设置顶出铸件机构时,要考虑开型时使铸件停留在装有_____的半型内。

3.金属型热交换特点是铸件和铸型的热阻与中间层的热阻相比,显得_____。

4.金属型工作温度太高,会导致金属型寿命_____。

5.金属型涂料的作用是_____,调节铸件各部位在金属型中的冷却速度,改善铸件表面质量和蓄气排气。

6.金属型铸造时,确定浇注时间的一种方法是用砂型铸造浇注时间公式计算,然后将浇注时间减少_____。

二、判断题

1.金属型铸造的传热过程主要取决于中间层的传热过程。(　　　)

2.铸型的蓄热能力越强,则吸收同样的热量,铸型温度升高就越快。(　　　)

3.为防止金属型铸造时铸件出现裂纹,可尽早地取出型芯和从铸型中取出铸件。(　　　)

4.金属型中冒口除了起补缩和浮渣作用外,另一个重要作用是保证能迅速排除型腔中的气体。(　　　)

三、简答题

1.金属型铸造成形有什么特点?它对铸件质量有什么影响?

2.金属型的浇注系统与砂型的浇注系统比较有哪些特点？

3.试述金属型分型面的选择原则与特点。

4.设计金属型型体结构时应考虑哪些问题？

5.金属型的排气方法有哪些？

6.金属型浇注前为什么必须预热？

7.金属型涂料的作用有哪些？如何选用涂料？

第7章 压力铸造成形

【本章教学要点】

知识要点	掌握程度	相关知识
压铸成形原理	了解压铸成形原理及压铸过程的充型理论	传热学,连续性原理,紊流效应,液压冲击理论
压铸型设计	了解压铸型的分类及基本结构,掌握分型面选择及浇注系统设计方法	铸造工艺设计基础,模具制造基础知识
压铸工艺	熟悉压射比压和充填速度的概念,能够合理选择和确定压铸基本工艺参数	凝固理论

导入案例

压铸技术的历史

从 1855 年 Mergenthaler 将活塞压射缸浸入熔融合金中生产出条形活字铸件算起,压力铸造技术已经有近 200 年的历史。1869 年,C. Babbage 采用"锌强化铅锡合金压力铸造法"生产了一些零件。1872 年,人们开始使用一种手动的小型压铸机生产留声机上的铅锡合金小零件。1904 年,H. H. Franklin 公司压铸出汽车连杆轴承,从而使刚刚诞生的汽车工业取代印刷业而成为压铸件的最主要用户。1905 年,H. H. Doehler 发明了既能生产铅锡合金又能压铸锌合金的压铸机;1914 年,采用气压使金属液沿浇道上升而充型,该方法可应用于铝合金压铸。20 世纪 20 年代,美国的 Kipp 公司制造出机械化的热室压铸机,但铝合金液有浸蚀压铸机上钢铁零部件的倾向,铝合金在热室压铸机上生产受到限制。C. Roehri 制造出冷室压铸机,这一发明是压铸技术的重大进步,使铝合金、黄铜合金的压铸成为现实。20 世纪 50 年代,大型压铸机诞生,为压铸业开拓了许多新的领域。随着压铸机、压铸工艺、压铸型及润滑剂的发展,压铸合金也从铅发展到锌、铝、镁和铜,最后发展到铁合金,随着压铸合金熔点的不断增高,压铸件的应用范围不断扩大。

资料来源:

赖华清.压铸工艺及模具[M].北京:机械工业出版社,2004.

◀ 7.1 概 述 ▶

7.1.1 工艺过程

压力铸造(die casting)简称压铸,它是在高压作用下,将液态或半液态金属以高的速度压入铸型型腔,并在高压下凝固成形而获得轮廓清晰、尺寸精确铸件的一种成形方法。

高压和高速是压铸的两大特点,也是区别其他铸造方法的基本特征。压铸压力通常为 $20\sim200$ MPa,充填速度为 $0.5\sim70$ m·s^{-1},充填时间很短,一般为 $0.01\sim0.2$ s。压铸工艺流程如图 7-1 所示。

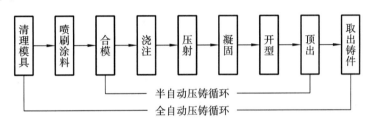

图 7-1 压铸过程循环图

7.1.2 工艺特点

1. 压铸的优点

(1)可以制作形状复杂的薄壁铸件。

铸件最小壁厚,锌合金可达 0.3 mm,铝合金可达 0.5 mm。最小铸出孔为 0.7 mm。可铸出最小螺距为 0.7 mm 的螺纹。

(2)生产效率高。

在所有的铸造方法中,压铸是生产效率最高的方法。一般冷室压铸机平均 8 小时可压铸 $600\sim700$ 次,小型热室压铸机平均 8 小时可压铸 $3000\sim7000$ 次,适合于大批量生产。该工艺还可以实现一型多腔,使其产量倍增。

(3)铸件精度高,尺寸稳定,加工余量少,表面光洁。

压铸件的尺寸精度可达 CT4~CT7 级,表面粗糙度可达 $Ra0.8\sim3.2$ μm。铸件可不经过机械加工或只要进行少量加工就可使用。由于压铸件精度高,故互换性好,可简化装备操作。同时,压铸件中可嵌铸其他金属或非金属材料零件。这样既可获得复杂零件,又可改善其工作性能。

(4)铸件力学性能较好。

由于铸件在金属型中迅速冷却且在压力作用下凝固,所获得的晶粒细小,组织致密,故铸件的强度较高。另外,由于激冷造成铸件表面硬化,铸件表面形成 $0.3\sim0.5$ mm 的硬化层,故表现出良好的耐磨性。

2.压铸的缺点

(1)采用一般压铸法,铸件易产生气孔,不能进行热处理。

(2)压铸设备投资高,压铸模具制造费用高、周期长,一般不适用于小批量生产。

(3)现有模具材料主要适合于低熔点的合金,如锌、铝、镁等合金。生产铜合金、黑色金属等高熔点合金铸件时,模具材料存在着较大的挑战。

7.1.3 应用概况

压铸件应用范围和领域十分广泛,几乎涉及所有工业部门,如交通运输领域的汽车、造船、摩托车工业,电子领域中计算机、通信器材、电气仪表工业,机械制造领域的机床、纺织、建筑、农机工业,以及国防工业、医疗器械、家用电器、日用五金等均有应用。

压铸件所用材料多为铝合金,占70%～75%,锌合金占20%～25%,铜合金占2%～3%,镁合金约占2%。但镁合金的应用范围在不断扩大。在汽车产业中镁合金的应用逐年增加,这不仅为了减轻汽车净重,也借此不断提高汽车的性价比。IT产业中的电子、计算机、手机等大量应用镁合金,具有很好的发展前景。

国外宝马、雷诺、通用、本田等企业在20世纪90年代已经开始大量使用压铸机进行铝合金缸体、缸盖的生产。国内,广州东风本田发动机公司在2001年从日本宇部引进了国内第一条压铸生产线。

压铸件的质量由几克到数十千克,其尺寸从几毫米到几百以致上千毫米。随着科学技术的发展,真空压铸、抽气加氧压铸、双冲头压铸以及半固态压铸技术逐渐应用成熟,压铸件的应用范围将不断扩大。

图7-2～图7-5所示是几个典型压铸零件。

图7-2　V8发动机缸体

图7-3　锌合金电视机频道转换器

图7-4　镁合金 DVD 机盖

图7-5　铝合金油底壳

◀ **7.2 压铸成形原理** ▶

7.2.1 压铸工艺原理

1. 热室压铸机

热室压铸机压铸工艺原理如图 7-6 所示。当压射冲头上升时,坩埚内的金属液通过进料口进入压室。合型后压射冲头下压,金属液则沿着鹅颈管经喷嘴与浇道进入压铸型。经保压冷却凝固成形,压射冲头回升,随后开型取件,完成一个压铸循环。

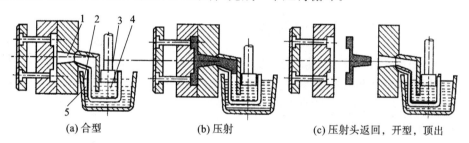

(a) 合型　　　　　　　(b) 压射　　　　　(c) 压射头返回, 开型, 顶出

图 7-6　热室压铸机工作原理

1—喷嘴;2—坩埚;3—压射冲头;4—热压室;5—鹅颈管

2. 卧式冷室压铸机

卧式冷室压铸机工艺原理如图 7-7 所示。动型和定型合型后,金属液浇入压室,压射冲头向前推进,将金属液经浇道压入型腔冷却凝固成形。开型时,余料借助压射冲头前伸的动作离开压射室,和铸件一起贴合在动型上,随后顶出取件,完成一个工作循环。

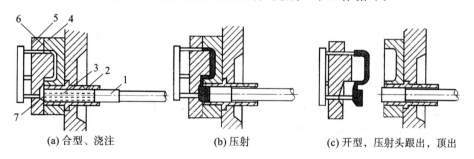

(a) 合型、浇注　　　　　　(b) 压射　　　　(c) 开型, 压射头跟出, 顶出

图 7-7　卧式冷室压铸机工作原理

1—压射冲头;2—冷压室;3—金属液;4—定型;5—动型;6—型腔;7—浇道

3. 立式冷室压铸机

立式冷室压铸机工艺原理如图 7-8 所示。动型和定型合型后,浇入压室的金属液被已封住喷嘴口的返料冲头托住,当压射冲头向下接触到金属液面时,返料冲头开始下降(下降高度由弹簧或分配阀控制)。当打开喷嘴时,金属液被压入型腔。凝固后,压射冲头退回,返料冲头上升,切断余料并将其顶出压室。开型取件后恢复原位,完成一个循环。

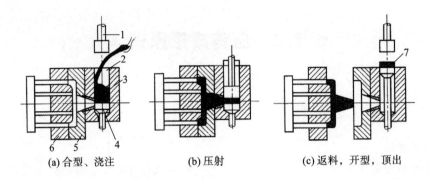

(a) 合型、浇注   (b) 压射   (c) 返料，开型，顶出

图 7-8   立式冷室压铸机工作原理

1—压射冲头；2—压室；3—金属液；4—返料冲头；5—定型；6—动型；7—余料

7.2.2   典型的压铸充型理论

如前所述，高压和高速填充压铸型是压铸的最大特点。液态金属在压铸型型腔中的流动也与砂型、金属型及低压铸造有着本质的区别。迄今为止，很多人对压铸型腔内液体金属的流动充型做了较为深入的研究，典型的充型理论有以下三种。

1. 弗洛梅尔（Frommer）理论

1932 年，弗洛梅尔根据锌合金液以 $0.5 \sim 5 \ \mathrm{m \cdot s^{-1}}$ 的速度充填矩形型腔的实验，提出了"喷射"填充理论，见图 7-9(a)。金属液从内浇道进入型腔时，保持其截面积形状不变撞击到对面型壁后，在此形成扰动的聚集区，然后沿型壁向内浇道方向流动，充满型腔。

2. 勃兰特（Brand）理论

1937 年，勃兰特利用铝合金液以 $0.3 \ \mathrm{m \cdot s^{-1}}$ 的速度，经内浇道慢速充填一个矩形截面的压铸型，提出了"全壁厚"填充理论，见图 7-9(b)。金属液从内浇道进入型腔后，随即扩展至型壁，以"全壁厚"形态沿着整个型腔向前流动，直至型腔充满为止。

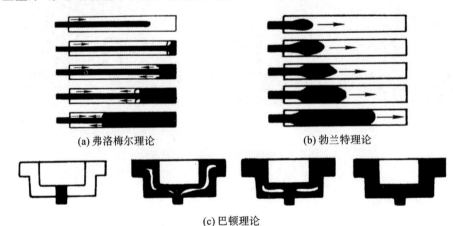

(a) 弗洛梅尔理论   (b) 勃兰特理论

(c) 巴顿理论

图 7-9   充型理论

3. 巴顿（Barton）理论

1944 年，巴顿在研究弗洛梅尔和勃兰特等人的充型理论之后提出了"三阶段"充型理论，

见图 7-9(c)。首先金属液以接近内浇道的形状进入型腔,撞击到对面的型壁;随后在该处沿型壁向型腔四周扩展流向内浇道,形成铸件薄外壳;最后金属液在薄壳层内的空间进行充填,直至充满铸型。

从流体力学和传热学角度出发,影响金属液充填形态的主要因素是压力、通过内浇道的流量及金属液的黏度(受温度影响)。现代实验方法均成功地验证了上述三种理论的正确性及适用性。在金属液黏度一定的条件下,当内浇道截面积很小、压射压力大时,金属液的填充形态趋向于弗洛梅尔理论,目前广泛使用的普通压铸机即基于此种理论。而当内浇道截面积较大且压射压力不太高时,便可获得勃兰特的"全壁厚"充填方式,超低速压铸技术就是勃兰特理论的具体应用。

7.2.3 压铸过程中金属流的能量转换

压铸填充过程中,金属液流动时间极短,只有 $0.03 \sim 0.08\ \text{s}$,致使通过传导和辐射消散热量的时间极短,大部分热量被压铸型吸收。金属流的运动速度非常高,其动能在瞬间减小为零,这些能量势必会转化为其他形式的能量,例如压铸型内的热应力以及作用在金属内部的热能。先假定流动金属的大部分动能变成热能,即假定压铸型吸收的应变能与压射金属吸收的热量相比很小,来定性地理解压射过程中的这种动能转换成的热能。这些动能包括内浇道的摩擦力,靠近型壁的黏滞阻力,填充时的湍流,压铸型完全填充时瞬时冲击。根据流动金属的动能以及能量转换原理,得出下式

$$\Delta T = \frac{p}{427\rho c} \tag{7-1}$$

式中 ΔT ——压射过程中铸件内可能的最大升温(℃);

p ——作用于液体上的压强(Pa);

ρ ——液体金属的密度($\text{kg} \cdot \text{m}^{-3}$);

c ——液体金属的比热容[$\text{J} \cdot (\text{kg} \cdot \text{K})^{-1}$]。

7.2.4 压铸充型过程的连续性

压铸充型过程中,金属液遵循连续性原理,即满足质量守恒定律。设 A 是流线型流体的截面积(可以是变化的),ρ 为金属液密度,v 是流体流经该截面积的速度,由流体力学可知

$$\rho A v = 常数 \tag{7-2}$$

将金属液视为不可压缩流体,其密度不变。因此,当金属液体经过一个变截面的通道时,单位时间内金属液体流经任何一个截面的体积(或质量)是不变的。上式即为压铸过程的流动连续性原理。它不仅可以应用于全封闭的通道,也适用于填充阶段型腔内的无阻碍流动。

◀ 7.3 压 铸 机 ▶

压铸机是压铸生产的基本设备,必须了解和掌握压铸机的特点和性能,正确选择和操作,方能获得优质压铸件。

7.3.1　压铸机的种类与特点

压铸机根据压室受热条件的不同可分为热室压铸机和冷室压铸机两大类。冷室压铸机按其压室所处的位置又可分为卧式冷室压铸机和立式冷室压铸机(含全立式冷室压铸机)两种。

1. 热室压铸机

热室压铸机的压室和保温坩埚炉连成一体,压室浸在金属液中,压射机构则安装在保温坩埚上面。热室压铸机的特点是结构简单,生产效率高,容易实现自动化,金属消耗少,工艺稳定。压铸过程中金属液始终在密闭的通道内流动,不易卷入夹杂物,故铸件夹杂少,质量好。但由于压室和压射冲头长时间浸在金属液中,故使用寿命短。热室压铸机常用于铅、锡、锌等低熔点合金,近年来已用于镁合金和铝合金铸件的压铸过程中。

2. 冷室压铸机

冷室压铸机的压室与保温坩埚炉是分开的。压铸时将金属液从保温坩埚中浇注至压铸机的压室内,然后进行压铸。

1)卧式冷室压铸机

卧式冷室压铸机的压室中心线垂直于压型分型面,称为水平压室。卧式冷室压铸机流程短、压力损失小,便于压力传递;压射室结构简单,维修方便。因此卧式压铸机应用广泛,大型压铸机一般都为卧式结构。

2)立式冷室压铸机

立式冷室压铸机的压室中心线平行于压型分型面,称为垂直侧压室。立式冷室压铸机由于增加了返料机构,因而结构复杂,操作也比卧式冷室压铸机困难,所以应用越来越少。立式冷室压铸机的最大特点就是在压射浇注前喷嘴被返料冲头堵住,能够压射具有中心浇口的铸件,而有些铸件只能用中心浇口压铸,因而立式冷室压铸机还有一定的应用。

7.3.2　压铸机的基本结构

压铸机主要由开合机构、压射机构、动力系统和控制系统等组成。其总体结构见图 7-10。

1. 开合机构

开合机构是带动压型的动型部分,是压型分开或合拢的机构,是开型机构及锁型机构的简称。一般压铸机都采用闭合式框架来承受压射时所产生的胀型力。由大杠、定型板、动型板和合型缸座等组合成的框架结构应用广泛。开合机构主要有以下两种形式。

1)液压开合机构

其动力是由液压油产生的,液压油的压力推动合型活塞,带动动型安装板及动型合型,并起锁紧作用。它有一系列的缺点:首先是合型的刚度和可靠性不够;其次是对较大吨位的压铸机,合型液压缸直径过大,液压油消耗量也太大;再次是开合速度较慢。因此,这种全液压开合机构的应用越来越少。

2)机械开合机构

它是借助适当的扩力系统,以较小的外力使合型框架产生和保持一定的变形,从而产生较大的合型力。机械开合机构可分为曲肘开合机构、偏心机构、斜楔机构等。目前各国压铸机大都采用曲肘开合机构。其优点是通过该机构可将合型缸的推力放大 16～26 倍;曲肘连杆机构

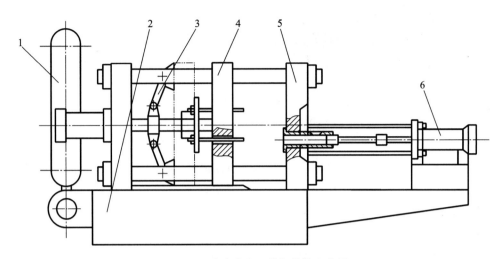

图 7-10 卧式冷室压铸机结构示意图
1—蓄压器;2—机座;3—开合机构;4—移动型板;5—固定型板;6—压射机构

的运动性能良好,肘杆离死点越近,动型移动速度越低,即两半型可缓慢闭型和开型;曲肘开合机构开合速度快、合型时刚性大,而且可靠;控制系统简单,使用维修方便。缺点是对于不同厚度的压型,调整行程较困难。为弥补这一缺点,曲肘开合机构增加了驱动装置,通过齿轮自动调节大杆螺母,从而达到自动调节行程的目的。虽然曲肘开合机构对肘杆制造精度要求较高等,但它仍是使用最广的一种开合机构。

2.压射机构

压射机构是实现压铸工艺的最关键部件,对获得质量良好和稳定的压铸件具有决定性的意义。

不同型号的压铸机有不同的压射机构,但主要组成部分都类似,主要由压射头、压射杆、压射缸及增压器等组成。压射机构应具有 3~4 级压射速度,以满足各个压射阶段的需要。在各个压射阶段,压射速度均应能单独调整。同时作用在压室中金属液上的比压应为 40~200 MPa,增压压力建立的时间要小于 0.03 s,增压时压力冲击应尽可能小,以防止产生过大的胀型力。

7.3.3 压铸机的选用

1.确定压铸机的种类

根据压铸件的结构特征、压铸合金和技术要求选择压铸机的种类,即热室压铸机、冷室压铸机(立式冷室压铸机、卧式冷室压铸机、全立式冷室压铸机)或专用压铸机。

2.胀型力与锁型力

1)胀型力的计算

压铸时,在金属液充满型腔的瞬间,将产生动力冲击,此刻为最大压力,这一压力作用到压型的各个方向,力图将压铸型沿着分型面胀开,此力称为胀型力,其计算式为

$$F_z = p_b A \tag{7-3}$$

式中 F_z ——胀型力(kN);

p_b —— 压射比压(MPa);

A —— 铸件在分型面上的投影面积,含浇注系统和排溢系统(m^2)。

而

$$F_z = F_{z1} + F_{z2} \tag{7-4}$$

式中　F_{z1} —— 在分型面上与金属液的投影面积有关的胀型力(kN);

F_{z2} —— 由侧向胀型力引起的沿锁型力方向的分力(kN)。

2)锁型力

锁型力是表示压铸机的基本参数。其作用是确保压射时压铸型的分型面不被胀开。压铸机的选用,实际上是根据胀型力的大小来确定的,即胀型力必须小于锁型力,并要给予安全系数。胀型力与锁型力的关系式为

$$F_S \geqslant F_z/K \tag{7-5}$$

式中　F_S —— 锁型力(kN);

F_z —— 胀型力(kN);

K —— 安全系数,小压铸件取 0.85,中压铸件取 0.90,大压铸件取 0.95。

3. 核算压铸型厚度

压铸机都有一定的最大和最小的开、合型距离,因此,在选用压铸机时,应对压铸型厚度进行计算。

①在开型时,为使铸件能顺利取出,压铸机的最大开型距离减去压型总厚度后应留有一定的取件距离,所以,必须满足下式条件,见图 7-11。

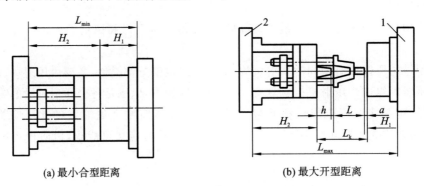

(a) 最小合型距离　　　　　　　　　　(b) 最大开型距离

图 7-11　最大、最小开合型距离图

1—动型;2—定型

$$L_{max} \geqslant L_k + H_1 + H_2 \ 或 \ L_k \geqslant L + h + a \tag{7-6}$$

式中　L_{max} —— 压铸机最大开型距离(mm);

L_k —— 开型行程(mm);

H_1 —— 定型厚度(mm);

H_2 —— 动型厚度(mm);

L —— 铸件连浇注系统的总高度(mm);

h —— 型芯凸出分型面部分的高度(mm);

　　a——空档距离,一般取 5～10 mm。

　　②合型时,为使动、定型紧密闭合,压铸型总厚度应稍大于最小合型距离,必须满足下式条件。

$$L_{min} \leqslant H_1 + H_2 \tag{7-7}$$

式中　L_{min}——压铸机最小合型距离(mm);

　　　　H_1——定型厚度(mm);

　　　　H_2——动型厚度(mm)。

4. 压室容量的核算

　　压铸机初步选定后,压射比压和压室直径的尺寸相应得到确定,压室可容纳的金属液重量也为定值。需要核算压室容量能否容纳每次浇注时所需要的金属液重量。

　　所需要的金属量应包括铸件、浇注系统、溢流槽和余料等全部金属,同时应考虑压室的充满度。压室充满度低,将影响压铸机效率,同时对卧式压铸机还会增加金属液卷气。为此,一般要求充满度在 70%～80% 范围内,至少应为 40%。

◀ 7.4　压　铸　工　艺 ▶

　　在压铸生产中,压铸机、压铸合金和压铸型是三大基本要素,而压铸工艺是将三大要素进行有机组合和运用的过程。主要是研究压力、速度、温度、时间以及充填特性等工艺参数的相互作用与规律,科学地选择与控制各工艺参数,使之获得尺寸准确、组织致密的压铸件。

7.4.1　压力

　　压铸压力是高压泵产生的,并借助蓄能器传递给压射活塞,通过压射冲头施力于压铸室内的金属液。在压铸过程中压力不是常数,一般用压射力和压射比压来表示。

1. 压射力

　　压射力是指压铸机的压射机构推动压射活塞(压射冲头)运动的力,即压射冲头作用于压室中金属液面上的力。压射力的大小,取决于压射缸的截面积和工作液的压力,可用下式计算。

$$F_y = p_g \pi D^2 / 4 \tag{7-8}$$

式中　F_y——压射力(N);

　　　　p_g——压射缸内的工作液压强(MPa);

　　　　D——压射缸的直径(mm)。

　　对于有增压机构的压铸机,压射力为

$$F_y = p_{gz} \pi D^2 / 4 \tag{7-9}$$

式中　p_{gz}——增压时,压 6 射缸内的工作液压强(MPa)。

　　压射力的变化与作用见图 7-12 及表 7-1。

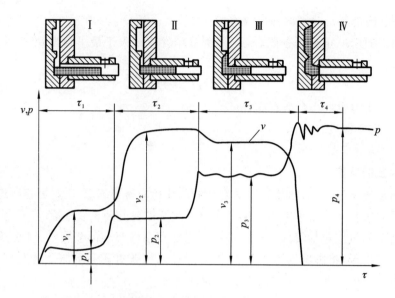

图 7-12　压铸不同阶段压射冲头运动速度与压力变化

表 7-1　压射力的变化与作用

压射阶段	压射压力	压射冲头速度	压射过程	压力作用
I 第一阶段 τ_1	p_1	v_1	压射冲头以低速前进封住浇料口,推动金属液,压力在压室内平稳上升,使压室内空气慢慢排出	克服压室与压射冲头、液压缸与活塞之间的摩擦力,称为慢压射第一阶段
II 第二阶段 τ_2	p_2	v_2	压射冲头快速前进,金属液被推至压室前端,充满压室并堆积在内浇道前沿	在整个浇注系统中内浇道处阻力最大,压力 p_1 升高,足以突破内浇道阻力,此阶段后期,内浇道阻力产生第一个压力峰,也称为慢压射第二阶段
III 第三阶段 τ_3	p_3	v_3	压射冲头按要求的最大速度前进,金属液充满整个型腔与排溢系统	金属液突破内浇道阻力,充填型腔,压力升至 p_3,在此阶段结束前,由于水锤作用,压力升高,产生第二个压力峰,即快压射速度,称为第三阶段
IV 第四阶段 τ_4	p_4	v_4	压射冲头的运动基本停止,但稍有前进	此阶段为最后增压阶段,压铸机没有增压时,此压力为 p_3,有增压时,压力为 p_4,压力作用于正在凝固的金属液上,使之压实。其作用是消除或减少缩松,提高铸件密度

2. 压射比压

比压是压室内金属液在单位面积上所受的压力,即压射力与压室截面积的比值。充填时的比压称为压射比压,用于克服浇注系统和型腔中的流动阻力,特别是内浇道的阻力,使金属液流动速度达到内浇道应具有的速度。有增压机构时,增压后的比压称为增压比压,它决定了压铸件最终所受的压力和压型的胀型力。压射比压计算式为

$$p_b = \frac{F_y}{A_g} = \frac{4F_y}{\pi d^2} \qquad (7\text{-}10)$$

式中　p_b——压射比压(MPa);

　　　　F_y——压射力(N);

　　　　d——压射冲头直径(mm);

　　　　A_g——压室冲头受压面积(mm²)。

压铸过程中采用较高的比压,除易得到轮廓清晰、表面光洁、尺寸精确以及带有花纹、图案、文字等的压铸件外,还可改善压铸件的致密度,从而提高压铸件的抗拉强度和硬度。

采用较高的比压还可获得较高的充填速度,保证金属液的流动性,相对降低浇注温度,有利于减少压铸件的缩孔和缩松,并可提高压型的寿命。但过高的比压会使压铸型受金属液的强烈冲刷并增加合金黏模的可能性,反而降低压型寿命。

由式(7-10)可见,比压与压铸机的压射力成正比,与压射冲头直径的平方成反比,因此比压可通过调整压射力和冲头直径来实现。

选择比压要考虑的主要因素见表7-2。各种压铸合金的计算压铸比压见表7-3,通常计算比压要高于实际比压,其压力损失折算系数 K 见表7-4。

表 7-2　选择比压要考虑的主要因素

因素	选择条件	说明
压铸件 结构特性	壁厚	薄壁件选用高比压,厚壁件的增压比压要低
	铸件形状复杂程度	形状复杂件选用高比压,形状简单件选用低增压比压
	工艺合理性	工艺合理性好,比压选低值
压铸合金特性	结晶温度范围	结晶温度范围大,选用高比压;结晶温度范围小,选用低增压比压
	流动性	流动性好,选用较低比压;流动性差,压射比压要高
	密度	密度大,压射比压、增压比压均应高;反之,则均应低
	比强度	要求比强度大,则压射比压要高;反之,压射比压要低
浇注系统	浇道阻力	浇道阻力大,浇道长,转向多,在同样的截面积下,内浇道厚度小,增压比压应高些
	浇道散热速度	散热速度快,压射比压要选高压;反之,压射比压要选低值
排溢系统	排气道分布	排气道分布合理,压射比压、增压比压均选高值
	排气道截面积	排气道截面积足够大,压射比压、增压比压均选高值
内浇道速度	要求内浇道速度	内浇道速度高,压射比压要选高值
温度	金属液与压铸型温差	温差大压射比压要选高值,温差小压射比压要选低值

表 7-3　各种合金选用的计算压射比压　　　　　　　　　　　单位：MPa

合金	铸件壁厚＜3 mm		铸件壁厚＞3 mm	
	结构简单	结构复杂	结构简单	结构复杂
锌合金	30	40	50	60
铝合金	35	45	45	60
铝镁合金	35	45	50	60
镁合金	40	50	60	70
铜合金	50	60	70	80

表 7-4　压力损失折算系数 K 的取值

压铸机类型	直浇道导入口截面积 A_1 与内浇道截面积 A_2 之比（A_1/A_2）		
	＞1	＝1	＜1
立式冷室压铸机	0.66～0.70	0.72～0.74	0.76～0.78
卧式冷室压铸机	0.88		

7.4.2　速度

压室内压射冲头推动金属液移动的速度，称为压射速度或压射冲头速度。压射速度分为慢压射速度和快压射速度两个阶段。

1. 慢压射速度

慢压射速度又分为两个阶段，第一阶段的作用是排出压射室内的空气，将金属液推至压室前端，封住浇料口。第二阶段，冲头继续前进，将金属液推至内浇道前沿。慢压射速度一般按压室内的充满度而定，见表 7-5。

表 7-5　慢压射速度的选择

压室充满度/（%）	慢压射速度/（cm·s⁻¹）
≤30	30～60
30～60	20～30
＞60	10～20

2. 快压射速度

快压射速度需先确定充填时间（见 7.4.4 节），再按下式计算。

$$v_{yh} = \frac{4V}{\pi d^2 t} \times [1+(n-1)\times 0.1] \qquad (7\text{-}11)$$

式中　v_{yh} ——快压射速度（cm·s⁻¹）；

　　　V ——型腔容积（cm³）；

　　　n ——型腔数量；

　　　d ——压射冲头直径（cm）；

　　　t ——充填时间（s）。

此压射速度为获得最佳质量的最低速度,一般压铸件可提高 1.2 倍,对有较大镶嵌件或大压型压铸小铸件时可提高到 1.5～2 倍。

3. 充填速度

充填速度是指金属液通过内浇道进入型腔的速度,也称内浇道速度。充填速度是和液体流量、内浇道等紧密相关的。较高的充填速度即使采用较低的比压也能让金属液在凝固之前迅速充填型腔,获得轮廓清晰、表面光洁的铸件,并提高金属液的动压力。

充填速度过高时,金属液呈雾状充填型腔,易卷入空气形成气泡,或黏附型壁与后进入的金属液难以熔合而形成表面缺陷和氧化夹杂,加快了压铸型的磨损。

1)充填速度的选择

表 7-6 列出了推荐充填速度。不同的充填速度对压铸件的力学性能有一定影响。

表 7-6 推荐充填速度

铸件质量/g	充填速度/(cm·s⁻¹)			
	锌合金	铝合金	镁合金	铜合金
＜500	20～40	30	40～75	30～40
500～1000		40		
1000～2500		50		
＞2500		60		

2)充填速度与压射速度、压力的关系

根据等流量连续流动原理,在同一时间内以压射速度流过压室的金属液体积与以充填速度流过内浇道截面的金属液体积相等,因此,根据 $Av = A_n v_C$,充填速度计算式为

$$v_C = v \frac{A}{A_n} = \frac{\pi d^2 v}{4 A_n} \tag{7-12}$$

式中 v_C ——充填速度(cm·s⁻¹);

v ——压射速度(cm·s⁻¹);

A ——压室面积(cm²);

A_n ——内浇道截面积(cm²);

d ——压射冲头直径(cm)。

从式(7-12)可知,充填速度与压射冲头直径的平方、压射速度成正比,与内浇道截面积成反比。因此,可以通过改变上述三个因素来调节充填速度。

压射比压与充填速度的关系可用以下经验公式表示:

$$v_C = \sqrt{2 g p_b / \rho} \tag{7-13}$$

式中 v_C ——充填速度(cm·s⁻¹);

g ——重力加速度,取 9.8 m·s⁻²;

p_b ——压射比压(MPa);

ρ ——合金密度(g·cm⁻³)。

由于液体金属为黏性液体,它流经浇注系统时,会因流速或流向改变以及摩擦阻力而引起动能损失,故式(7-13)可改写成

$$v_C = \mu \sqrt{2 g p_b / \rho} \tag{7-14}$$

式中　μ——阻力系数,其值可取 0.3～0.6。

7.4.3　温度

合金的浇注温度、压型的工作温度在压铸过程中应予以重视,它们对于充填、成形和凝固过程及压铸型的寿命和稳定生产等都有很大的影响。

1. 浇注温度

浇注温度通常用保温炉中液体金属的温度来表示。浇注温度过高,合金凝固收缩大,易使压铸件产生裂纹,其晶粒也会变得粗大,还可能造成黏型;浇注温度过低又易产生浇不足、冷隔和表面流纹等缺陷。浇注温度一般应高出合金液相线 20～30 ℃。确定浇注温度时应综合考虑压力、压型温度及充填速度。压铸中常采用较低的浇注温度,这样可使铸件收缩小,不易产生裂纹,减少缩孔和缩松,不黏型,进而提高压型寿命。压铸合金浇注温度的推荐值见表 7-7。

表 7-7　压铸合金浇注温度推荐值　　　　　　　　　　　　　单位:℃

合金		铸件壁厚≤3 mm		铸件壁厚>3 mm	
		结构简单	结构复杂	结构简单	结构复杂
锌合金①	含铝	420～440	430～460	410～430	420～440
	含铜	520～540	530～550	510～530	520～540
铝合金	含硅	610～630	640～680	590～630	610～630
	含铜	620～650	640～700	600～640	620～650
	含镁	640～660	660～700	620～660	640～670
镁合金		640～680	660～700	620～660	640～680
铜合金	普通黄铜	850～900	870～920	820～860	850～900
	硅黄铜	870～910	880～920	850～900	870～910

注:①锌合金温度不宜超过 450 ℃,否则会晶粒粗大。

2. 压型的工作温度

压型的工作温度对压铸件质量的影响与合金浇注温度相类似。压型温度过高或过低都会影响铸型使用寿命和生产的正常进行。生产中应将压型温度控制在一定范围内,这就是压型的工作温度。通常在连续生产过程中,压型吸收金属液的热量若大于向外散失的热量,其温度就会不断升高,可采用空气或循环冷却液(水或油)进行冷却。

首次压铸时,为提高铸型寿命,应将压铸型预先加热至 150～180 ℃。

压型工作温度大致可按下式计算。

$$t_m = \frac{1}{3}t_j \pm \Delta t \qquad (7\text{-}15)$$

式中　t_m——压型工作温度(℃);

　　　t_j——金属液浇注温度(℃);

　　　Δt——温度的波动范围,一般取 25 ℃。

对薄壁复杂铸件取上限,对厚壁简单件取下限。不同压铸合金的压型预热温度和连续工作保持温度见表 7-8。

表 7-8　不同压铸合金的压型预热温度及连续工作保持温度　　　　　单位：℃

合金	温度	铸件壁厚≤3 mm		铸件壁厚>3 mm	
		结构简单	结构复杂	结构简单	结构复杂
铅锡合金	连续工作保持温度	85～95	90～100	80～90	85～100
锌合金	预热温度	130～180	150～200	110～140	120～150
	连续工作保持温度	180～200	190～220	140～170	150～200
铝合金	预热温度	150～180	200～230	120～150	150～180
	连续工作保持温度	160～240	250～280	150～180	180～200
铝镁合金	预热温度	170～190	220～240	150～170	170～190
	连续工作保持温度	200～220	260～280	180～200	200～240
镁合金	预热温度	150～180	200～230	120～150	150～180
	连续工作保持温度	180～240	250～280	150～180	180～220
铜合金	预热温度	200～230	230～250	170～200	200～230
	连续工作保持温度	300～330	330～350	250～300	300～350

7.4.4　时间

压铸生产时，充填时间、增压时间、持压时间和留型时间，每个时间都不是孤立的，它们与比压、充填速度、内浇道截面积等因素相互制约，密切相关。

1. 充填时间

自金属液开始进入型腔到充满为止所需的时间称为充填时间。充填时间的长短取决于压铸件的体积大小、壁厚及复杂程度。对壁厚大而简单的压铸件充填时间要长，反之充填时间则短。对一定体积的压铸件，充填时间与内浇道截面积和内浇道线速度成反比，因此，内浇道截面积小则阻力大，会延长充填时间。充填时间的选择见表 7-9。

表 7-9　铸件的平均壁厚与充填时间

铸件平均壁厚 δ/mm	充填时间 t/s	铸件平均壁厚 δ/mm	充填时间 t/s
1	0.010～0.014	5.0	0.048～0.072
1.5	0.014～0.020	6.0	0.056～0.064
2.0	0.018～0.024	7.0	0.066～0.100
2.5	0.022～0.032	8.0	0.076～0.116
3.0	0.028～0.040	9.0	0.088～0.138
3.5	0.034～0.050	10.0	0.100～0.160
4.0	0.040～0.060	—	—

2. 增压时间

增压时间是指金属液充型结束至一定增压压力形成所需的时间。就压铸工艺来说，增压时间越短越好。增压时间应由压铸合金的凝固时间决定,尤其是内浇道的凝固时间,增压时间必须小于内浇道凝固的时间,否则金属液一旦凝固,压力将无法传递,即使增压也起不了压实作用。但增压时间是由压铸机压射系统性能决定的,不能任意调节,目前先进压铸机的增压时间已达到 0.01 s 以内。

3. 持压时间

持压时间是金属液充满型腔至内浇道完全凝固,压射系统继续保持压力的时间。持压时间的长短取决于压铸件的合金性质和厚度。对高熔点合金,结晶温度范围宽,则厚壁压铸件的持压时间要长,反之则短。持压时间不足易使铸件产生缩孔、缩松,若内浇道处的金属未完全凝固,撤了持压,由于压射冲头退回,未凝固的金属液可能被抽出,在内浇道近处易出现孔洞。但持压时间不能太长,时间长会影响生产率。立式压铸机持压时间长,切除余料困难。

4. 留型时间

留型时间是指持压结束到开型顶出铸件的这段时间。留型时间的长短取决于铸件出型温度的高低。若留型时间太短,铸件出型温度太高,强度可能低,顶出时铸件易变形,铸件中存在的气体膨胀可能造成铸件表面鼓泡;但留型时间太长,铸件出型温度太低,合金收缩大导致铸件开裂或抽芯,顶出阻力变大,也会降低生产率。一般留型时间越短越好。

在压铸工艺参数中,压力、充填速度、温度和时间各参数既相互制约又相互呼应,在实践中应综合分析,合理选择或计算确定。

7.4.5 压铸涂料

为保护压铸型,避免高温金属液对型腔表面产生冲刷作用或发生黏模(对铝合金而言),减少抽芯和减小顶出铸件的阻力,以及保证在高温条件下冲头和压室能正常工作,通常须在型腔、冲头及压室的工作表面上喷涂一层涂料。

涂料一般由隔绝材料或润滑材料及稀释(溶)剂组成。对涂料组成物的要求主要如下:

(1)高温时具有良好的润滑作用,且不析出对人体有害的气体。

(2)性能稳定,在常温下稀释剂挥发后,涂料不易变稠,粉状材料不易沉淀,以便存放。稀释剂一般在 $100 \sim 150$ ℃条件下挥发很快。

(3)对压铸件和压铸型不产生腐蚀作用。

在涂料组成物中,蜂蜡、石蜡等受热发气形成一层气膜;氧化铝粉、氧化锌粉为隔绝材料;石墨粉是一种优良的固体润滑剂,而作为液体润滑剂时润滑作用较差;氟化钠由于对金属有腐蚀作用且对人体健康有不良影响,故建议不采用;水基涂料因价廉,蒸发时可带走压铸型部分热量,且对人体无害,故应用日益广泛。常用压铸涂料及其组成可参考相关手册。

在喷涂涂料过程中应使涂料层均匀并避免过厚。涂料喷涂后应待稀释剂挥发完毕,再合型浇注,以免型腔或压室中有大量气体存在,影响铸件质量。在生产过程中应注意及时对排气槽、转角或凹入部位等容易堆积涂料的地方进行清理。

近年来,随着高真空压铸技术和高强韧压铸合金在汽车安保零件上的成功应用,水基和油基压铸涂料已不能满足要求,粉状脱模剂得到了开发和应用。粉状脱模剂主要由石墨粉、滑石粉、陶瓷粉以及少量的有机物等组成,可采用负压和静电技术喷涂在模具表面,有良好的脱模效果,且减少了水分的挥发,保证了型腔内的高真空度。

7.5 压铸型设计

压铸型是进行压铸生产的最关键工艺装备。压铸型的设计和制造技术水平决定压铸件的质量和生产率。

7.5.1 压铸型的分类与结构组成

1. 压铸型分类

压铸型需按压铸机种类设计,压铸型结构可分为整体式、镶拼式、共用型套式和组合式四种。但总体结构大同小异,基本结构见图 7-13。图 7-14 所示为一个较复杂产品的压铸型结构实例。

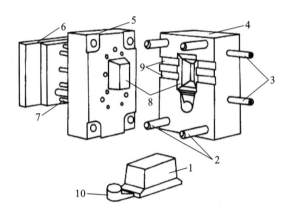

图 7-13 压铸型基本结构示意图

1—铸件;2—导柱;3—冷却水管;4—定型;5—动型;6—推杆板;
7—顶杆;8—型腔与型芯;9—排气槽;10—浇注系统

图 7-14 压铸型结构实例

2. 压铸型组成部分与作用

①成形部分 形成铸件外表面形状的称为型腔,形成铸件内表面形状的称为型芯,二者是决定铸件的几何形状和尺寸精度的关键部分。

②型架部分 成形的各部分按规律和位置对号组合与固定,并安装在压铸机上。

③浇注系统 指液态金属由压铸机压射室进入压铸型成形部分的通道。

④排溢系统 指排除型腔、浇注系统和压室内气体的通道,一般包括排气槽和溢流槽。溢流槽又是储存冷金属液和涂料残存物的处所。

⑤抽芯机构 在压铸件取出之前,由抽芯机构将阻碍铸件取出的型芯和活块抽出,再取出铸件。

⑥顶出机构 指将压铸件或浇注余料从压铸型中顶出的机构,包括顶出和复位零件。

⑦导向部分 由导柱、导套组成,保证开、合型按着预定的方向运动。

⑧其他部分 包括冷却系统、加热系统、安全防护等装置。

7.5.2 分型面的确定

1.分型面的基本类型

压铸型的动型和定型的接触面称为分型面。根据铸件的结构和形状特点的不同,可将分型面分为平面分型面、倾斜分型面、阶梯分型面和曲面分型面,如图 7-15 所示。根据分型面的数量,可将分型面分为单分型面、双分型面、三分型面和组合分型面等。

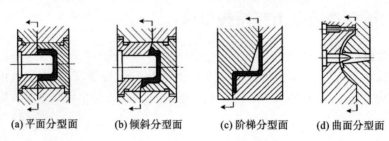

(a) 平面分型面　　(b) 倾斜分型面　　(c) 阶梯分型面　　(d) 曲面分型面

图 7-15　分型面的基本类型

2.分型面的选择原则

确定分型面时应着重考虑下列原则。

①分型面尽量使压铸件在开型后留在动型内,以便取出铸件(见图 7-16)。

②分型面应有利于浇注系统和排溢系统的合理布置(见图 7-17)。

③为保证铸件尺寸精度,应使尺寸精度要求高的部分尽可能位于同一半型内(见图 7-18)。

④分型面应尽可能不通过铸件外表面,以免在铸件外表面上留下有损外观的分型面痕迹(见图 7-19)。

⑤尽可能避免形成过深的型腔(见图 7-20)。

⑥分型面不应与铸件加工基准面重合(见图 7-21)。

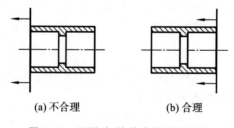

(a) 不合理　　　　　　(b) 合理

图 7-16　开型时,铸件应留在动型内

7.5.3 浇注系统设计

1.浇注系统的结构

浇注系统一般由直浇道、横浇道、内浇道和余料组成。图 7-22 所示为各种类型压铸机所采用的浇注系统结构。

2.浇注系统设计

1)内浇道

内浇道是指横浇道到型腔的一段浇道,其作用是使横浇道输送出来的低速金属液加速并

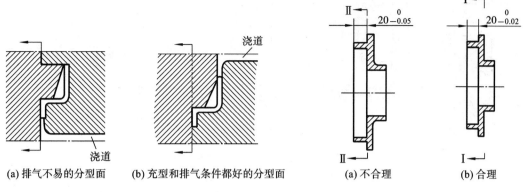

(a) 排气不易的分型面 (b) 充型和排气条件都好的分型面

图 7-17 分型面应有利于排溢系统设置

(a) 不合理 (b) 合理

图 7-18 分型面应确保铸件尺寸精度

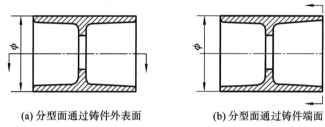

(a) 分型面通过铸件外表面 (b) 分型面通过铸件端面

图 7-19 把通过铸件外表面的分型面改成通过铸件端面

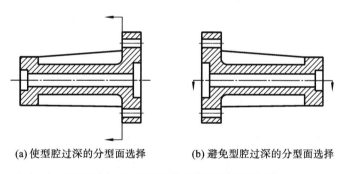

(a) 使型腔过深的分型面选择 (b) 避免型腔过深的分型面选择

图 7-20 改变分型面位置以避免过深型腔

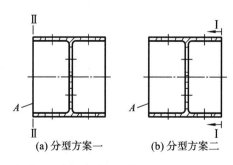

(a) 分型方案一 (b) 分型方案二

图 7-21 分型面不应与铸件加工基准面重合(A 为加工基准面)

形成理想的流态而顺序地充填型腔,它直接影响到金属液的充填形式和铸件质量,因此是一个主要浇道。

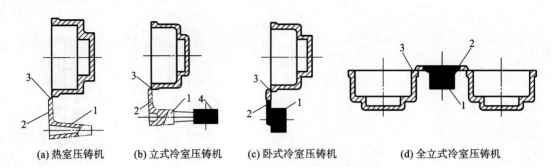

图 7-22　不同类型压铸机的浇注系统结构

1—直浇道；2—横浇道；3—内浇道；4—余料

(1)内浇道位置的确定。

①按能量和压力要求　内浇道尽量设置在铸件的厚壁处，并使金属液流程尽可能短。

②根据铸件结构要求　要使先进入型腔的金属液充填远离浇道的部位，金属液进入型腔不正面冲击型壁和型芯。

③按质量要求　避免在铸件精度要求高且不加工的部位设内浇道；避免在内浇道处产生热节，并且要方便切除；如采用多个内浇道，应防止金属液进入型腔的几股液流在汇合处相互冲击，产生涡流和夹杂。

(2)内浇道截面积计算。

内浇道截面积可按下式计算：

$$A = G/\rho v t \tag{7-16}$$

式中　A——内浇道截面积(cm^2)；

　　　G——铸件质量(包括溢流槽的质量)(g)；

　　　t——充填时间(s)；

　　　ρ——金属密度($g \cdot cm^{-3}$)；

　　　v——内浇道处的金属液速度($cm \cdot s^{-1}$)。

其中充填时间 t 查表 7-10，充填速度 v 可查表 7-11。

表 7-10　推荐内浇道充填时间

铸件平均壁厚 b/mm	充填时间 t/s	铸件平均壁厚 b/mm	充填时间 t/s
1.5	0.01～0.03	3.0	0.05～0.10
1.8	0.02～0.04	3.8	0.05～0.13
2.0	0.02～0.06	5.0	0.06～0.20
2.3	0.03～0.07	6.4	0.08～0.30
2.5	0.04～0.09		

表 7-11　内浇道速度 v 推荐值

合金种类	锌合金	铝合金	镁合金	铜合金
充填速度 v/($m \cdot s^{-1}$)	30～50	20～60	40～90	20～50

（3）内浇道的厚度和宽度。

长期的研究和实践证明,内浇道的厚度极大地影响着金属液的充填形式,亦即影响着压铸件的内在质量,因此,内浇道的厚度是一个重要尺寸参数。

在确定内浇道的截面积之后,可按表 7-12 选择内浇道的厚度,并计算出内浇道的宽度。进行内浇道厚度的选择时,要避免厚度过大,防止焊补修正,尽量取小一些的值。

表 7-12　不同壁厚的压铸合金的内浇道厚度

铸件壁厚/mm	Al、Mg 合金	Zn 合金
1.5~2.0	0.5~1.0	0.4~0.8
2.0~2.5	0.7~1.2	0.6~1.0
2.5~3.0	1.2~1.6	0.9~1.2
3.0~4.0	1.5~2.2	1.2~1.7
4.0~5.0	2.0~2.5	1.5~2.0

2）直浇道

直浇道是金属液从压室进入型腔前首先经过的通道。不同压铸机的直浇道形状不同。卧式冷室压铸机的直浇道是由压室末端出口处的浇口套构成的(见图 7-23);立式冷室压铸机和热室压铸机的直浇道相似,由浇口套和分流锥组成。

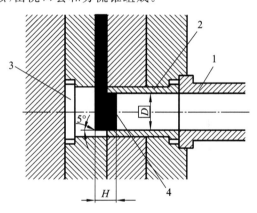

图 7-23　卧式冷室压铸机用直浇道
1—压室;2—浇口套;3—分流器;4—余料

3）横浇道

横浇道指直浇道末端到内浇道前端的连接通道。横浇道的设计要点如下。

①横浇道的截面积应从直浇道到内浇道保持均匀或逐渐缩小,不允许有突然扩大或缩小现象,否则会形成低压区,形成涡流。

②横浇道厚度方向应平直或略有反向斜角,而不应设计成曲线,如图 7-24（a）和图 7-24（b）所示,以免产生包气或流态不稳。

③横浇道应尽可能短,减少热损耗。

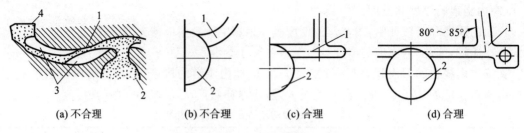

| (a) 不合理 | (b) 不合理 | (c) 合理 | (d) 合理 |

图 7-24　横浇道形状

1—横浇道;2—余料饼;3—包气;4—顶件

3. 排溢系统

排溢系统与浇注系统是一个整体,在设计中应系统考虑。排溢系统如图 7-25 所示,主要由溢流口、溢流槽和排气槽组成。当溢流槽开设在动型一侧时,为使溢流余料与压铸件一起脱型,可在溢流槽处设置推杆。

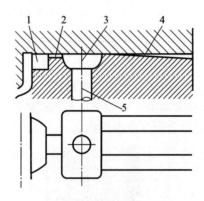

图 7-25　排溢系统的组成

1—型腔;2—溢流口;3—溢流槽;4—排气槽;5—推杆

1)溢流槽的作用

①排出充填过程中金属液前沿形成的冷金属液、气体、氧化物以及涂料残渣等。

②消除或转移缩孔、气孔、涡流和冷隔缺陷。

③改善热平衡,调控金属液的充填流态。

④可以设置推杆,也可提供吊挂和夹持条件等。

2)溢流槽设计要点

(1)溢流槽在压铸型中的位置。

溢流槽的位置选择是设计排溢系统的重要内容。为了较好地实现排溢系统的有效作用,选择溢流槽的位置时应遵循如图 7-26 所示的原则。

(2)溢流槽的形状。

溢流槽的截面形状参见图 7-27,通常采用图 7-27(a)所示的圆形和图 7-27(b)所示的梯形。当溢流槽容量要求较大而又有足够的空间时,可采用底部为平面、四周为圆弧形的截面形状,如图 7-27(c)所示。为便于溢流包脱模,半圆形截面应采用小半圆形,即弓形,梯形周边采用 $10°\sim15°$ 的脱模斜度。

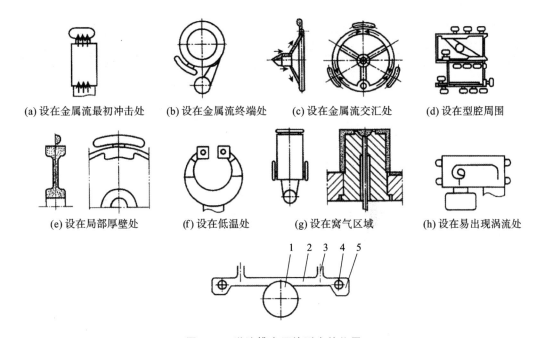

(a) 设在金属流最初冲击处　　(b) 设在金属流终端处　　(c) 设在金属流交汇处　　(d) 设在型腔周围

(e) 设在局部厚壁处　　(f) 设在低温处　　(g) 设在窝气区域　　(h) 设在易出现涡流处

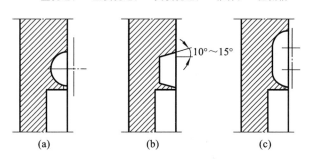

图 7-26　溢流槽在压铸型中的位置

1—直浇道；2—主横浇道；3—支横浇道；4—推杆；5—溢流槽

图 7-27　溢流槽的截面形状

（3）溢流槽的容积。

溢流槽容积大小根据所起作用而定，当需消除压铸件局部热节、缩孔缺陷时，应为缺陷部位体积的 2.0～2.5 倍，当需改善热平衡或改善充填流态时应更大一些。溢流槽的总容积不应小于压铸件体积的 20%，小铸件的比值要更大一些。

3）排气槽设计

排气槽的作用是排出压铸型腔中的空气和分型剂挥发出的气体，它的设置要根据内浇道的位置和金属液在充填过程中流态而定。排气槽一般与溢流槽配合，布置在溢流槽后端以加强排溢效果。为了排气顺畅，工艺中也常常借助型芯、顶杆、镶块等配合间隙排气，必要时可专设排气塞。

排气槽的设计要点如下。

①排气槽应开在便于加工和清理的分型面上，如图 7-28 所示。

②排气槽尽可能设置在同一半型上，以便制造。

③排气槽相互间不应连通，不能被金属液堵塞。

④排气槽应开设在溢流槽尾部，如图 7-29 所示。

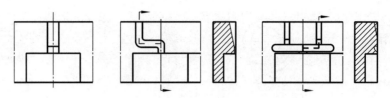

图 7-28　排气槽的结构形式

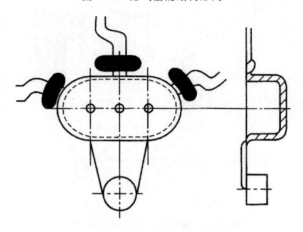

图 7-29　溢流槽尾部开排气槽

⑤型腔深处可在芯头上开设排气槽。

⑥排气槽的总面积为内浇道截面积的 50％ 以上为最好,但实际上受分型面的限制,一般仅为 15％～30％。排气槽的尺寸参见表 7-13。

表 7-13　排气槽的尺寸

合金	深度 t/mm	宽度 b/mm	与型腔边距 l/mm	倒角/(°)
铅锡合金	0.05～0.10	5～15		
锌合金	0.05～0.12	8～20		
铝合金	0.10～0.15	10～20	20～30	C0.3
镁合金	0.10～0.15	10～20		
铜合金	0.15～0.20	5～20		

7.5.4　压铸型成形零件设计

1. 成形零件的结构设计

成形零件是指压铸型结构中构成型腔以形成压铸件形状的零件。成形零件工作时直接与金属液接触,承受高速金属液流的冲刷和高温、高压的作用。因此成形零件不仅要求有正确的几何形状,较高的尺寸精度,而且要求具有良好的强度、刚度、韧性及表面质量。成形零件的质量决定了压铸件的精度和质量,也决定了压铸型的寿命,是压铸型的核心。成形零件主要由镶块和型芯构成,其结构形式分为整体式和镶拼式两种,如图 7-30 和图 7-31 所示。

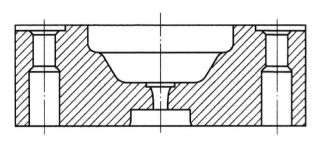

图 7-30 整体式结构

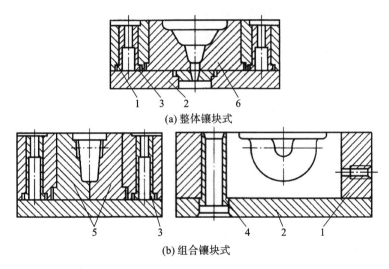

(a) 整体镶块式

(b) 组合镶块式

图 7-31 镶拼式结构

1—定型套板;2—定型座板;3—浇口套;4—组合镶块;5—导柱;6—整体镶块

2. 成形零件的成形尺寸计算

1)计算线收缩率

设计压铸型时,计算成形零件所采用的收缩率为计算线收缩率 φ,它包括压铸件收缩值和成形零件从室温到工作温度时膨胀值。表 7-14 列出了几种常用压铸合金的计算线收缩率。

表 7-14 几种常用压铸合金的计算线收缩率

合金	$\varphi/(\%)$	
	自由收缩	受阻收缩
锌合金	0.50~0.65	0.40~0.60
铝合金	0.50~0.75	0.45~0.65
镁合金	0.60~0.85	0.50~0.75
铜合金	0.70~1.0	0.60~0.85

2)成形尺寸的计算

(1)型腔尺寸的计算。

参考图 7-32,计算公式为

$$D'^{+\Delta'}_{\ \ 0} = (D + D\varphi - 0.7\Delta)^{+\Delta'}_{\ \ 0} \tag{7-17}$$

$$H'^{+\Delta'}_{\ \ 0} = (H + H\varphi - 0.7\Delta)^{+\Delta'}_{\ \ 0}$$

式中　D'——型腔径向工作尺寸(mm);

　　　H'——型腔高度工作尺寸(mm);

　　　D——压铸件径向基本尺寸(mm);

　　　H——压铸件高度基本尺寸(mm);

　　　φ——压铸件计算线收缩率(%);

　　　Δ——压铸件给定部位的尺寸公差(mm);

　　　Δ'——压铸型成形部分的制造公差(mm);

　　　0.7Δ——尺寸补偿和磨损系数计算值(mm)。

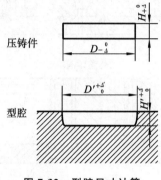

图 7-32　型腔尺寸计算

(2)型芯尺寸的计算。

参考图 7-33,计算公式为

$$d'^{\ 0}_{-\Delta'} = (d + d\varphi + 0.7\Delta)^{\ 0}_{-\Delta'}$$

$$h'^{\ 0}_{-\Delta'} = (h + h\varphi + 0.7\Delta)^{\ 0}_{-\Delta'} \tag{7-18}$$

式中　d'——型芯径向工作尺寸(mm);

　　　h'——型芯高度工作尺寸(mm);

　　　d——压铸件径向基本尺寸(mm);

　　　h——压铸件高度基本尺寸(mm);

　　　φ——压铸件计算线收缩率(%);

　　　Δ——压铸件给定部位的尺寸公差(mm);

　　　Δ'——压铸型成形部分的制造公差(mm);

　　　0.7Δ——尺寸补偿和磨损系数计算值(mm)。

(3)中心距、位置尺寸的计算。

参考图 7-34,计算公式如下:

$$L' \pm \Delta' = (L + L\varphi) \pm \Delta' \tag{7-19}$$

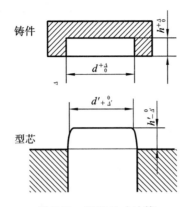

图 7-33 型芯尺寸计算

式中　L'——成形部分的中心距尺寸(mm)；

　　　L——压铸件中心距尺寸(mm)；

　　　φ——压铸件计算线收缩率(%)；

　　　Δ——压铸件中心距尺寸公差(mm)；

　　　Δ'——压铸型成形部分中心距尺寸的制造公差(mm)。

压铸型的制造公差 Δ'，可根据铸件尺寸精度而定，一般取铸件公差的 $1/4\sim1/5$。应该指出，采用镶拼件时，应按实际壁厚确定型腔尺寸；而一般铸件尺寸公差不包括铸造斜度造成的尺寸误差。

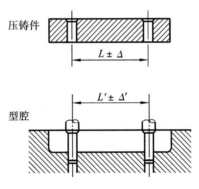

图 7-34 中心距离位置尺寸计算

7.5.5 抽芯机构设计

压铸型内构成铸件形状的型腔确定后，凡是阻碍铸件沿压铸型分型面垂直方向取出的成形部分都必须做成活动的，在开型前或开型过程中，活动的成形部分先行脱离铸件，或随同铸件一起出型并便于拆除脱开。带动活动成形部分脱出铸件的机构称为抽芯机构。

1. 抽芯力

抽芯时的阻力主要来自金属液凝固收缩对型芯的包紧力，抽芯力必须大于此包紧力方可将活动型芯抽出。图 7-35 所示为活动型芯受到的包紧力示意图。抽芯力计算公式为

$$F = F_0(\mu\cos\theta - \sin\theta) = Alp(\mu\cos\theta - \sin\theta) \tag{7-20}$$

式中　F_0——金属液的包紧力(N)；

　　　A——活动型芯的外形周长(cm)；

　　　l——活动型芯的长度(cm)；

　　　p——铸件对型芯的压强(MPa)，锌合金取 6～8 MPa，铝合金取 10～12 MPa，铜合金取 12～16 MPa；

　　　μ——铸件与型芯间的摩擦系数，一般取 0.2～0.25；

　　　θ——活动型芯的拔模斜度(°)。

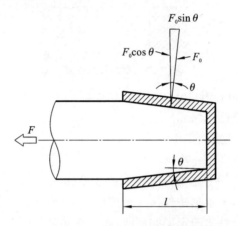

图 7-35　抽芯力的计算图例

2. 常用抽芯机构

常用抽芯机构有斜销抽芯机构、斜滑块抽芯机构、齿轮齿条抽芯机构、液压抽芯机构、手动抽芯机构、活动镶块机构等，这里仅介绍斜销抽芯机构和液压抽芯机构。

1)斜销抽芯机构

斜销抽芯机构是一种最常用的抽芯机构，其抽芯过程如图 7-36 所示。斜销 5 固定在定型板 7 与定型压板 8 内。开型时带有活动型芯的滑块 4 随动型座板 1 向左移动。同时滑块受斜销控制，按斜度在动型板的导向滑槽内移动，见图 7-36(b)。当斜销与滑块上的斜孔脱离时，借弹簧 3 的作用，滑块紧靠限位块 2，见图 7-36(c)。因滑块的位置固定，故合型时斜销能顺利地插入滑块上的斜孔中。压块 6 在合型后压紧滑块，防止压射活动芯受压力作用发生位移。

采用斜销抽芯，其关键是斜销的角度，若斜角太大，抽芯移动时会产生一个很大的弯曲力作用于斜销上，而且所需要的开模力也会变大。此外，当该角度超过滑块与斜销的摩擦角度时，还会发生自锁现象。若斜角太小，则在有效的斜销长度内无法得到足够的抽芯距离。因此，根据经验，斜销角度一般选在 10°～25°。

斜销抽芯机构一般适用于抽芯距离短、抽芯力不大的情况下。

2)液压抽芯机构

液压抽芯机构的实质就是利用双作用单活塞杆式液压油缸进行抽、插芯。图 7-37 为液压抽芯机构的结构示意图。抽芯用的液压缸安装在模具上，油缸活塞通过联轴器与活动型芯的拉杆连接。抽芯时，液压油从 B 孔进入活塞的有杆腔，推动活塞杆后退抽出活动型芯；合型时，液压油从 A 孔进入活塞的无杆腔，活塞前进，将活动型芯插入模具腔。液压抽芯机构适用

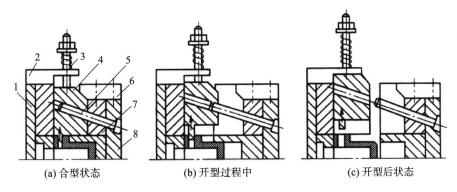

(a) 合型状态　　　　　(b) 开型过程中　　　　　(c) 开型后状态

图 7-36　斜销抽芯过程示意图

1—动型座板；2—限位块；3—弹簧；4—滑块；5—斜销；6—压块；7—定型板；8—定型压板

于抽拔阻力较大、距离较长的型芯，能抽出任何方向的型芯。其特点是可随时开动，传动平稳，故使用比较方便、灵活。

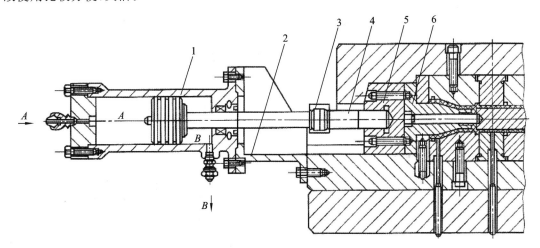

图 7-37　液压抽芯机构

1—油缸；2—支撑架；3—联轴器；4—抽芯杆；5—连接块；6—活动型芯

7.5.6　顶出机构

使铸件从压铸型上脱出的机构称为顶出机构。顶出机构有机械传动顶出机构、液压传动顶出机构和人工手动顶出机构。这里主要介绍机械传动顶出机构，包括推杆顶出机构和推板、推管顶出机构。

1. 推杆顶出机构

图 7-38 所示为推杆顶出机构。开型时动型 3 随动型支承板 4 一起向左移动，当达到一定距离时，推板 10 为挡圈 11 所阻，而动型仍继续移动迫使推板 10 与动型 3 相对运动，从而使推杆 5 将铸件顶出。此时复位杆 6 突出于分型面上。合型时动型 3 与定型 2 接触，复位杆 6 退回，并推动推板 10 连同推杆 5 一起复位。

这种机构结构简单、制造方便，是最常用的一种铸件顶出机构。但铸件表面留有推杆痕迹。

推杆截面形状通常为圆形,以便于加工,但也可根据铸件顶出部位的形状做成正方形、半圆形或腰形等。推杆的分布位置及数量要合理,使铸件有足够的承受面积且各处受力均衡。

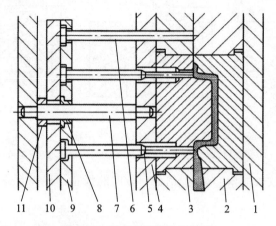

图 7-38　推杆顶出机构的组成

1—定型支承板;2—定型;3—动型;4—动型支承板;5—推杆;6—复位杆;
7—推板导柱;8—推板导套;9—推杆固定板;10—推板;11—挡圈

2. 推板、推管顶出机构

当铸件有较大的空腔,壁薄易变形或不允许留有推杆痕迹时,可用推板顶出机构,见图 7-39。用推板顶出机构时,铸件顶出部位承受面积大,顶出力分布均匀,方便可靠,不会在铸件上留有顶出的印痕。对于圆形或具有较深圆孔的铸件,则可采用推管顶出机构,见图 7-40。

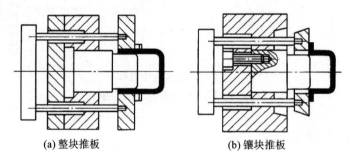

(a) 整块推板　　　　　　　　(b) 镶块推板

图 7-39　推板顶出机构

7.5.7　复位机构

在压铸生产过程的每一次循环中,顶出机构推出压铸件后,都必须准确地回到起始位置,这就是顶出机构的复位。这个动作通常是借助复位杆来实现的,并用挡钉作最后定位(图 7-41)。推出机构的复位形式有型外复位和型内复位两种,其复位是在合型过程中,定型分型面推动复位杆使顶出机构复位。

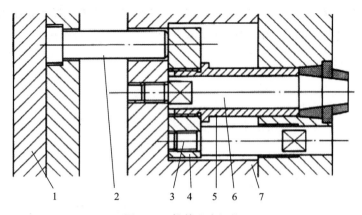

图 7-40 推管顶出机构

1—推板；2—卸料推杆；3—复位杆；4—内推板；5—推管；6—型芯；7—支承板

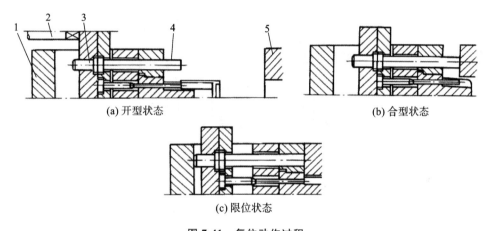

(a) 开型状态　　(b) 合型状态

(c) 限位状态

图 7-41 复位动作过程

1—动型座板；2—压铸机推杆；3—挡钉；4—复位杆；5—定型

◀ 7.6 压铸新技术 ▶

7.6.1 真空压铸

普通压铸中，金属液在高压、高速下形成铸件，型腔中的气体往往被卷入铸件中，很难排出型外。为解决普通压铸法的铸件易产生气孔、不能进行热处理的问题，出现了真空压铸新工艺。真空压铸是利用辅助设备将压铸型型腔内的空气抽出形成真空状态，然后将金属液压铸成形的方法。真空压铸法与普通压铸法相比具有以下特点：(1)气孔率大大降低；(2)真空压铸的铸件硬度高，微观组织细小；(3)真空压铸件的力学性能较好。

近来，真空压铸以抽除型腔中的气体为主，抽真空有两种形式：(1)从模具中直接抽气；(2)置模具于真空箱中抽气。采用真空压铸时，模具的排气道位置和排气道面积的设计至关重要。排气道存在一个"临界面积"，其与型腔内抽出的气体量、抽气时间及充填时间有关。当排气道的面积大于临界面积时,真空压铸效果明显;反之,则不明显。真空系统的选择也非常重要,要求在真空泵关闭之前,型腔内的真空度可保持到充型完毕。

7.6.2　加氧压铸

加氧压铸是将干燥的氧气充入压室和型腔取代其中的空气与其他气体后进行压铸的一种工艺方法。加氧压铸一般仅应用于铝合金。铝合金压铸时,铝与氧气发生氧化反应:

$$4Al+3O_2 \Longrightarrow 2Al_2O_3$$

反应生成的 Al_2O_3 颗粒(粒径$<1~\mu m$)弥散分布在铸件内部,从而消除或大大减少气孔,提高了铸件的致密度。

加氧压铸工艺如图 7-42 所示。采用加氧压铸工艺应特别注意浇注系统和排气系统的合理设计,避免产生氧气孔。

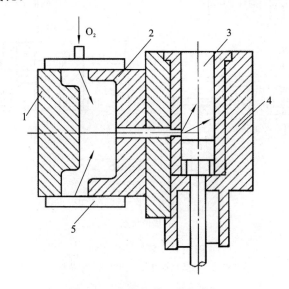

图 7-42　加氧压铸工艺示意图
1—动型;2—定型;3—压室;4—反料活塞;5—分配器

加氧压铸工艺参数对铸件质量影响很大,应予严格控制。加氧开始时间视铸件大小及复杂程度而定,一般在动型、定型相距 3～5 mm 时开始加氧,略停 1～2 s 再合型。合型后要继续加氧一定时间。加氧压力一般为 0.4～0.7 MPa,加氧结束后应立即压铸。加氧压铸型预热温度应略高一些,一般为 250 ℃,以使涂料中的气体尽快挥发排除。

加氧压铸的特点是气孔缺陷消除或显著减少,铸件致密度提高,力学性能增强。铝合金加氧压铸件比普通压铸件的铸态强度提高了 10%,延伸率增加了 0.5～1 倍。因压铸件内无气孔,可进行热处理从而进一步提高了力学性能,热处理后强度能提高 30%以上,屈服强度能增加 100%,冲击性能也显著提高。加氧压铸件可在 290～300 ℃的环境中工作。加氧压铸与真空压铸相比,结构简单,操作方便,投资少。日本轻金属公司用加氧压铸技术生产出了 AZ91镁合金计算机整体磁头支架、汽车轮毂等产品。

7.6.3　局部加压压铸

压铸一般要求铸件壁厚尽可能均匀,以确保同时凝固。对于壁厚差别比较大的压铸件,铸件的厚大部位因补缩困难易形成缩孔、缩松缺陷,影响铸件的整体力学性能,特别是对需要进行密封测试的铸件而言,该位置很容易出现渗漏而导致整个铸件报废,或须进行浸渗补漏处理。

局部加压压铸工艺如图 7-43 所示。在铸件凝固过程中,在铸件的厚壁处通过一加压杆施加压力以强化补缩,消除该处的缩孔、缩松缺陷。局部加压工艺在气密性压铸件,如空调压缩机壳体、ABS 用油泵泵体上得到了成功应用。

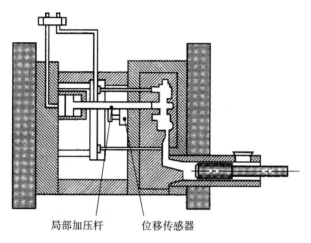

局部加压杆　　　位移传感器

图 7-43　局部加压压铸工艺示意图

局部加压部位的组织细化范围即局部加压的影响范围有限,是加压杆直径的 2~3 倍,是加压行程的 1~2 倍。因此铸件中局部加压位置的选定非常重要,位置不合适将得不到好的效果。

选择加压形状时,可以利用铸件的型芯孔或凸台,从减少后续加工和强化加压效果两方面考虑,最好能选择利用型芯孔。

在局部加压压铸工艺中,局部加压压力和局部加压开始时间是影响局部加压效果的两个关键因素。一般而言,局部加压压力越大,局部加压效果越好,铸件内部越致密。一般局部加压压力为型腔金属液压力的 3~4 倍。而加压开始时间晚或早均无法得到最佳的补缩效果,因为加压时间晚,金属液已大部分凝固,枝晶间能流动补缩的液体少,且易产生裂纹;而加压时间太早,液体还没有凝固,补缩效果也比较差。局部加压开始时间可以以快速压射切换点为起点,进行延时后,驱动局部加压油缸工作,也可以以压射冲头开始移动时刻为起点。

7.6.4　超低速压铸

压铸时理想流态应是慢压射冲头慢速前进,排出压室中的气体,直至合金液充满压室,再选择合适的快压射速度,在合金液不凝固的情况下充满型腔,然后压射冲头以高速、高压施加于合金液上,使压铸件在静压力作用下凝固,以获得表面光洁、轮廓清晰、内部组织致密的压铸件。

超低速压铸属于层流填充压铸法,它与普通压铸的区别在于采用截面较大的内浇道和极低的冲头移动速度($0.05\sim0.15 \mathrm{~m \cdot s^{-1}}$),以确保金属液平稳地填充型腔而不卷入气体。从原理上讲,超低速压铸实际就是间接式挤压铸造方法。超低速压铸的优点是卷入的气体少;铸件可进行 T6 热处理或焊接加工。但其缺点如下:一是金属液在压射室停留时间长,流动性下降,易引起铸件外观缺陷;二是填充过程长,压射室型壁形成的激冷层容易被卷入到铸件中,影响铸件的力学性能;三是生产效率较低,不能充分发挥压铸的技术优势。超低速压铸工艺在生产高性能汽车零部件上得到了应用,如方向盘支柱、发动机支架等。

 # 习题

一、名词解释

1.压射力　　2.充填速度　　3.排溢系统　　4.压型工作温度　　5.浇注系统

6.顶出机构

二、填空题

1.根据压室受热条件的不同,压铸机一般可分为＿＿＿＿＿和＿＿＿＿＿两大类。

2.压铸机的结构主要由＿＿＿＿＿、＿＿＿＿＿、＿＿＿＿＿和＿＿＿＿＿四部分组成。

3.压铸速度分为＿＿＿＿＿和＿＿＿＿＿。＿＿＿＿＿又称冲头速度,是压射冲头推动金属液移动的速度。＿＿＿＿＿又称内浇道速度,是金属液通过内浇道的速度。

4.压铸温度包括＿＿＿＿＿和＿＿＿＿＿。

5.成形零件的结构形式有＿＿＿＿＿和＿＿＿＿＿。

6.根据压铸件的结构和形状特点不同,可将分型面分为＿＿＿＿＿、＿＿＿＿＿、＿＿＿＿＿和＿＿＿＿＿四种。

7.压铸型的冷却方式主要有＿＿＿＿＿和＿＿＿＿＿两种。

8.在压铸过程中,压力分为＿＿＿＿＿和＿＿＿＿＿两种。

三、简答题

1.何谓压射比压?试分析压射比压的高低对压铸件质量和压铸型使用寿命的影响。

2.充型理论主要有哪几种?其基本内容及发生的条件是什么?研究充型理论有什么实际意义?

3.压铸机有哪几种类型?其特点是什么?如何选用压铸机?

4.压铸工艺参数包括哪些内容?

5.压铸温度规范包括哪些主要参数?它们对铸件质量及压型寿命有哪些影响?

6.什么是分型面?如何选择分型面?

7.压铸型为什么要开溢流槽?在什么部位开设溢流槽?

8.压铸涂料的作用是什么?

第8章

反重力铸造成形

【本章教学要点】

知识要点	掌握程度	相关知识
反重力铸造的概念	熟悉反重力铸造的概念,反重力铸造的工艺种类、特点及其应用	工程流体力学,传热学,薄壁铸件概念和特征
低压铸造与差压铸造	了解低压铸造与差压铸造工作原理,熟悉低压铸造与差压铸造工艺参数的选择,掌握浇注系统设计方法	凝固理论,铸造工艺设计基础,计算机控制理论

 导入案例

薄壁铸件及其反重力成形技术

铸件薄壁化是现代铸造技术的发展方向,是产品轻量化发展的前提,在航空、航天、汽车、电子等领域实现铸件的薄壁化具有重要意义。充型是薄壁铸件制造技术的关键。借助于离心力、电磁力、压力等外力的铸造方法发挥了不可或缺的作用,其中反重力铸造法最具有优越性。

1.薄壁铸件的基本概念和特征

薄壁铸件是个相对概念,它并没有说明铸件的壁厚究竟为多少才算薄壁铸件。但相对于厚大件来说,薄壁铸件至少具备以下三个特征:

①在薄壁铸件的浇注过程中,由液态金属表面张力引起的拉普拉斯力占有重要作用。设液态金属的表面张力为 σ,铸件的壁厚为 δ,则拉普拉斯力 P 的表达式为 $P = 4\sigma/\delta$。研究表明,对铝合金平板类铸件来说,当铸件的壁厚大约小于 4 mm 时,拉普拉斯力对充型的流动状态产生显著影响。对于大型薄壁铸件,黏滞力的作用也将变得不可忽视。

②薄壁铸件应具有精密铸件的含义。对于壁厚仅数毫米的薄壁铸件,不可能设置过大的工艺余量。所以薄壁铸件应该是精密铸件,其尺寸精度(用公差等级表示)应低于 CT6(HB 6103—2004)。

③传热学因素在充型过程中起重要作用。充型时流动与传热相互影响,铸件的温度场以及缩孔、疏松、欠铸、冷隔、氧化夹杂等铸造缺陷的形成由流体动力学因素和传热学因素共同确定。

2.薄壁铸件的反重力成形技术

反重力铸造技术是指合金液充填铸型的驱动力与重力方向相反,合金液沿反重力方向流动的铸造技术。生产过程中根据合金液充填铸型驱动力的施加形式不同,反重力铸造工艺可分为低压铸造、差压铸造、调压铸造和真空吸铸等。

资料来源:

曾建民,周尧和.薄壁铸件及其反重力成形技术[J].航空精密制造技术,1999(3):23-24.

王英杰.铝合金反重力铸造技术[J].铸造技术,2004(5):360-361.

复杂薄壁铸件正朝着轻量化、整体化、精密化或近无余量化的方向发展。但大型复杂薄壁铸件散热快、凝固时间短、充型阻力大，采用重力铸造法一般难以成形。

反重力铸造技术（counter gravity casting，简称 CGC）是指金属液充填铸型的驱动力与重力方向相反，金属液沿反重力方向流动的一类铸造技术的总称。反重力铸造过程中金属液是在重力和外加驱动力的双重作用下填充铸型的。金属液在沿反重力方向流动过程中，由于重力的作用而使金属液保持连续性是反重力铸造技术的主要特点之一；反重力铸造技术的另一个主要特点是金属液流动的外加驱动力可以人为加以控制，金属液充填过程的工艺参数可以通过液面加压控制技术实现，根据工艺要求充型，进而对铸件品质进行控制。

生产过程中根据金属液充填铸型驱动力的施加形式不同，反重力铸造技术可分为低压铸造、差压铸造、真空吸铸和调压铸造等。

◀ 8.1 低压铸造成形概述 ▶

低压铸造（low pressure die casting）是利用气体压力将金属液从型腔底部压入铸型，并使铸件在一定压力下结晶凝固的一种铸造方法。由于所用气体压力较低（一般为 20～60 kPa），因此称之为低压铸造，是介于重力铸造与压力铸造之间的一种铸造方法。英国人 E. F. Lake 于 20 世纪 20 年代初申请了世界上第一个低压铸造专利，正式用于工业生产始于第二次世界大战初期。

8.1.1 工作原理及浇注工艺过程

1. 工作原理

低压铸造是重力铸造和压力铸造的结合，其实质是帕斯卡原理在铸造中的具体应用。根据帕斯卡原理有

$$p_1 A_1 h_1 = p_2 A_2 h_2 \tag{8-1}$$

式中　p_1 ——金属液面上的压强；

　　　A_1 ——金属液面上的受压面积；

　　　h_1 ——坩埚内金属液面下降的高度；

　　　p_2 ——升液管中使金属液上升的压强；

　　　A_2 ——升液管的内截面积；

　　　h_2 ——金属液在升液管中上升的高度。

一般条件下 A_1 要远远大于 A_2，因此当坩埚内金属液面下降高度 h_1 时，只要对坩埚中的金属液面施加一个很小的压强，升液管中的金属液就会明显上升相应的高度。

低压铸造的基本原理如图 8-1 所示，将干燥的压缩空气或惰性气体通入压力室 1，气体压力作用在金属液面上，在气体压力的作用下，金属液沿升液管 4 上升，通过内浇道 5 进入铸型型腔 6 中，并在气体压力作用下充满整个型腔。直到铸件完全凝固，切断金属液面上的气体压

力,升液管和内浇道中未凝固的金属液在重力作用下流回到坩埚 2 中,完成一次浇注。

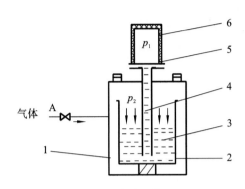

图 8-1 低压铸造工作原理图

1—压力室;2—坩埚;3—金属液;

4—升液管;5—内浇道;6—铸型型腔

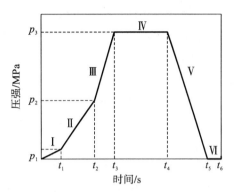

图 8-2 低压铸造浇注工艺压力变化过程

2.浇注工艺过程

低压铸造的浇注工艺过程包括升液、充型、增压、结晶凝固、卸压、延时冷却等阶段。其浇注工艺压力变化过程如图 8-2 所示。

(1)升液阶段。将一定压力的干燥空气通入密封坩埚中,金属液沿着升液管上升到铸型浇道处。

(2)充型阶段。金属液由浇道进入型腔,直至充满型腔。

(3)增压阶段。金属液充满型腔后,立即进行增压,型腔中的金属液在一定的压力作用下结晶凝固。

(4)结晶凝固阶段。又称保压阶段,是型腔中的金属液在压力作用下完成由液态到固态转变的阶段。

(5)卸压阶段。铸件凝固完毕(或浇口处已经凝固),即可卸除坩埚中内液面上的压力,使升液管和浇道中尚未凝固的金属液依靠自重流回坩埚中。

(6)延时冷却阶段。卸压后,为使铸件完全凝固而具有一定强度,防止铸件在开型、取件时发生变形和损坏,需延时冷却。

8.1.2 工艺特点

(1)金属液充型平稳,充型速度可根据铸件结构和铸型材料等因素进行控制,因此可避免金属液充型时产生紊流、冲击和飞溅,减少卷气和氧化,提高铸件质量。

(2)金属液在可控压力下充型,流动性增加,有利于生产复杂薄壁铸件。

(3)铸件在压力下结晶,补缩效果好,铸件组织致密,力学性能高。

(4)浇注系统简单,一般不需设冒口,工艺出品率可达 90%。

(5)易于实现机械化和自动化,与压铸相比,工艺简单,制造方便,投资少。

(6)由于充型速度及凝固过程比较慢,因此低压铸造的单件生产周期比较长,一般在 6~10 min/件,生产效率低。

8.1.3 应用概况

低压铸造主要应用于较精密复杂的中大铸件和小件,合金种类几乎不限,尤其适用于铝、镁合金,生产批量可为小批、中批、大批。目前低压铸造已用于航空、航天、军事、汽车、拖拉机、船舶、摩托车、柴油机、汽油机、医疗器械、仪器等机器零件制造上,在生产框架类、箱体类、筒体、锥状等大型复杂薄壁铸件方面极具优势。

图 8-3 及图 8-4 分别为低压铸造成形的 GM-L850 发动机铝合金下缸体和镁合金轮毂。

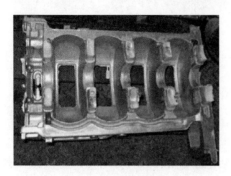

图 8-3 铝合金下缸体

图 8-4 镁合金轮毂

◀ 8.2 低压铸造工艺设计 ▶

低压铸造中,浇注系统与位于铸型下方的升液管直接相连。充型时,金属液从内浇道引入,并自下而上地充型;凝固时,铸件则是自上而下地顺序凝固。为保证铸件顺序凝固,内浇道应尽量设在铸件的厚壁部位,由浇注系统对厚壁部位进行补缩。离浇口比较远且体积比较大、不能满足顺序凝固条件的部位,可设置过渡浇道,以起冒口补缩作用。

8.2.1 铸型种类的选择

低压铸造可使用各种铸型,如金属型、砂型、石墨型、陶瓷型、石膏型、熔模铸造型壳等。铸型选择主要根据铸件的结构特点、精度要求和批量等来考虑。对于精度要求高、形状一般、批量较大的铸件,可选用金属型。铸件内腔复杂,不能用金属芯时,可使用砂芯。大中型铸件精度要求不高时,单件或小批量生产时可采用砂型。铸件精度要求较高、成批生产时,可使用熔模型壳。精度要求较高的大中型铸件适宜用陶瓷型。铸件形状复杂、精度要求高的中小件适宜采用熔模型壳。对于有特殊要求的单件、小批生产的铸件,可采用石膏型、石墨型。

使用不同铸型时,铸件的加工余量、收缩率和拔模斜度等工艺参数的选择,可分别参照金属型铸造、砂型铸造、陶瓷型铸造和熔模铸造等铸件工艺来设计选择。

8.2.2 分型面的选择

低压铸造分型面的选择除遵循重力铸造分型面选择原则外,还应考虑如下几点:

（1）若采用水平分型金属型时,开型后铸件应留在包紧力较大的上型中,以便于顶出铸件;

（2）分型面的选择应有利于设置浇注系统和气体排出。

8.2.3 浇注系统设计

1. 内浇道

低压铸造浇注系统应满足顺序凝固的要求,还应保证金属液流动平稳,除渣效果好,并能提高生产效率,节约金属液,浇注后便于清除浇冒口。

1）内浇道截面积

内浇道截面积可按式(8-2)计算,试模后根据生产实践进行修正。

$$A_{内} = G/\rho v t$$
$$t = h/v_{升}$$

（8-2）

式中 $A_{内}$——内浇道截面积(cm^2);

G——铸件质量(g);

ρ——合金密度($g \cdot cm^{-3}$);

v——内浇道出口处的线速度($cm \cdot s^{-1}$),当 $v \leqslant 15\ cm \cdot s^{-1}$ 时,可实现金属液平稳充型;

t——充型时间(s);

h——型腔高度(cm);

$v_{升}$——升液速度($cm \cdot s^{-1}$),一般 $v_{升} = 1 \sim 6\ cm \cdot s^{-1}$,复杂薄壁件取上限。

2）内浇道形状

内浇道截面形状一般为圆形,若受零件形状的限制,也可设计成异形浇道。为防止内浇道处的金属液冷却凝固堵塞浇道,内浇道的截面尺寸最好是该部位铸件壁厚尺寸的 2 倍以上,内浇道的高度越低,来自浇道金属液的热量、压力传递损失小,补缩效果越好,越容易获得顺序凝固。但此处是升液管和铸型接触固定的部位,因铸件结构差异而内浇道高度会有些波动,一般情况下为 30～40 mm。

低压铸造的浇注系统主要结构形式有单升液管多浇口、单升液管单浇口及多升液管多浇口三种形式,如图 8-5 所示。

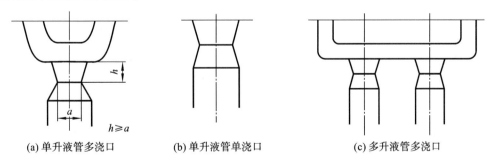

(a) 单升液管多浇口   (b) 单升液管单浇口   (c) 多升液管多浇口

图 8-5 浇注系统的结构形式

对较大的、有多处热节的铸件,可采用多个内浇道,使铸件各部位都有补缩的来源,以达到良好的补缩效果。对于箱体类铸件如图 8-6 所示的缸盖(材质 ZL104),采用升液管(直浇道)、横浇道和 5 个内浇道。图 8-7 所示的缸体(材质 ZL104)使用升液管、横浇道和 8 个内浇道。图 8-8 所示的箱体也采用了类似的浇注系统。对于壳体和筒体铸件,当铸件直径小于 400 mm 时可采用 1 个升液管,见图 8-9;当铸件直径大于 400 mm 时可采用 2 个升液管,见图 8-10。

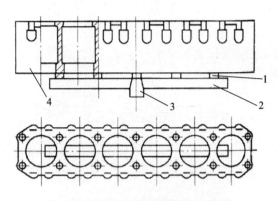

图 8-6 铝合金缸盖浇注系统示意图

1—内浇道;2—横浇道;3—升液管;4—铸件

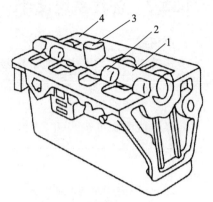

图 8-7 缸体浇注系统示意图

1—横浇道;2—内浇道;3—升液管;4—铸件

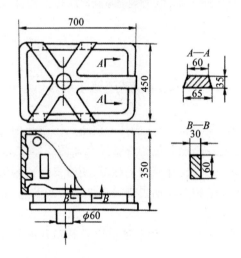

图 8-8 箱体铸件浇注系统示意图

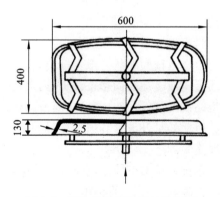

图 8-9 壳体铸件浇注系统示意图

低压铸造一般不设冒口,若必须设置,也应设置为暗冒口,如图 8-11 所示。

2. 横浇道及升液管截面积

内浇道截面积确定之后,按照比例,可计算得出横浇道和升液管出口处的截面积。对于易氧化的金属应采用开放式浇注系统,对不易氧化的金属常采用封闭式浇注系统。但对于使用单个内浇道的铸件,三处截面积应满足式(8-3)的关系:

$$A_{升液管出口} : A_横 : A_内 = (2 \sim 2.3) : (1.5 \sim 1.7) : 1 \qquad (8-3)$$

式中　$A_{升液管出口}$——升液管出口截面积(cm^2);

　　　$A_横$——横浇道截面积(cm^2);

　　　$A_内$——内浇道截面积(cm^2)。

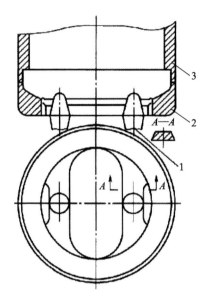

图 8-10 薄壁筒体铸件双升液管浇注系统示意图
1—升液管；2—环形浇道；3—铸件

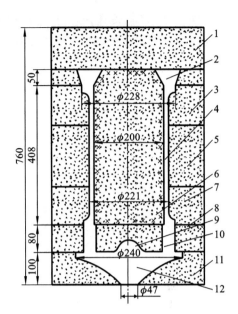

图 8-11 潜水泵铝合金壳体砂型低压铸造
1—箱盖；2—冒口；3—上型；4—铸件型腔；5—中箱；
6—型芯；7—下型；8—内浇道型芯；9—集渣包；
10—内浇道；11—底型；12—喇叭形浇道

8.2.4 升液管设计

升液管材质有多种，如氮化硅陶瓷、碳化硅陶瓷、钛酸铝陶瓷、铸铁、无缝钢管等。目前多采用铸铁材质。铸铁升液管最大优点是成本比较低，但有两个明显的缺点：①铁质易污染金属液，影响产品的质量；②使用寿命短，易黏结铝液，造成升液管堵塞。近年来陶瓷升液管使用越来越多。陶瓷升液管的优点是耐腐蚀性强，无渗漏，其缺点是韧性及抗热冲击性能差，成本较高。升液管应具有良好的气密性，使用前需经 0.6 MPa 的水压检测。升液管的高度宜以升液管底端距坩埚底部 50～100 mm 为基准予以确定。升液管内径一般在 70 mm 左右，出口处的形状做成上小下大的锥度，能起一定的撇渣作用。

◀ 8.3 低压铸造工艺参数选择 ▶

正确制定低压铸造的浇注工艺，是获得合格铸件的先决条件。根据低压铸造时金属液充型和凝固过程的基本特点，在制定工艺的过程中，主要是确定压力的大小、加压速度、浇注温度、铸型温度和涂料的类型等。

8.3.1 加压工艺参数选择

金属液充型平稳及在合理的压力下凝固是保证薄壁铸件质量的关键，诸如浇不足、冷隔、缩孔、缩松等铸造缺陷与低压铸造的充型、凝固过程密切相关。而充型和凝固过程很大程度上取决于加压工艺,所以设计合理的加压工艺至关重要。

低压铸造时,金属液充填铸型的过程是靠坩埚中液体金属表面上气体压强作用来实现的。所需气体的压强可用下式确定:

$$p = \mu \rho g H \tag{8-4}$$

式中 p——充型压强(Pa);

      H——金属液上升的高度(m);

      ρ——金属液密度(kg·m^{-3});

      g——重力加速度(m·s^{-2});

      μ——充型阻力系数,一般取 $\mu = 1.0 \sim 1.5$,阻力小取下限,阻力大取上限。

低压铸造的加压过程可分为升液、充型、增压、保压、卸压等几个阶段。加在密封坩埚内金属液面上的气体压强的变化过程如图 8-12 所示。

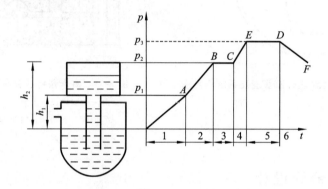

图 8-12 低压铸造浇注过程中气体压强的变化

1. 升液压强和升液速度

1)升液压强

升液压强 p_1 是指当金属液面上升到浇口,高度为 h_1 时所需要的压强。升液压强可参照式(8-4)写为

$$p_1 = \mu \rho g h_1 \tag{8-5}$$

式中 p_1——升液阶段所需压强(Pa);

      h_1——金属液面至浇道的高度(m)。

在升液过程中,升液高度 h_1 将随着坩埚中金属液面下降而增加,对应的压强 p_1 值也应随之增大。

2)升液速度

升液速度是指升液阶段,金属液上升至浇口的速度。升液压强是在升液时间内逐渐建立起来的。随着压强的增大,升液管中液面升高。因此,增压速度实际上反映了升液速度。增压速度可用下式计算

$$v_1 = p_1 / t_1 \tag{8-6}$$

式中 v_1——升液阶段的增压速度(Pa·s^{-1});

      t_1——升液时间(s)。

升液速度缓慢些为好,以防止金属液自浇口流入型腔时产生喷溅,并使型腔中气体易于排出型外。一般情况下,铝合金的升液速度一般控制在 $5 \sim 15$ cm·s^{-1}。

2. 充型压强和充型速度

1）充型压强

充型压强 p_2 是指在充型过程中,金属液上升到铸型型腔顶部(高度为 h_2)时所需的气体压强。显然,如果充型压力小,铸件就浇不足。充型压力可按式(8-7)计算。

$$p_2 = \mu\rho g h_2 \qquad (8\text{-}7)$$

式中　p_2——充型压强(Pa);

　　　h_2——型腔顶部与坩埚中金属液面的距离(m)。

同样,所需的充型压强 p_2 随着坩埚中金属液面的下降而增大。

2）充型速度

充型速度 v_2 是指在充型过程中,金属液面在型腔中的平均上升速度,取决于通入坩埚内气体压强增加的速度。充型速度可按下式计算。

$$v_2 = \frac{p_2 - p_1}{t_2} \qquad (8\text{-}8)$$

式中　v_2——充型阶段的增压速度(Pa·s^{-1});

　　　p_1、p_2——分别为升液压强和充型压强(Pa);

　　　t_2——充型时间(s)。

充型速度关系到金属液在型腔中的流动状态和温度分布,因而直接影响铸件的质量。充型速度慢,金属液充填平稳,有利于型腔中气体的排除,铸件各处的温差增大。充型速度太慢,则会使金属液温度下降而使黏度增大,造成铸件冷隔及浇不足等缺陷。充型速度太快,充填过程金属液流不平稳,型腔中气体来不及排除,会形成背压力,阻碍金属液充填。一旦充型压力超过背压力,就会产生紊流、飞溅和氧化,从而形成气孔、表面"水纹"和氧化夹杂等缺陷。

铸件的壁厚、复杂程度以及铸型的导热条件不同,充型速度也不一样。采用湿砂型浇注厚壁件时,充型速度可慢些,一般与金属液在升液管中的上升速度大致相等即可。采用湿砂型浇注薄壁件时,为了防止铸件产生冷隔或浇不足,常需适当提高充型速度。

金属型低压浇注厚壁铸件时,由于铸件壁较厚,型腔容易充满,同时为了让型腔中的气体有充裕时间逸出,充型速度可慢些。采用金属型和金属芯浇注薄壁铸件时,由于金属型冷却速度快并能承受较高的压强,在不产生气孔的前提下,充型速度应尽可能快些。

3. 增压压强和增压速度

1）增压压强

金属液充满型腔后,在充型压强的基础上进一步增加的压强,称为增压压强(或结晶压强)。结晶压强可用下式计算:

$$p_3 = p_2 + \Delta p \qquad (8\text{-}9)$$

或

$$p_3 = K p_2 \qquad (8\text{-}10)$$

式中　p_3——结晶压强(Pa);

　　　p_2——充型压强(Pa);

　　　Δp——充型后继续增加的压强(Pa);

　　　K——增压系数,一般取 $1.3\sim2.0$。

结晶压强越大,则补缩效果越好,有利于获得组织致密的铸件。增压压强可根据铸件结构、铸型种类、加压工艺来选定,例如采用湿砂型时,结晶压强就不能太大,一般为 0.04~0.07 MPa。压强太大不仅影响铸件的表面粗糙度和尺寸精度,还会造成黏砂、胀箱甚至跑火等缺陷。薄壁干砂型或金属型干砂芯,增压压强可取 0.05~0.08 MPa,金属(芯)增压压强一般为 0.05~0.1 MPa,对于有特殊要求的铸件增压压强可增至 0.2~0.3 MPa。

2)增压速度

为使增压压强能够起到应有的补缩作用,还应根据铸件的壁厚及铸型种类确定增压速度。增压速度可用下式计算。

$$v_3 = \frac{p_3 - p_2}{t_3} \tag{8-11}$$

式中 v_3 ——建立结晶压强的增压速度(Pa·s^{-1});

p_3 ——结晶压强(Pa);

p_2 ——充型压强(Pa);

t_3 ——增压时间(s)。

增压速度对铸件质量也有影响,如用砂型浇注厚壁铸件时,铸件凝固缓慢,若增压速度很快,就可能将刚凝固的表面层压破。但如用金属型浇注薄壁铸件,铸件凝固速度很快,若增压速度很慢,增压就无意义。因此增压速度应根据具体的情况选定。一般采用金属型、金属芯低压铸造时,增压速度取 10 kPa·s^{-1} 左右;采用干砂型浇注厚壁铸件时,增压速度取 5 kPa·s^{-1} 左右。

4. 保压时间

保压时间是指自增压结束至铸件完全凝固所需的时间。保压时间的长短不仅影响铸件补缩效果,而且关系到铸件的成形质量,这是因为液体金属的充填、成形都是在压力作用下完成的。当浇注厚大铸件时,若保压时间不足,铸件未完全凝固就卸压,型腔中的金属液会回流至坩埚中,导致铸件"放空"而报废。若保压时间过长,则会增加浇道残留长度,不仅降低工艺出品率,而且由于浇道冻结,铸件出型困难,影响生产效率。保压时间与铸件结构特点、合金的浇注温度、铸型种类等因素有关。生产中常以铸件浇道残留长度来确定保压时间,一般浇道残留长度以 20~50 mm 为宜。

8.3.2　浇注温度及铸型温度

1. 浇注温度

低压铸造时,液态金属是在压力作用下充型的,因而充型能力高于一般重力浇注,而且,因浇注在密封状态下进行,液态金属热量散失较慢,所以其浇注温度可比一般的铸造方法低 10~20 ℃。对于具体的铸件而言,浇注温度仍必须根据其结构、大小、壁厚及合金种类、铸型条件来正确选择。

2. 铸型温度

采用非金属铸型(如砂型、陶瓷型、石墨型等)时,铸型温度一般为室温或预热至 150~200 ℃。采用金属型铸造铝合金铸件时,金属型工作温度一般为 200~250 ℃(如气缸体、气缸盖、曲轴箱壳、透平轮等),采用金属型铸造薄壁复杂件时,应将金属型预热至 300~350 ℃(如增压器叶轮、导风轮、顶盖等)。

8.3.3 涂料

低压铸造时,铸型、升液管以及坩埚都应涂刷涂料。在浇注过程中,升液管长期浸泡在金属液中,容易受到金属液的侵蚀,导致其使用寿命缩短。采用铸铁坩埚和铸铁升液管时,会导致铝合金液中铁含量增加,降低铸件的力学性能。因此,在坩埚内表面,以及升液管的内、外表面都应涂刷一层较厚的涂料。

◀ 8.4 Cosworth 工艺 ▶

8.4.1 工艺原理

Cosworth 铸造工艺(Cosworth process,简称 CP 法),也称为低压砂型铸造工艺,1978 年由英国 Cosworth 铸造公司发明并申请了专利。该工艺采用锆砂与 SO_2 固化呋喃树脂成型,采用可编程控制的电磁泵来实现在可控压力下对铝液充填铸型速度的控制,使铝液自下而上平稳地充填铸型。该工艺主要用于生产一级方程式赛车的高质量的 Cosworth DFV 铝合金缸体、缸盖等铸件。其工艺原理如图 8-13 所示。

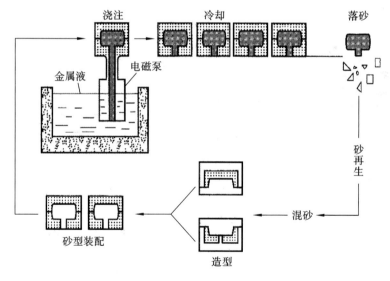

图 8-13 CP 法基本原理示意图

8.4.2 工艺特点

(1)该工艺采用低压铸造的原理,通过电磁泵精密地控制金属液充型速度,极大地避免了浇注时紊流的产生,使得卷气、氧化夹杂等缺陷降到最低。

(2)采用锆砂呋喃树脂冷芯盒法造型制芯,由于锆砂的热膨胀系数小,故铸件的尺寸稳定且精度高。

（3）锆砂的热容量大，产生的冷却速度类似于金属型，对铝合金的晶粒细化十分有利，可提高合金的力学性能。

（4）与金属型相比，其成本降低 10%～20%，铸件性能有很大提高，尤其是疲劳强度提高明显，适用于复杂薄壁铝合金铸件的生产。

该工艺的实质就是高精度、可控气氛、低压砂型铸造，适用于制造薄壁、高致密度、复杂的铝合金铸件，并使生产环境得到了根本的改善。

8.4.3 工艺应用

在 Cosworth 工艺的初期，其主要目的是降低铝合金液体的扰动，减少夹杂、卷气而产生的内在缺陷，提高砂型的冷却速度，改善铸件的内在质量。因而同普通低压铸造工艺一样，Cosworth 工艺的生产率很低，只能用于赛车部件的生产。1988 年，美国福特汽车公司从英国引进这一技术，随后在此基础上发明了翻转充型法，如图 8-14 所示。铸型翻转工艺的主要原理是将原来的底注式浇注变为下侧注式浇注。金属液通过电磁泵从下侧浇口浇注到铸型中，直至铸型充满。然后铸型翻转 180°，此时下侧浇口转到了上面，电磁泵的充型压力降低，使泵的浇口脱离铸型。铸型内的金属液在自重的作用下结晶凝固，而不至于从下侧浇口流出而报废，这样不仅提高了生产率，而且优化了冶金组织，使之更适用于大批量生产。美国福特公司 Cosworth 法生产线采用铸型翻转工艺使生产率达到 100 型/h，每年生产 110 万型。

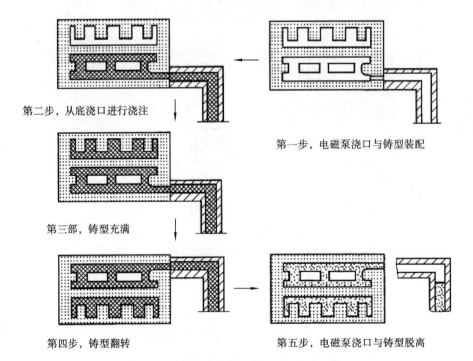

第二步，从底浇口进行浇注

第一步，电磁泵浇口与铸型装配

第三部，铸型充满

第四步，铸型翻转

第五步，电磁泵浇口与铸型脱离

图 8-14　Cosworth 法的铸型翻转工艺示意图

8.5 低压铸造设备

8.5.1 低压铸造机

低压铸造机主要由保温炉及密封坩埚系统、机架及铸型开合机构和液面加压控制系统等三部分组成。按铸型与保温炉的连接方式,可分为顶置式低压铸造机和侧置式低压铸造机。

图 8-15 所示为顶置式低压铸造机的机构示意图,是目前使用最广泛的低压铸造机型。其特点是结构简单,操作方便,但生产效率较低,由于一台保温炉上只能放置一副铸型,因此保温炉的利用率低。该铸造机用于生产结构复杂的需要向下抽芯的铸件时,无法设置抽芯机构。

图 8-16 所示为侧置式低压铸造机。它将铸型置于保温炉的侧面,铸型和保温炉由升液管连接。一台保温炉可同时为两副以上的铸型提供金属液,生产效率提高。此外,装料、撇渣和处理金属液都较方便;铸型的受热条件也得到了改善。但侧置式低压铸造机结构复杂,限制了其应用。

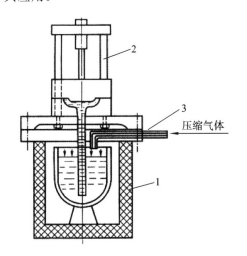

图 8-15 顶置式低压铸造机示意图
1—保温炉;2—机架;3—供气系统

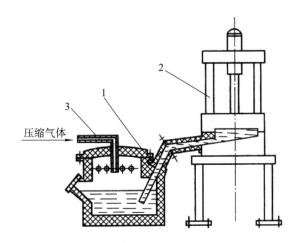

图 8-16 侧置式低压铸造机示意图
1—保温炉;2—机架;3—供气系统

电阻保温炉在低压铸造生产中应用最普遍,见图 8-17。其结构简单、操作方便,但电阻丝易断,维修工作量较大。用硅碳棒的电阻炉能克服此问题。电阻保温炉适用于铝、镁合金。工频和中频感应炉耗电量小、熔化率高,适用于铝、镁、铜合金及铸铁、铸钢的熔炼和保温,因此越来越受到重视。

8.5.2 自动加压控制系统

1.液面加压控制系统

液面加压控制系统是低压铸造机控制系统的重要组成部分,其作用是实现充型速度自由可调,坩埚液面下降、气压泄露可以补偿,保压压力可调,连续生产时工艺再现性好。

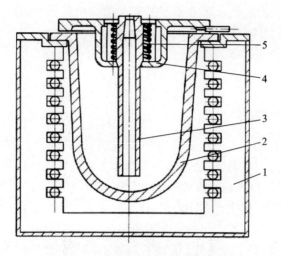

图 8-17　电阻保温炉及密封坩埚系统

1—电阻炉；2—坩埚；3—升液管；4—坩埚盖；5—加热套

液面加压控制系统的类型有很多，如定流量手动控制系统、定压力自动控制系统、DKF-1液面加压控制系统、随动式液面加压控制系统、803 型液面加压系统、CLP-5 液面加压闭路反馈控制系统、LPN-A2 型继动式液面加压控制系统、Z1041 微机液面加压控制系统等。

2. 低压铸造计算机控制设备

1）原理

低压铸造计算机控制设备由工艺过程控制器、工艺曲线发生器、A/D 模数转换器、调节算法器、D/A 数模转换器、工艺参数及控制参数设定器和低压铸造设备组成，见图 8-18。为使工艺过程按工艺要求进行，并达到控制精度，须事先输入各种工艺参数和控制参数，作为给定值。输入由计算机键盘完成。

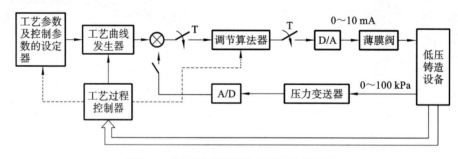

图 8-18　低压铸造计算机控制设备的原理

工艺过程控制器：检测各工艺参数的状态变化，产生控制工艺流程的指令，为整个系统的正常工作提供一个逻辑时序。工艺参数包括炉温、工作压力、加压速度、浇注温度、保温时间、冷却时间等。

工艺曲线发生器：根据低压铸造的数学模型，不断产生相应时刻的加压工艺所要求的给定压差值。

A/D 模数转换器：按系统提供的采样周期，将压力变送器测出的电流信号转变成计算机可识别的数字信号，经过数值滤波后输入计算机供使用。

调节算法器:根据工艺曲线给定值和压差采样值的偏差大小,按一定的调节规律进行运算,再将结果作为调节信号输出。

D/A 数模转换器:将计算机输出的离散数字信号转换成相应的 0～100 mA 连续电流信号,以控制调节阀工作。

2)特点

低压铸造计算机控制设备比一般低压铸造设备功能更健全,可给定升液、充型不同阶段的金属液充型速度。铸型内设置了触点,可监视液面的实际充型情况,如排气不好、型中反压力过大、实际充型速度达不到给定值时,计算机能自动计算出实际值及反压力大小,并调节给定的气体加压速度,以补偿反压力的影响,保证达到要求的充型速度。该设备对各工艺参数都有信息采集、处理、显示和打印输出功能。计算机的使用有利于提高铸件质量。

◀ 8.6 其他反重力铸造成形工艺 ▶

8.6.1 差压铸造

差压铸造又称反压铸造(counter gravity die casting),是在低压铸造的基础上发展起来的,其实质是低压铸造和压力下结晶两种工艺的结合,充填成形是低压铸造过程,而铸件凝固是在较高压力下的结晶过程。与低压铸造相比,其铸件的致密度、抗拉强度和延伸率均有较大的提高。

1.概述

1)差压铸造的工作原理

差压铸造是金属液在差压作用下,充填到预先有一定压力的铸型中,进行结晶、凝固而获得铸件的一种工艺方法,原理如图 8-19 所示,差压铸造按压差产生的方法不同,可分为增压法和减压法两种。

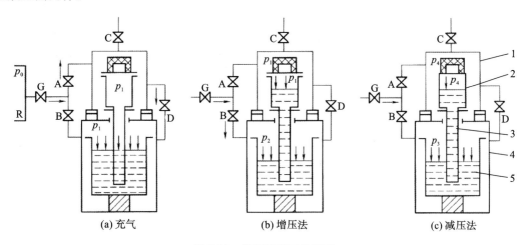

图 8-19 差压铸造工作原理

1—上压力筒;2—铸型;3—升液管;4—下压力筒;5—坩埚

(1)增压法。

增压法的工作原理如图 8-19(a)和图 8-19(b)所示。首先打开阀门 G、A、D,使压强为 p_0 的干燥压缩空气进入上、下压力筒中。当互通的上、下压力筒内压强达到 p_1 时,先关闭阀门 A,然后关闭阀门 D,使上、下压力筒隔绝。再打开阀门 B 向下压力筒通压缩空气,使压强增至 p_2。此时,上、下压力筒的压强差 $\Delta p = p_2 - p_1$。压强差 Δp 使坩埚内的金属液沿升液管经浇道进入型腔。充型结束后继续充气升压到一个较高的压强,让铸件结晶凝固,关闭阀门 B,保压一段时间。铸件凝固后打开阀门 D 和 C,上、下压力筒同时放气,升液管中未凝固的金属液靠自重流回坩埚。

(2)减压法。

先打开阀门 G、A、D,让上、下压力筒内压强达到 p_3。关闭阀门 A 和 D,打开阀门 C 使上压力筒压强由 p_3 降至 p_4,见图 8-19(c)。此时,上、下压力筒的压强差 $\Delta p = p_3 - p_4$。压强差使金属液充型。充型结束后关闭阀门 C,保压一段时间。待铸件完全凝固后,打开阀门 D 和 C,上、下压力筒同时放气,升液管中未凝固的金属液靠自重流回坩埚。

2)差压铸造特点

(1)充型速度可以调节。

低压铸造虽可调节充型速度,但型腔内空气受热膨胀,给金属液的反压力是变动的,较难控制准确的充型速度。而差压铸造的充型压力和型腔内的反压力均可调节,从而可获得最佳充型速度。同时,型腔内有较高的反压力,不容易引起金属液喷射、飞溅,能平稳充型。这对生产质量要求高的大型复杂铸件是很有利的。

(2)可获得轮廓清晰、尺寸精确的铸件。

差压铸造时,可调节压强差 Δp,从而获得轮廓清晰、尺寸精确的铸件。这对生产薄壁铸件是很有利的,现已用此法生产出了壁厚仅 0.5 mm 的波导管。

(3)铸件晶粒细、组织致密,力学性能好。

由于金属液在压力下结晶凝固,铸件组织致密,力学性能好。

(4)可以实现控制气氛浇注。

可以控制金属液和铸型型腔上部气体分压,如能使有害气体分压趋于零,则可生产出有害气体含量非常低的铸件。另外,高压下能提高气体的溶解度,如在钢中溶入 N_2,以提高合金钢强度和耐磨性。

3)应用

差压铸造适用于薄壁、复杂的中大铸件或小铸件,铸型可选择石膏型、壳型、金属型、砂型等。差压铸造适用于铝合金、锌合金、镁合金、铜合金、铸铁和铸钢,可用于单件、小批及大批生产中。

生产的铸件如电机壳、阀门、叶轮、气缸体、轮毂、导弹舱体、增压器涡轮、波导管、飞机和发动机的油泵壳体等。国内已用该法生产出直径 540 mm、高 890 mm、壁厚 8~10 mm 的大型薄壁复杂整体舱铸件。据报道,保加利亚已生产出 0.5 t 的含氮合金钢铸件。

图 8-20 及图 8-21 为采用差压铸造成形的 AlSi5Cu 合金飞机发动机气缸头(质量 18 kg,鳍片厚 1.6 mm,气体腔室壁厚 30 mm,尺寸 225 mm×255 mm)和 AlSi11 合金液力透平机转子(质量 5 kg,尺寸 ϕ360 mm×60 mm)。

2.差压铸造的浇注工艺

1)差压铸造浇注工艺过程

差压铸造浇注工艺一般包括同步进气、升液、充型、保压结晶、卸压、冷却延时各工艺过程。

图 8-20　飞机发动机气缸头

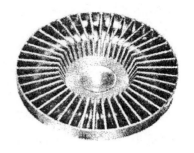

图 8-21　合金液力透平机转子

与低压铸造不同之处在于多了一个同步进气阶段。目前普遍采用减压法,其压强变化过程如图 8-22 所示。

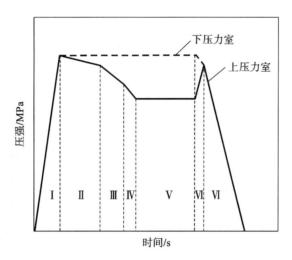

图 8-22　差压铸造浇注工艺过程

Ⅰ—同步进气;Ⅱ—升液;Ⅲ—充型;Ⅳ—保压结晶;Ⅴ—上下压力室互通;Ⅵ—卸压

同步进气(充气)阶段,即在液面加压控制系统作用下,对坩埚所在的压力室和铸型所在的压力室同时通入压缩空气,在此过程中要求两压力室的压强差尽量小,不能超过某一要求范围,直至达到设定压强。

同步进气阶段完成后,隔离两压力室,通过减少铸型压力室的压强(减压法),在上、下两个压力室之间形成一定的压强差,并作用在金属液面上,完成升液、充型及保压凝固过程,其充型过程和低压铸造的充型过程相同。

保压结束后,上、下压力室互通,卸压,完成一个浇注过程。

因此差压铸造过程所需控制的参数除了低压铸造提及的浇注工艺参数外,还应对同步进气阶段的参数,如同步进气速度、同步进气时间及最终压力进行控制。

2)工艺参数选择

(1)充型压强差 Δp。

压强差 Δp 的大小与铸件的高度、铸件形状等因素有关,可按下式计算。

$$\Delta p = \mu \rho g H \tag{8-12}$$

式中　Δp——金属液充满铸型所需压强差(Pa);

H——充型结束时,坩埚液面至铸件顶端的距离(m);

ρ——金属液的密度(kg·m^{-3});

g——重力加速度(m·s^{-2});

μ——充型阻力系数,一般取 $\mu=1.2\sim1.5$,阻力小取下限,阻力大取上限。

(2)结晶压强。

结晶压强越大,铸件越致密,铸件力学性能也越好。但结晶压强过大,会给设备制造带来困难;压强过小,会降低差压铸造的挤滤作用及塑性变形作用,不利于补缩和抑制金属液中气体析出,铸件易产生疏松和显微气孔。结晶压强的大小和铸件结构、合金结晶特性等因素有关,一般在 $0.3\sim1.0$ MPa 之间,共晶合金取 $0.3\sim0.4$ MPa,固溶体合金取 $0.6\sim0.8$ MPa。氮元素质量分数为 0.6% 的合金钢,其结晶压强可达 $1.2\sim1.6$ MPa。

(3)升液速度。

升液速度较慢,应保持金属液平稳、缓慢上升,避免喷溅、翻滚。

(4)充型速度。

充型速度决定了铸件质量,一般充型速度应比升液速度略快,但不宜过快,这样有利于补缩,使液流平稳,减少二次夹杂的产生。充型速度与铸件复杂程度、壁厚、大小和合金种类有关,还与所用铸型种类有关。充型速度常通过试验决定。如用金属型生产复杂铝铸件,充型速度可快一些;用砂型浇注厚大铝铸件时,充型速度则需慢些;相同铸型条件下,浇注镁合金铸件则比铝合金铸件充型速度要慢些。

图 8-23 所示的 ZM5 镁合金壳体铸件,铸件直径 508 mm,高 1030 mm,采用缝隙式浇注系统,沿圆周方向均匀分布 8 条缝隙浇道,铸型为砂型,其充型速度仅 2.8 cm·s^{-1}。而生产长 190 mm、宽 100 mm 的有热节的 ZL102 铝合金薄壁平板铸件时,用石膏铸型,其充型速度可达 8 cm·s^{-1}。

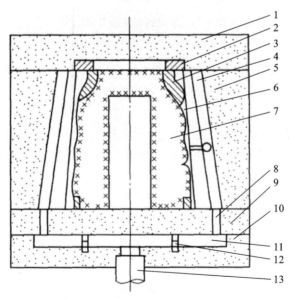

图 8-23 镁合金壳体铸件差压铸造工艺简图

1—上型;2—冷铁;3—成形冷铁;4—缝隙浇道;5—中型;6—型腔;7—砂芯;
8—内浇道;9—下型;10—底型;11—横浇道;12—过滤网;13—直浇道

（5）保压时间。

保压时间应大体上与铸件凝固时间相同。因此，保压时间与铸件大小、壁厚、合金种类及结晶压力等有关。铸件壁厚越厚，合金结晶温度范围越宽，保压时间就越长。砂型比金属型保压时间长。结晶压力越大，保压时间越短。一般来说，差压铸造比低压铸造的保压时间要短。

（6）浇注温度。

由于金属液是在压力下充型，因此差压铸造浇注温度比一般重力铸造可低些。当浇注铝合金铸件时，浇注温度可较重力铸造时低 30～60 ℃。

3）差压铸造设备

差压铸造设备主要由主机、气压控制及供气三部分组成。气压控制部分是全机的核心部分。

（1）主机。

主机（见图 8-24）包括上压力罐、下压力罐、中隔板、锁紧机构、电阻炉、坩埚、升液管及控制系统等。为使设备保持密封，中隔板的上下两面应垫耐高温的石棉板、石棉绳、石墨盘根或硅橡胶圈。

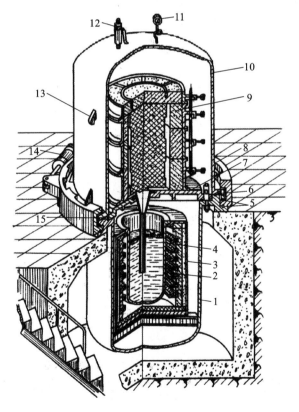

图 8-24 差压铸造主机简图

1—下压力罐；2—坩埚；3—电阻炉；4—升液管；5—滚珠；6—定位销；7—中隔板；8—卡环；
9—铸型；10—上压力罐；11—压力表；12—安全阀；13—吊耳；14—气缸；15—O 形圈

（2）气压控制。

现在主要采用微机控制液面加压系统,该系统由控制元件、传感器、数学模型、控制算法、计算机系统等构成。

（3）供气部分。

供气部分由气水分离器、储气罐、空气干燥器、空气电热器和气源组成。

8.6.2 真空吸铸

真空吸铸作为一种新型反重力精密成形方法,以其优良的充型能力,在薄壁铸件生产领域得到越来越广泛的应用。

1.结晶器真空吸铸工艺

早在 20 世纪 40 年代,苏联就已经在生产中应用了真空吸铸工艺。基本原理如下:将连接于真空系统的金属水冷结晶器插入液态金属中,借抽真空装置(真空泵或喷射管)在结晶器内造成负压,吸入液体金属,因结晶器内壁四周有循环冷却水,液体金属在真空下沿结晶器内壁顺序向中心凝固,待固体层达到一定尺寸后,切断真空,中心未凝固的液体金属流回坩埚,形成筒形或棒状的铸件。铸件的长度取决于真空度,厚度则取决于凝固时间。此工艺一般用于生产与结晶器内径尺寸大致相同的圆棒材或圆筒类铸件。

2.熔模真空吸铸

1)CLA 法

CLA 法(counter gravity low pressure casting)由美国 Hitchiner 公司的 G. D. Chandley 和 J. N. Lamb 在 1971 年发明,于 1975 年在美国取得专利,之后在世界范围内得到广泛应用。

（1）工艺原理。

真空吸铸的工艺原理如图 8-25 所示,将型壳置于密封室内,密封室下降,直浇道插入金属液中,由抽真空装置使型壳内形成一定的负压,在压力差的作用下,金属液被吸入型腔。待铸件内浇道凝固后,去除真空,直浇道内未凝固的金属液流回熔池中。

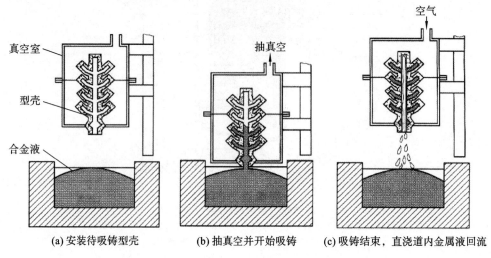

(a) 安装待吸铸型壳　　(b) 抽真空并开始吸铸　　(c) 吸铸结束,直浇道内金属液回流

图 8-25　真空吸铸工艺过程示意图

CLA 法主要工艺参数有真空度、型壳强度、透气性、浇注系统等,其中真空度是吸铸过程顺利进行的关键,一般控制在 $-0.06 \sim -0.03$ MPa,太大会引起型壳吸爆,太小则充型不好。真空度的建立方式有两种:一种是直接将真空泵与吸铸室连接,通过真空泵实现真空度的建立和控制;另一种是在真空泵与吸铸室之间加预真空罐,通过调节预真空罐的真空度来控制吸铸室的真空度。图 8-26 为 CLA 法装置示意图。

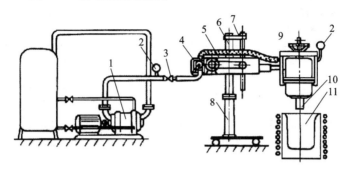

图 8-26 CLA 法装置示意图

1—真空泵;2—真空表;3—电磁阀;4—操纵阀;5—横臂;6—立轴;

7—丝杆;8—支架;9—吸铸室;10—直浇道;11—熔炉

(2)工艺特点。

①减少了废品,提高了铸件质量。真空吸铸时金属液充型平稳,同时金属液是从液面下吸入的,非常干净,减少了气孔和夹渣。可以采用较低的浇注温度,铸件晶粒细化,力学性能提高。

②具有良好的充型性能。一般熔模铸件壁厚不小于 1.5 mm,而真空吸铸时因型壳中无气体反压力,铸件最薄处可达 0.3 mm。

③显著提高了金属液利用率和工艺出品率。

④克服了低压铸造和差压铸造的弊端。CLA 法在负压下充型,能抑制紊流的产生,而且不需要加压,不会因多次加压排气而在液面产生较厚的氧化物层。此外,CLA 法的机构和操作相对简单。

(3)应用。

CLA 法现已应用于国防、汽车、电子等精密零件的制造中,适用于普通碳素钢、不锈钢、高温合金、铝合金等多种合金。例如,铝合金潜望镜壳体,外形尺寸为 210 mm×150 mm×85 mm,壁厚仅为 1.2 mm,最薄处仅为 0.75 mm;镍基高温合金测温管铸件,壁厚 1~4 mm,长 60 mm;钛合金汽轮机叶片,壁厚可达 1 mm,质量优良;整体式不锈钢镜架壁厚仅为 0.3 mm。熔模真空吸铸还用于制造艺术品铸件。

CLA 法自发明以来,经过多年的研究和改进,在其基础上出现了 CLV 法、CLI 法(易氧化合金真空吸铸方法)、CPV 法(真空吸铸加压凝固技术)、VAC 法(砂型真空吸铸技术)、CV 法、C3 法(离心真空吸铸技术)等多种真空吸铸方法,在铸造复杂薄壁铸件领域具有很广泛的应用。

2)CLV 法

(1)工艺原理。

CLV 法的工艺原理如图 8-27 所示。熔炼室和吸铸室由一个阀门隔开,当金属在真空下熔化后,将氩气充入真空熔炼室和吸铸室,并使它们保持相同气压。打开阀门,升高熔炉,使型壳浇道插入金属液中。然后降低吸铸室的氩气压力,进行吸铸。保持一定时间后,卸压,使直浇道中金属液流回熔炉中。熔炉降至原位,关闭阀门,一次吸铸过程完成。

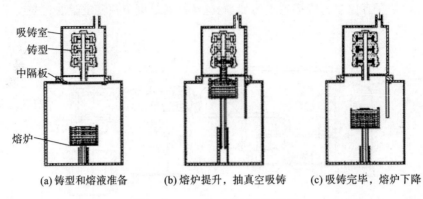

(a) 铸型和熔液准备   (b) 熔炉提升,抽真空吸铸   (c) 吸铸完毕,熔炉下降

图 8-27　CLV 法工艺过程示意图

(2)工艺特点及应用。

在 CLV 法吸铸整个过程中,金属液都处在真空或惰性气体保护中,氧化夹杂和气孔等缺陷大大减少,铸件质量优异。但是,CLV 法工艺过程较复杂,对设备控制要求较高。加拿大 MCT 公司利用 CLV 法生产汽轮机燃烧室衬里,最薄处可达 0.38 mm,氧化夹杂物仅为真空浇注工艺的 15%,铸件质量优异。目前,CLV 法在涡轮生产中应用较多。

3)CPV 法

CPV 法(counter gravity positive pressure vacuum casting)即真空吸铸加压凝固技术,合金在高真空或惰性气体保护下进行熔炼,吸铸完毕后向金属液面通惰性气体进行加压,使铸件在压力下凝固的一种方法。CPV 法弥补了 CLA 法补缩能力的不足,特别适于铸造形状极为复杂的易氧化合金铸件,铸件晶粒细小,形状规则,金属氧化夹杂少,表面质量优良,目前在汽车、火车、船舶等的发动机配套零件以及飞机的起动机配套零件生产中得到较多应用。图 8-28 所示为真空吸铸加压凝固装置示意图。

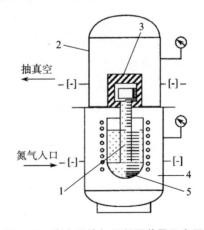

图 8-28　真空吸铸加压凝固装置示意图

1—升液管;2—上罐体;3—铸型;4—下罐体;5—电阻炉

8.6.3 调压铸造

调压铸造是真空条件下差压铸造和压力下结晶这两种工艺相结合的产物。调压铸造法汲取了传统反重力铸造方法的优点并加以改进提高,使充型平稳性、充型能力和顺序凝固条件均优于普通差压铸造,因而可铸造壁厚更薄、力学性能更好的大型薄壁铸件,适用于大型复杂薄壁铸件的生产。

1. 工艺原理

调压铸造工艺原理见图 8-29。调压铸造主机与差压铸造相类似,但多出一套负压控制系统。其与差压铸造最大的区别在于不仅能够实现正压的控制,还能够实现负压的控制。调压铸造装置包括两个相互隔离的独立控制内部气体压力的压力室,以及实现气体压力调控的控制设备。其中下压力室内安装坩埚以容纳金属液,在温控系统控制下采用保温炉对金属液温度进行控制。上压力室中安装铸型,型腔通过升液管与金属液连通。两压力室同时以管道分别与正压力控制系统和负压力控制系统相连,将气体导入或导出各压力室,以实现对压力室内气压从负压到正压的精确控制。因需要实现更为复杂的气压调整曲线,调压铸造装置对控制系统控制精度的要求大幅度提高。

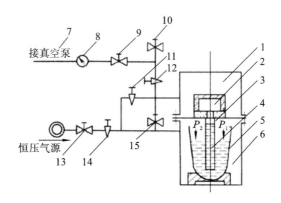

图 8-29 调压铸造工艺原理图

1—上压室;2—铸型;3—中隔板;4—升液管;5—坩埚;6—下压室;7—真空系统;
8—真空表;9、10、13、15—截止阀;11、12、14—针形流量调节阀

调压铸造技术的工艺原理可描述如下:首先使型腔和金属液处于真空状态,并且对金属液保温并保持负压;充型时,对型腔下部的液态金属液面施加压力,但型腔仍保持真空,将坩埚中的金属液沿升液管压入处于真空的型腔内;充型结束后迅速对两压力室加压,始终保持下部金属液和型腔之间的压力差恒定,以避免铸型中未凝固的金属液回流到坩埚中导致铸件缺陷;保持正压一段时间,使金属液在压力下凝固成形,待型腔内的金属液完全凝固后,即可卸除压力,升液管内未凝固的金属液回流到坩埚中。

2. 浇注工艺过程

调压铸造浇注工艺一般包括同步抽真空、升液、充型、增压、同步进气、保压结晶、卸压、冷却延时各工艺过程。

同步抽真空阶段,在真空系统作用下,对上、下压力室同时抽真空,直至达到设定的真空度。一般来说,在同步抽真空阶段,要求上、下压力室互通,保证上、下压力室抽真空速度相同,压差为零,以避免出现金属液的上下波动。

同步抽真空阶段结束后,隔离两压力室,通过增加下压力室的压力来完成升液、充型、增压过程,这一阶段与低压铸造时相同。然后迅速对上、下压力室同时通入气体加压,并要求始终保持下部金属液和型腔之间的压力差恒定,保压结晶一段时间后上、下压力室互通,而后进行卸压处理,升液管内未凝固的金属液回流到坩埚中,完成一个浇注过程。图 8-30 所示为调压铸造过程的工艺曲线。

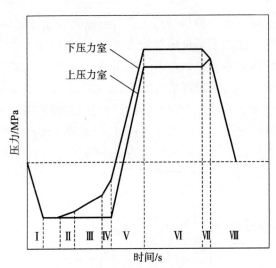

图 8-30   调压铸造过程的工艺曲线

Ⅰ—同步抽真空;Ⅱ—升液;Ⅲ—充型;Ⅳ—增压;Ⅴ—上、下压力室同步增压;

Ⅵ—保压;Ⅶ—上、下压力室互通;Ⅷ—卸压

3. 工艺特点

(1)铸型的充填和铸件凝固分别在不同压力下进行,具有十分优良的充型能力和凝固条件,便于生产具有高气密性的大型复杂薄壁铸件。

(2)调压铸造是在真空条件下完成充型的,金属液充型能力强。充型的调压保证了铸件在压力下凝固,但铸型所受的最高压力不超过充型压力。因此,调压铸造可采用透气性差、强度低的铸型,即调压铸造的铸型可以是砂型、金属型、石墨型、石膏型、熔模型壳和树脂砂型壳等。

(3)由于调压铸造时压力场贯穿整个充型和凝固过程,因此,铸件的壁厚效应小,便于浇注壁厚相差较大的铸件。

4. 应用

调压铸造技术可生产薄壁、复杂的高精度铸件,适用于非铁合金和黑色金属,尤其适用于铝、镁合金铸件的生产,目前已成功应用于航空类铝合金铸件的工程化生产。沈阳铸造研究所采用调压铸造研制生产了整体壁厚仅 2 mm 的大型薄壁高强度铝合金铸件,采用该技术生产的铝合金舱体的力学性能及内部质量均较优。

8.7 反重力铸造成形应用实例

8.7.1 大型薄壁筒体件差压铸造成形

1. 筒体铸件结构特点

如图 8-31 所示,大型薄壁铸件外径为 556 mm,内径为 540 mm,壁厚为 8 mm,内部有 12 条分布均匀的环装加强筋,还有 4 个直径不等的凸台,材质为 ZL101A。根据铸件特点,选用差压铸造工艺。

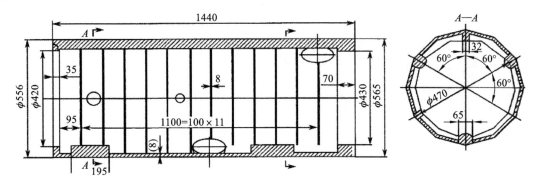

图 8-31 大型薄壁筒体铸件结构特点示意图(单位:mm)

2. 浇注系统设计

根据工艺分析,采用多缝隙浇道立浇方法,在外形内侧均布垂直缝隙浇道。缝隙内浇道的设计方法及计算结果如下。

(1)缝隙厚度 δ。

当铸件型腔壁厚 $\Delta \geqslant 10$ mm 时,取 $\delta = (0.8 \sim 1.0)\Delta$;当 $\Delta < 10$ mm 时,取 $\delta = (1 \sim 1.5)\Delta$。在实际生产中,有时为了将热量引向立筒与冒口,取 $\delta \geqslant 1.5\Delta$。

由于该铸件的型腔壁厚 $\Delta < 10$ mm,取 $\delta = (1 \sim 1.5)\Delta$,故 $\delta \approx 9.6$ mm。

(2)缝隙的宽度 B。

一般取 $B = 15 \sim 35$ mm。

(3)立筒尺寸 d。

立筒截面一般设计为圆形,直径 d 一般按经验取,取 $d = (4 \sim 6)\Delta$,故 $d \approx 40$ mm。

(4)立筒数量 n。

依照文献,$n = 0.024P/\delta \approx 2$。式中,$P$ 为铸件外围周长,单位为 mm。

根据铸件尺寸,经计算,$n \approx 3.5$。理论计算立缝浇道为 4 个,但实验发现,对此大型铸件采用 6 个浇道更为合适。图 8-32 所示为差压铸造工艺图。

3. 工艺参数确定

浇注温度约 703 ℃,充型时升压速度为 1.7 kPa·s^{-1},保压压力选择 110 kPa 左右。

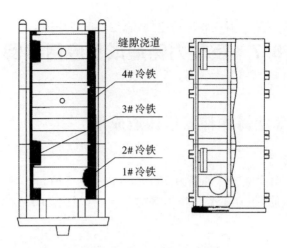

图 8-32　筒体件差压铸造工艺图

8.7.2　薄壁壳体低压铸造成形

图 8-33 所示为四面体结构壳体类铸件，尺寸为(260~280)mm×(140~150)mm×(120~150)mm，最小壁厚 3 mm，最大壁厚 10 mm。

综合分析，该四面体结构壳体类铸件宜采用底注式浇注系统，如图 8-34 所示。它由升液管、横浇道、内浇道、冒口组成。升液管尺寸为 ϕ80~90 mm；其横浇道采用喇叭形，基本尺寸为 ϕ40 mm×25 mm；采用 4 个内浇道，基本尺寸选为 ϕ40 mm×25 mm，位置选定在四面体结构件的 4 个侧面的中心位置。这种浇注系统能使合金液平稳充型，又具有除渣的作用。在四面体结构件的 4 个侧面的上方放置 4 个明冒口，基本尺寸为 ϕ60 mm×30 mm，置于 4 个侧面上方的中心位置。在浇注充型过程中，为了使型腔中气体顺利从排气道排出，应该尽量使金属液在升液管里缓慢上升，上升速度要控制在 50 mm·s^{-1} 的速度以内。经计算，最大充型压强 $p_{充}$=0.418 MPa，对应的升压速度为 1.4 kPa·s^{-1}。

图 8-33　低压铸造四面体结构壳体类铸件

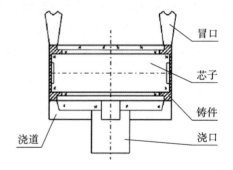

图 8-34　低压铸造工艺方案示意图

 习题

一、判断题

1.低压铸造时，结晶压强越大，补缩效果越好，铸件的组织也越致密。（　　　）

2.低压铸造时,如果用湿砂型浇注厚壁铸件,充型速度应快些。(　　　)

3.低压铸造设备中的升液管的出口面积应小于铸件热节面积。(　　　)

4.充型压强与升液压强一样,也随坩埚内金属液面的下降而增加。(　　　)

5.差压铸造时,增压法与减压法相比,增压法时金属液上升平稳。(　　　)

6.真空吸铸的铸型只能是金属的水冷结晶器。(　　　)

7.调压铸造与差压铸造的最大区别在于不仅能够实现正压的控制,还能够实现负压的控制。(　　　)

二、填空题

1.调压铸造是在_____条件下充型,金属液充型性好,不会卷气。

2.差压铸造充填成形与低压铸造相同,而铸件凝固是在_____的压力下结晶凝固的。

3.低压铸造时,自增压结束至铸件完全凝固所需的时间称为_____。

4.采用低压铸造生产形状复杂、精度要求高的中小件时,铸型宜采用_____。

5.低压铸造的特点之一,就是浇注系统与位于铸型下方的_____直接相连。

6.真空吸铸是靠_____压力把金属液吸入结晶器中。

三、简答题

1.低压铸造浇注系统设计应使铸件按什么原则凝固? 如何保证满足此原则?

2.低压铸造保压时间如何确定? 为什么要保压?

3.根据低压铸造铸件形成特点,为了保证铸件质量,应控制哪些工艺参数?

4.低压铸造工艺规范包括哪些内容?

5.低压铸造设备由哪几部分组成?

6.用金属型进行低压铸造生产薄壁和厚壁铸件时,其液面加压规范有何区别?

7.列举几种反重力铸造技术工作原理的异同点。

第9章

挤压铸造成形

【本章教学要点】

知识要点	掌握程度	相关知识
挤压铸造的实质与分类	掌握挤压铸造的原理、分类、特点及应用，熟悉挤压铸造设备的结构，了解挤压铸造工艺的新发展	金属在压力下结晶的特点，半固态金属，金属基复合材料
挤压铸造工艺设计	掌握合理选择和确定挤压铸造基本工艺参数的方法，根据具体铸件能够初步制定挤压铸造工艺方案	工程流体力学，铸造工艺设计基础

 导入案例

液态模锻技术的发展趋势

随着科学技术的飞速发展，新工艺、新技术的不断涌现，传统的制造业正面临着严峻的挑战。作为铸、锻结合的先进液态模锻技术，也要面对更多的技术要求和市场的激烈竞争，对此，液态模锻技术也相应地要继续完善和发展。

(1)现阶段，国内外学者除继续推广液锻应用，深入研究液锻机理，对液锻成形的力学理论、模具热应力分析、材料强韧化机理、液锻凝固速度的测试及液态模锻缩孔的计算机模拟研究也都做了理论创新和研究，并取得了一定的成效，也从中进一步完善了液态模锻理论体系。

(2)液态模锻技术应用研究将集中朝着铝镁合金、高温合金和复合材料成形的方面发展。从航天、航空及兵器扩展到民用领域，实现零件制造轻量化、精密化，并以此来达到零件的高性能化。

(3)液态模锻将进一步实现节约能源，因为它集中了铸、锻成形的优势。液态模锻与铸造相比，不用设置浇冒口或活块，金属液利用率高达 $95\%\sim98\%$，制件性能大幅度提高；与锻造相比，可以制造形状复杂的制件，并实现毛坯精化，后续加工量减小，节省了金属材料，特别是有色合金材料可节省 $50\%\sim70\%$。由于是液态金属充填，其变形力低，可以小设备实现大制件，降低了成形能。

(4)将液态模锻发展成为半固态金属成形工艺和液态挤压工艺。所谓半固态金属成形是指将液态金属冷却或固态金属加热到固-液相线之间的温度进行液锻的一种成形工艺；而液态挤压则是在液态模锻的基础上，结合热挤压大塑性流动进一步开发的另一种新工艺。它仍以液态金属为原料，不但保持了液锻使金属在压力下结晶凝固、强制补缩的优点，还可使处于准固态的金属产生大塑性变形，从而进一步提高材料性能。

(5)采用先进制造技术是提高机械制造业水平的前提。虽然现在有很多的零件成形技术，但是铸、锻技术是最基本的，推进液态模锻技术在生产实际中的应用，补充铸、锻成形的不足，使其零件制造技术更趋精密高效和低成本，以增强市场竞争力。

随着理论和应用研究的不断完善和发展，液态模锻技术在理论探索方面将更加深入和完善，对有色金属、高温合金和复合材料成形将起到越来越重要的作用。

资料来源：

刘振伟，李湛伟.液态模锻技术现状及发展趋势[J].金属材料与冶金工程，2008(5)：52-55.

◀ 9.1 概　　述 ▶

挤压铸造(squeeze casting)也称"液态模锻"(liquid metal forging),这一概念最早出现在1819 年的一项英国专利中。第一台挤压铸造设备 1931 年诞生在德国,随后挤压铸造在苏联得到较广泛的应用,但直到 20 世纪 60 年代才开始在北美、欧洲和日本获得应用。北美压铸协会(NADAC)对挤压铸造的定义如下:采用低的充型速度和最小的扰动,使金属液在高压下凝固,以获得可热处理的高致密度铸件的铸造工艺。

9.1.1　工艺原理及特点

1. 工艺原理

挤压铸造工艺流程如图 9-1 所示,工艺原理是将一定量的液体金属(或半固态金属)浇入金属型腔内,通过冲头以高压(50~100 MPa)作用于液体金属上,使之充型、成形和结晶凝固,并产生一定塑性形变,从而获得优质铸件。

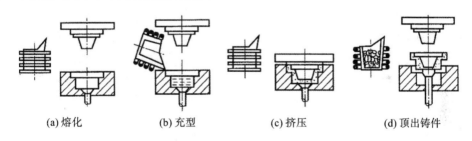

| (a) 熔化 | (b) 充型 | (c) 挤压 | (d) 顶出铸件 |

图 9-1　挤压铸造工艺流程示意图

2. 工艺特点

(1)由于液态金属在较高的压力下凝固,不易产生气孔、缩孔和缩松等内部缺陷,铸件组织致密,晶粒细小,可以进行热处理。力学性能高于其他普通压铸件,接近同种合金锻件水平。

(2)铸件尺寸精度较高,表面粗糙度值较低,铝合金挤压铸件尺寸精度可达 CT5 级,表面粗糙度可达 $Ra3.2 \sim 6.3\ \mu m$。

(3)适用的材料范围较宽,不仅适用于普通铸造合金,也适用于高性能的变形合金,同时是复合材料较理想的成形方法之一。

(4)材料利用率高,节能效果显著。

(5)便于实现机械化、自动化生产,生产效率较高。

(6)生产结构复杂件或薄壁件有困难。

9.1.2　应用概况

挤压铸造技术作为一种先进的金属成形工艺,已经广泛地应用于航空、航天、军事及高科技范围金属铸件的制造。挤压铸件包括汽车、摩托车、坦克车的轮毂,发动机的铝活塞、铝缸体、铝缸头、铝传动箱体、减震器、制动器等铝铸件,压缩机、压气机、各种泵体的铝铸件,自行车的曲柄、方向轴、车架接头、前叉接头,铝镁或锌合金材质的光学镜架、仪表及计算机壳体件,铝合金压力锅、炊具零件,铜合金轴套,石墨纤维增强铝基复合材料卫星波导管,SiC 颗粒增强铝基复合材料战术导弹发动机壳体、航板,以及鱼雷、水雷外壳等。图 9-2 所示为挤压铸造铸件。

(a) 连杆　　　　(b) 摩托车轮毂　　　　(c) 轿车轮毂　　　　(d) 发动机活塞

图 9-2　部分挤压铸造铝合金铸件

9.1.3　挤压铸造分类

按挤压力对金属液的作用方式,挤压铸造可分为直接挤压铸造和间接挤压铸造两大类。

1. 直接冲头挤压

直接冲头挤压工艺原理见图 9-3。在合型时将成形冲头插入液态金属中,使部分金属液向上流动,充填由凹型和冲头形成的封闭型腔,继续升压和保压直至铸件完全凝固。

直接挤压铸造的工艺特点:加压时金属液进行充型流动,冲头直接挤压在铸件上;无浇注系统;金属液凝固速度快,所获得的铸件组织致密、晶粒细小;但浇注金属液必须精确定量。适于生产形状简单的对称结构铸件,如活塞、卡钳、主气缸等。

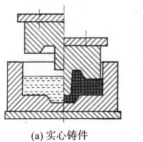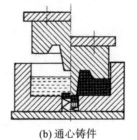

(a) 实心铸件　　　　　　(b) 通心铸件

图 9-3　直接冲头挤压原理示意图

2. 间接冲头挤压

间接冲头挤压铸造和超低速压铸工艺类似,冲头施加的高压通过内浇道中的金属液传递到铸件上。

图 9-4(a) 为早期的间接冲头挤压铸造示意图。它也是采用成形的冲头将浇入凹型中的部分金属液挤入合型闭锁型腔中,继续加压直至凝固。此时,冲头除将金属液挤入型腔外,还通

过由冲头和凹型组成的内浇道,将压力传递到铸件上。现代的挤压设备通常采用较大的压射筒,压射挤压活塞可以控制液体金属的射入速度。在注射后期,压射活塞通过浇道对型腔中的金属施加高压,如图 9-4(b)所示。

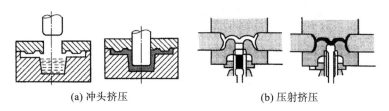

(a) 冲头挤压   (b) 压射挤压

图 9-4   间接冲头挤压铸造

间接挤压铸造工艺中,由于铸件是在已合型闭锁的型腔中成形,不必精确定量金属液,因而铸件尺寸精度高。但冲头不是直接而是间接地加压于铸件上,加压效果较差。此外,间接挤压工艺采用了浇注系统,因此金属液利用率较低。此工艺适合于产量大、形状较为复杂或小型零件的生产,也可用于生产等截面型材。

直接冲头挤压铸造和间接冲头挤压铸造,都属于冲头挤压铸造。它们的共同特点是在冲头作用下,有相当部分的液态金属需进行充型运动。

3. 冲头-柱塞挤压铸造

冲头-柱塞挤压铸造是一种特殊的挤压铸造形式,其工艺方法如图 9-5 所示。

该工艺的特点:加压冲头带有凹窝,在合型加压时,大部分金属液不发生位移,少部分金属液直接充填到冲头的凹窝中,并在冲头端面和凹窝内表面的压力下凝固。这种铸件受凹窝冲头直接的挤压力,加压效果也较好。但上部的冷却条件与柱塞挤压和冲头挤压均不同。

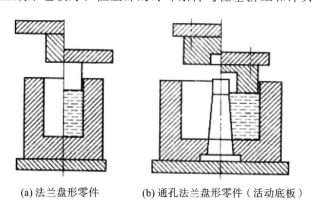

(a)法兰盘形零件   (b)通孔法兰盘形零件（活动底板）

图 9-5   冲头-柱塞挤压铸造

冲头下压时,为避免破坏已形成的结晶硬壳而造成新的表面缺陷,设计中要使冲头的外周在挤压时原则上不能降到自由浇注液面以下,这样就限制了充填凹窝的金属液的量。

4. 局部加压凝固

对于大型铸件,采用间接挤压铸造工艺时,施加的压力对远离冲头的部位很难起到压力补缩作用,因此,对这些部位实施局部加压,以期达到减少该部位缩孔、缩松的目的,如图 9-6所示。

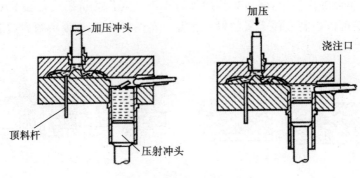

图 9-6　局部加压凝固

◀ 9.2　挤压铸造合金的组织与性能 ▶

9.2.1　挤压铸造的合金组织

Al-Si 系合金在高机械压力下结晶时,共晶点会向富硅、高温方向移动,并扩大相区。同时,由于压力的机械作用和加速冷却的作用,因而与普通铸造相比,挤压铸件的铸态组织将发生如下变化。

(1)对亚共晶和共晶型合金,会增加 α 树枝晶的比例,相应减少 α+Si 共晶体数量;对过共晶型合金,会增加 α+Si 共晶体数量,而相应减少初晶硅的比例。

(2)使 α 树枝晶或共晶组织细化。

(3)增加硅在共晶体中的数量,使其中硅质点细化并局部球化,对过共晶合金还能使初晶硅细化并提高其分布的均匀性,因而挤压铸造下的压力结晶可起到与钠、磷等变质处理相类似的效果。

值得注意的是,在金属液凝固过程中施加挤压压力,会使枝晶间的浓缩金属液强行挤出,在最后凝固的部位形成异常偏析。试验证明,为了消除偏析,可以改变凝固方向和加压方向之间的关系;或者将偏析部分移至铸件以外的部位。

图 9-7 为金属型铸造与挤压铸造的微观组织对比。

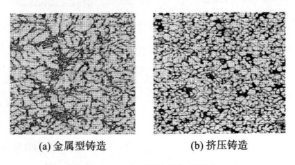

(a)金属型铸造　　　　　(b)挤压铸造

图 9-7　A356 的微观组织比较

9.2.2 挤压铸造合金力学性能

所有上述组织的变化,均能改善合金的力学性能,尤其是明显地提高其塑性(见表 9-1)。因为增加 α 固溶体的数量和细化硅质点,均能使合金的塑性提高,但 α 固溶体数量的增加,却使强度下降,因此,此类合金挤压铸件强度的增加是不明显的。

表 9-1 各种合金挤压铸造时的力学性能

合金牌号	热处理状态	挤压铸造		金属型铸造	
		抗拉强度 R_m/MPa	断后伸长率 Z/(%)	抗拉强度 R_m/MPa	断后伸长率 Z/(%)
ZL101	淬火及时效	252	15.0	≥210[①]	≥2[①]
ZL105	淬火及时效	358	11.3	335	6.4
ZL110	人工时效	220	1.0	180	0.5
ZL108	淬火及时效	230~290	2.4~10.7	190~250	1.0~1.4
ZL201	淬火及时效	458	16.7	336	2.6
ZCuSn10Zn2	—	340~370	18~45	≥250[①]	≥5[①]
ZA43	—	414.5	2.0	260.5	1.0
45 钢(代号 U20452)	正火	558	23.0	450	22.5

注:[①]标准上列的力学性能。

9.3 挤压铸造工艺

9.3.1 比压

比压是挤压铸造中最重要的工艺参数。比压是指对铸型中单位面积上的液态金属所施加的平均挤压力。铸件在这种挤压力的作用下结晶,有利于消除缩孔、缩松和气孔等铸造缺陷,获得较好的内部组织和较高的力学性能。比压低时,铸件内部缺陷不能完全消除,只有达到某一临界压力,才能获得完好铸件。压力过高则会影响模具寿命,浪费能源。

比压的大小与合金种类、挤压方式、铸件形状和大小等有关。挤压铸造有色金属合金铸件的比压小于黑色合金铸件;直接冲头挤压的比压小于间接冲头挤压;形状简单的铸件比压小于形状复杂和薄壁铸件。根据生产经验,采用柱塞挤压或间接冲头挤压的有色金属合金铸件的比压可选用 60~100 MPa;直接冲头挤压的有色金属合金铸件的比压可选用 25~50 MPa。黑色金属合金铸件的比压比有色金属合金铸件大两倍左右。

9.3.2　加压开始时间

金属液浇入铸型(直接挤压)或压室(间接挤压)至冲头开始加压的时间间隔称为开始加压时间。对于小件、薄件或复杂件,此值应尽量小些,生产中一般掌握在 15 s 以内。对于直接挤压法生产的简单实心件或厚大件,金属液冷却到液相线以下加压,有利于提高力学性能,此时通常停留 10～20 s,再开始加压。

9.3.3　加压与充型速度

金属液充型时挤压冲头的运动速度称为加压速度。充型速度是指金属液在低铸造压力(或压铸压头)的作用下,进入并充满型腔时的流动速度。在铸型已确定的情况下,冲头的加压速度决定金属液的充型速度。生产中金属液充型速度应控制在 0.8 m·s^{-1} 以下。充型过快,金属液易产生涡流,卷入气体,使铸件在热处理时起泡;充型速度太低,金属液又不能充满铸型。为此,对于直接冲头挤压铸造,一般用冲头速度进行控制,厚壁铸件的冲头速度可慢些,宜控制在 0.1 m·s^{-1} 左右;薄壁或小铸件的冲头速度可快些,为 0.2～0.4 m·s^{-1}。对于间接冲头挤压铸造,常按充型速度进行控制,厚壁铸件的充型速度可控制在 0.5～1 m·s^{-1};薄壁铸件的充型速度可控制在 0.8～2 m·s^{-1}。

9.3.4　保压时间

保压时间是指从开始加压到铸件完全凝固的时间。保压时间的确定,通常取决于合金种类、铸件的尺寸大小、铸型截面厚度以及铸型传热条件。保压时间过短,在铸件心部尚未完全凝固时就卸压,会使心部得不到压力补缩,而出现缩松、缩孔等缺陷;保压时间过长,会使起模困难,降低模具使用寿命。

9.3.5　浇注温度

挤压铸造所采用的浇注温度比同种合金的砂型铸造、金属型铸造略低一些,一般控制在合金液相线以上 50～100 ℃。对形状简单的厚壁实心铸件可取温度下限;对形状复杂或薄壁铸件应取温度上限。浇注温度一般控制在较低值,这样能使金属内部气体易于逸出,且一旦施压后,还能使金属液进入过冷状态,获得同时形核的条件,进而获得等轴晶组织的铸件。

9.3.6　模具温度

模具温度过高或过低都会直接影响到铸件质量和模具寿命。模具温度过低,铸件质量难以得到保证,易产生冷隔和表面裂纹等缺陷。模具温度过高,容易发生黏模,降低模具寿命,还会使铸件脱模困难。

适宜的模具温度主要取决于合金的种类、铸件形状和大小。

对薄壁件应适当提高模具的预热温度和合金的浇注温度。

在实际大批量连续生产时,模具温度往往会超出允许的范围,必须采用水冷或风冷措施。

9.3.7　铸型涂料

为了防止铸件黏焊铸型,使铸件能顺利地从型腔中取出,在挤压铸型的表面一般都必须喷涂涂料,旨在降低铸件的表面粗糙度,提高铸型的寿命,减缓金属液在加压前的结壳速度,以利于金属液在压力下充型。在挤压铸造中不能采用涂料层来控制铸件的凝固,因为施加在金属液上的高压将使涂料层剥落,引起铸件产生夹杂缺陷,为此,通常采用 $50 \mu m$ 左右的薄层涂料。涂料的种类及成分主要根据铸件的形状、尺寸大小、合金种类、铸型材料和对铸件的工艺要求来决定。对有色金属合金铸件,大多数采用胶状石墨涂料,包括水基和油基胶状石墨涂料两种。水基胶状涂料的组成主要有氧化锌、胶状石墨、水玻璃和水。油基胶状涂料的组成主要有胶状石墨、机油(也有锭子油、植物油)、黄蜡或松香等。需热处理的挤压铸件,应避免使用有机涂料。

◀ 9.4　铸　型　设　计 ▶

挤压铸造铸型的主要作用包括使金属液成形,对正在结晶的金属直接施加机械压力,与铸件进行热交换。因此,挤压铸造铸型在功能上有别于其他铸造方法的铸型,如金属型的主要作用是成形与散热,但无加压作用;而压铸型主要作用是承受金属液压射的流体动压力;但挤压铸型主要承受的是金属液的静压力。设计时要充分考虑到挤压铸造低速充型和高机械压力补缩这一特点。

挤压铸型设计在许多方面与压铸型类似,因此可参考压铸型设计。但设计挤压铸型时应注意以下几点:

(1)充分利用挤压铸造的压力传递,获得高致密度的铸件。挤压铸造时压力需一直保持到金属液凝固完毕。由于在挤压过程中,冲头会将其附近的金属液挤压到远处凝固收缩所形成的空间内,因此应形成远离冲头的部位先凝固、冲头附近的部位最后凝固的顺序凝固模式,这样有利于挤压铸造中对压力的顺序传递。另外,为了确保金属液的补缩,最好是冲头附近的截面积大,远离冲头处的截面积小,即形成一个"倒金字塔"的形状。因此在设计铸型时应仔细考虑加压位置、浇道、浇口、排气结构和铸件尺寸大小。

(2)加压位置的选择。间接挤压铸造一型多件时,很多情况下冲头的移动方向和铸件的位置方向几乎垂直,当铸件形状复杂时,压力很难传送到铸件远端。因此在冲头压力不足时,可设置补充加压机构,即设置局部加压装置以消除收缩引起的孔洞缺陷,具体可参考压铸中的局部加压工艺。

(3)浇口及浇道设计。对于间接挤压,金属液的充型速度要小,以避免产生紊流,因此内浇道的截面积要大。此外内浇道截面积大也有利于挤压压力的传递。

(4)排气设计。在间接挤压铸造工艺中,金属液填充是由于高压力并未施加于金属液上,因此当型腔中排气不畅时,便会形成背压而阻碍金属液的填充。为了提高金属液的充型能力,必须在型腔中设置排气槽。有关排气槽的设计可参考压铸型的设计。但是在金属液填充完毕,挤压压力施加于金属液之后,金属液有可能从排气槽飞溅出铸型之外。一般情况下,排气槽厚度在 $0.1 \sim 0.15 mm$ 之间,挤压压力小于 $100 MPa$ 时不会产生飞溅。

◀ 9.5 挤压铸造设备 ▶

9.5.1 挤压铸造对设备性能的要求

（1）挤压铸造区别于压铸的一个显著特点是充型平稳，不卷气，因而要求设备具有以低流速（0.05～1.5 m·s^{-1}）大流量充填铸型的能力。

（2）当铸型充满后能急速（在 50～150 ms 内）增压，达到预定的高压力值（大于 50 MPa），并能稳定地保持压力，直到铸件结晶完成。

（3）滑块及活塞应有高的空载运行速度。

（4）挤压系统速度可调，以满足不同铸件要求。

9.5.2 挤压铸造机

早期的挤压铸造是在普通压力机上进行的，由于提供的压力有限且不能保压，后来人们使用改造后的油压机和液压机进行生产，但也因补压不足，铸件易形成缩孔、缩松和气泡等缺陷。20 世纪 80 年代后，先进的自动化挤压铸造机的出现，极大地提高了挤压铸造工艺水平。

图 9-8 及图 9-9 为日本宇部公司开发的 HVSC 立式压射卧式合模挤压铸造机和 VSC 立式压射立式合模挤压铸造机。这类挤压铸造机不仅可以进行半固态挤压铸造，而且挤压铸造过程由计算机编程，方便进行精确控制和即时显示重要的工艺参数，确保生产过程全自动进行。

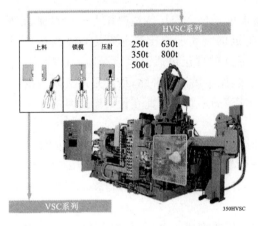

图 9-8　HVSC 立式压射卧式合模挤压铸造机

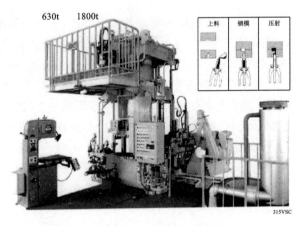

图 9-9　VSC 立式压射立式合模挤压铸造机

1.普通挤压铸造机

我国现使用的挤压铸造机多为国产普通挤压铸造机。这类挤压铸造机是在通用液压机的基础上改造的，提高了滑块空载下行速度及顶出液压缸的顶出力和顶出速度，以适应挤压铸造的要求，其结构见图 9-10。该机采用四立柱结构，为适应复杂铸件侧向抽芯和开合型的需要，增加了侧向液压缸和辅助液压缸。

2. 专用挤压铸造机

根据挤压铸造时金属液的充型方式的不同,专用挤压铸造机可分为低压铸造充型式挤压铸造机和压力铸造充型式挤压铸造机两大类。

1)低压铸造充型式挤压铸造机

根据其保温炉的位置不同,又可分为外置式和内置式两种。外置式可进行对向挤压,内置式则不能进行对向挤压,但结构比较紧凑。图 9-11 是低压铸造充型(内置式)全自动挤压铸造机的结构简图。其低压铸造用保温炉置于主机下部。该机没有下加压缸,所以不能进行双向挤压。向保温炉添加金属液时,需要将保温炉移出主机外,操作不方便。内置式全自动挤压铸造机的特点是结构简单,金属液充型路程短,较易获得合格的低压铸造件。

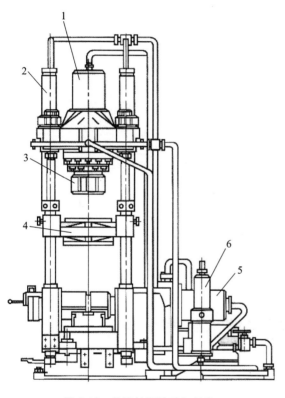

图 9-10　普通挤压铸造机结构

1—主液压缸;2—辅助液压缸;3—主缸活塞;
4—辅助活动横梁;5—侧向液压缸;6—增压器

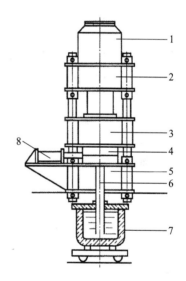

图 9-11　低压铸造充型(内置式)全自动
挤压铸造机结构简图

1—主液压缸;2—上横梁;3—活动横梁;4—液膜;
5—下横梁;6—输液管;7—保温炉;8—侧向液压缸

2)HVSC 卧式挤压铸造机

HVSC 卧式挤压铸造机的挤压铸造过程是卧式合型,立式挤压。其铸造工艺过程如图 9-12 所示。

3)VSC 立式挤压铸造机

VSC 立式挤压铸造机的挤压铸造过程是立式合型,立式挤压。其铸造工艺过程如图 9-13 所示。

上述两种机型的最大特点是其立式挤压系统均采用斜摆动式结构,即挤压缸处于倾斜位置时进行浇注,然后挤压缸快速摆正并实施挤压。VSC 立式挤压铸造机的挤压速度最高达 80

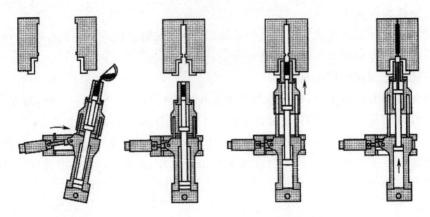

图 9-12　HVSC 卧式挤压铸造机的工作过程

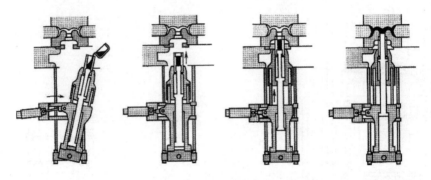

图 9-13　VSC 立式挤压铸造机的工作过程

mm·s^{-1},并可分为三段调速。HVSC 卧式挤压铸造机的挤压速度则在 $30\sim1500$ mm·s^{-1} 范围内,可分四段调速。

◀ 9.6　挤压铸造技术新发展 ▶

1. 半固态挤压铸造

半固态挤压铸造是将制备好的具有特殊流变性的半固态金属浆料定量注入敞开的模具型腔内,随后借助于冲头的压力作用,使其强制充型、凝固、补缩并产生少量塑性变形,从而获得所需的零件或毛坯。由于挤压铸造产品的优质特性,半固态挤压铸造受到产业界的关注。

2. 金属基复合材料挤压铸造

金属基复合材料是以金属为基体,添加诸如高性能纤维、晶须颗粒等增强材料而成的复合材料。但是由于增强材料与基体材料的润湿性差而难于用一般方法复合,这样挤压铸造就成为金属基复合材料成形的最佳方法之一。目前,该成形技术已成功用于生产汽车铝活塞、连杆、喷气发动机叶轮、飞机发动机扇形叶片等。美国已把挤压铸造的复合材料应用于航空工业和兵器中。

3. 计算机技术的应用

用计算机模拟挤压铸造过程的温度场、速度场、压力场和凝固顺序等,以便判断铸件出现缩松、缩孔、裂纹及卷气的可能性,从而进行工艺参数、模具结构设计的优化,这样可大大节省时间,降低模具制作费用,提高产品质量。

4. 人工神经网络在挤压铸造工艺中的应用

挤压铸造工艺参数的确定主要靠经验,而且这些参数很难确定,人工神经网络是一个比较新的学科,在非线性系统、错误诊断、预测、自适应控制等方面已取得了很大成功。

 # 习题

一、名词解释

1. 间接冲头挤压　　2. 开始加压时间　　3. 充型速度　　4. 冲头-柱塞挤压铸造

二、填空题

1. 按挤压方式,挤压铸造可分为_____和_____两大类。

2. 直接冲头挤压是在合型时将_____插入液态金属中,使部分金属液向上流动,充填由凹型和冲头形成的封闭型腔,继续升压和保压直至铸件完全凝固的过程。

3. 挤压铸造区别于压铸的一个显著特点是_____,不卷气。

三、简答题

1. 试述挤压铸造与高压铸造(压铸)、低压铸造的区别。

2. 挤压铸造机与一般液压机有什么区别?

3. 挤压铸造设计方案选择包括哪些内容?

4. 为保证挤压铸件质量应掌握哪些工艺参数? 为什么?

5. 直接冲头挤压和间接冲头挤压各有何优缺点?

6. 试述金属基复合材料挤压铸造的制备工艺。

第10章

离心铸造成形

【本章教学要点】

知识要点	掌握程度	相关知识
离心铸造的概念及其特点	了解离心铸造技术的工艺过程、优点、局限性和工艺特点	精密铸造技术
离心铸造的工作原理	熟悉离心铸造的基本工艺原理,了解离心力场和金属液的凝固特点	流体力学,金属热态成形传输原理,液态金属凝固技术
离心铸造工艺及设备	了解离心铸造的相关工艺及生产设备	铸造工艺学,特种铸造设备

 导入案例

离心铸造的发展现状

　　离心铸造是一种比较传统的铸造方法,早在19世纪中后期,随着工业经济的快速发展,在与砂型铸造和连续铸造的竞争过程中,离心铸造也得以发展。20世纪中叶,德国、加拿大及俄国相继都有了离心铸造车间,逐渐形成规模化生产。我国在20世纪30年代也开始使用离心铸造的方法铸造筒类和管类铸件,如缸套、铁管、铜套、轴瓦等,在我国采用离心铸造生产的铸件占全年铸件产量的20%左右,这一数字仅次于砂型铸造。近年来,离心铸造也被应用于新型材料的生产,比如复合材料和陶瓷材料的制备,并且已经体现出了其明显的优势。

　　离心铸造双金属环件是一种替代技术,具有生产成本低、加工工艺简单、能耗低、产品界面结合强度高等优点。通常利用双头离心浇注机来生产双金属复合管,其生产过程主要包括喷射涂料、浇注金属液以及拔出铸管三个阶段。首先,对铸型进行预热,然后将铸型的转速调到一定的数值,使其旋转,接着推动涂料小车向铸型中喷射涂料,直到铸型壁上布满薄薄的一层涂料,待涂料喷射完毕后,铸型不能停止转动,而仍然保持一定的速度旋转使铸型壁上的涂料进一步均匀化,随后浇注金属液。在金属液浇注前,应当将铸型调到合适的转速高速转动,先浇入外层金属,浇注完毕后继续空转进行冷却,待冷却到合适的温度后浇入内层金属。两层金属在铸型转动时产生的巨大离心力下紧贴铸型壁,从而形成空心的环形构件,待内层金属浇注完毕后仍要空转一段时间,使金属铸件逐渐均匀化。最后,当双金属复合管冷却凝固后,把铸型两边的端盖拆卸下来,拔出铸管,并放入缓冷坑进行缓冷,以防止铸管开裂。

　　资料来源:

　　张伟,许云华,刘伟涛. 双头离心浇铸双金属复合管工艺研究[J].热加工工艺,2007,36(21):41-42.

　　陈昭. 离心铸造发动机缸套的制备工艺及其切削性能研究[D].合肥:合肥工业大学,2017.

◀ 10.1 概 述 ▶

离心铸造(centrifugal casting,CC)是将液态金属浇入旋转的铸型中,使液态金属在离心力作用下,完成铸件充型和凝固过程的一种铸造方法。离心铸造工艺应用于离心铸管、缸套、轧辊、轴套、轴瓦及其他各种轮类铸件的生产。

10.1.1 离心铸造的工艺过程及分类

离心铸造的工艺过程较为简单,一般由铸型准备、开机调速、将定量金属液浇入旋转铸型中、金属液冷却、铸件出型等步骤组成。根据不同的分类标准,离心铸造的分类如表 10-1 所示。

表 10-1 离心铸造的分类

分类原则	类别名称
按旋转轴位置	立式离心铸造
	卧式离心铸造
按离心力应用情况	真正离心铸造
	半真正离心铸造
	非真正离心铸造
按铸型材料	金属型离心铸造
	耐火材料金属型离心铸造
	砂型离心铸造
	其他材料铸型离心铸造
按铸型温度	冷模离心铸造
	热模离心铸造

1. 立式离心铸造

立式离心铸造时,铸型的旋转轴线处于垂直状态,其离心铸造示意图如图 10-1、图 10-2 所示。常用的金属型离心铸造主要用于生产高度小于直径的圆环类铸件,如图 10-1 所示。采用砂型、熔模铸造型壳和非金属铸型可生产异形铸件,如图 10-2 所示。

2. 卧式离心铸造

卧式离心铸造时,铸型的旋转轴线处于水平状态,其离心铸造示意图如图 10-3 所示,主要用于生产长度大于直径类的套筒或管类铸件。

3. 真正离心铸造

不用砂芯,纯粹用旋转产生的离心力使金属液紧贴型壁而形成空腔铸件的方法称为真正离心铸造,如图 10-4 所示。利用真正离心铸造法生产的产品,常见的有不同长度和直径的铸管和缸套。旋转轴可以处于任意角度,其共同特点是铸件轴线与旋转轴重合。铸管等长件一般用水平旋转轴;缸套、轴套等短件可使用垂直旋转轴;旋转轴与垂直方向成一定角度的倾斜离心铸造常用在轧辊铸造上。

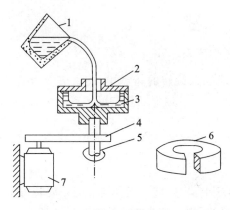

图 10-1 立式离心铸造圆环示意图

1—浇包;2—铸型;3—金属液;4—皮带和皮带轮;
5—轴;6—铸件;7—电动机

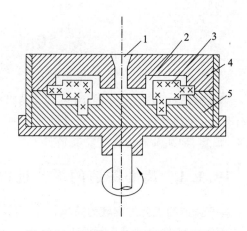

图 10-2 立式离心铸造异形铸件示意图

1—浇道;2—型腔;3—型芯;4—上型;5—下型

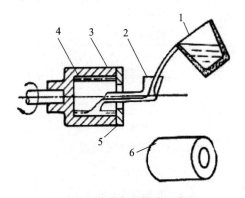

图 10-3 卧式离心铸造示意图

1—浇包;2—浇注槽;3—铸型;
4—金属液;5—端盖;6—铸件

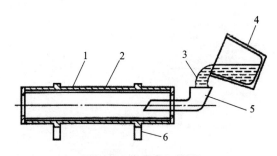

图 10-4 真正离心铸造

1—铸型;2—铸件;3—金属液;4—浇包;
5—流槽;6—支承及驱动辊

4. 半真正离心铸造

半真正离心铸造的铸型形状仍是轴对称的,但与真正离心铸造相比,其结构要复杂得多,其中心孔可用砂芯铸出,如图 10-5 所示。铸型旋转速度远比真正离心铸造要低,离心力有助于充型和凝固,但不起成形作用。

5. 非真正离心铸造

非真正离心铸造的零件形状可以随意,该工艺仅利用离心力增加金属液凝固时的压力,铸型旋转速度更低,铸件中心线也不与旋转轴线重合,如图 10-6 所示。

10.1.2 离心铸造的优点及局限性

1. 离心铸造的优点

(1)不用砂芯即可铸出中空筒形或环形铸件,也可铸出不同直径和长度的铸管,生产效率高,生产成本低。

(2)某些铸件不需要任何浇冒口,提高了金属液的利用率。如离心球墨铸铁管的出品率可

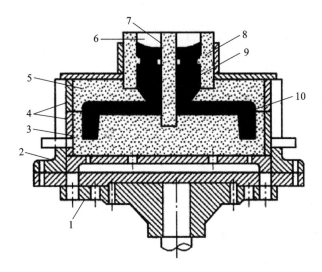

图 10-5　半真正离心铸造

1—旋转台；2—卡紧夹具；3—下型；4—砂箱；5—上型；6—浇口杯；7、8—砂芯；9—冒口；10—铸件

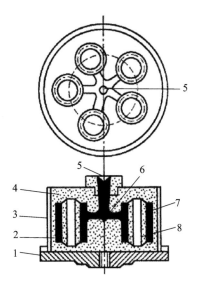

图 10-6　非真正离心铸造

1—旋转台；2—下型；3—砂箱；4—上型；5—中心浇道；6—补缩道；7—铸件；8—砂芯(形成内腔)

超过 96％(包括废品损失在内)。

(3)金属液在离心力作用下凝固,组织细密。氧化物等夹杂在离心力作用下将浮出金属液本体,留在内表面,可以用机械加工方法去除。

(4)在一定的铸件壁厚范围内,采用较高的冷却速度,可获得从金属型壁到铸件内壁的定向凝固组织。

(5)可浇注不同金属的、具有不同内外层性能的双金属铸件,如轧辊、面粉机磨辊等。

2.离心铸造的局限性

(1)真正离心铸造工艺仅适用于中空的轴对称铸件,而这类铸件的品种并不多。

(2)离心铸造要使用复杂的离心铸造机,一般价格较贵,故离心铸造车间的投资比其他铸造方法要多。

(3)由于离心力的作用,某些金属液容易在凝固过程中产生密度或成分偏析。

(4)靠离心力形成的内表面比较粗糙,尺寸精度不高。

3. 工艺特点

与砂型铸造相比,离心铸造有以下工艺特点:

(1)离心铸件的致密性较高,气孔、夹渣等缺陷少,力学性能高于砂型铸件。

(2)生产中空旋转铸件时型芯用量少,甚至可不用。

(3)可以应用的金属范围广,如铁、钢、铜、铝。

(4)离心力大大提高了金属液的充型性,可生产薄壁及流动性不好的钛合金铸件。

(5)铸件重量范围从数克到数十吨。

10.1.3 离心铸造的应用

离心铸造第一个专利是在 1809 年由英国人爱尔恰尔特(Erchardt)获得的,当时他不仅获得卧式离心铸造的专利,还有立式离心铸造的专利。人们最初主要把精力集中于用离心铸造法生产当时城镇建设所需的铁管。我国在 20 世纪 30 年代开始用离心铸造法生产铁管。现在离心铸造已成为被广泛应用的铸造方法,适用于大批量生产,可以浇注大部分形状对称或近似对称的金属铸件,常见产品见表 10-2。图 10-7 为采用离心铸造方法生产的典型铸件。

表 10-2 离心铸造生产的常见产品

产品名称	材料及规格
铸管	球墨铸铁压力管:长 4.5~8 m,直径 φ75~φ2600 mm。 灰铸铁排水管:长 1.83~3 m,直径 φ50~φ300 mm
气缸套	各种规格水冷缸套,铝制发动机用缸套毛坯,材料以灰铸铁、球墨铸铁为主
活塞环	铸成筒形件(最长可至 2 m)后再加工,材料以灰铸铁、球墨铸铁为主
阀门密封环	灰铸铁、球墨铸铁
滑动轴承	有色合金
减摩轴承	黄铜
轧辊及辊子	各种规格的直径和长度,材料以钢、灰铸铁、球墨铸铁、有色金属为主
双金属铸件	轧辊和面粉机磨辊等,材料以各类白口铸铁或冷硬铸铁、灰铸铁或球墨铸铁为主

(a) 离心铸造球磨铸铁管

(b) 离心铸造汽车缸套

(c) 离心铸造轧辊

图 10-7 典型离心铸造铸件

◀ 10.2 离心铸造工作原理 ▶

10.2.1 离心铸造的工艺参数

离心铸造是将熔融化的金属液通过流槽流入旋转的金属型筒(管模)内,金属液在离心力的作用下布满金属型筒,最后凝固成圆筒形铸件的一种特殊铸造方法。

1. 铸型转速的确定

离心铸造时,为克服重力,铸型必须有一定的转速。转速太低,离心力不足,就会使立式离心铸造时铸型充型不良,水平离心铸造时产生淋落现象,铸件易出现疏松、夹渣、内表面凹凸不平等缺陷;转速过高,会增加能耗,提高了对铸型和离心机设计制造的要求,使铸件易产生纵向裂纹,金属液更易产生偏析,使用砂衬时更易产生黏砂、胀砂等缺陷。对于离心铸管,管模转速过高,会使管模产生跳动,造成铸管壁厚不均匀,或在冷却过程中铸管容易发生弯曲。生产实践证明,管模转动时其径向圆跳动量应控制在 $0.3 \sim 0.5$ mm 之间。因此,在确定离心铸造铸型的转速时,其原则是在保证铸件质量的前提下,选取最低的铸型转速。

2. 离心力

金属液在金属型筒内所受的离心力与旋转半径成正比,与旋转速度的平方成正比。

$$F = m\omega^2 r = (\pi/30)n^2 = 0.011 mrn^2 \tag{10-1}$$

式中　F——离心力(N);

　　　　m——液态金属的质量(kg);

　　　　ω——金属型筒旋转角速度(rad/s);

　　　　n——金属型筒旋转速度(r/min);

　　　　r——液态金属中任意点的旋转半径(cm)。

3. 重力系数

为了保证金属液在金属型筒内有足够的离心力而不产生淋落现象,在离心机的设计中通常使用重力系数作为依据。重力系数为物体在旋转时离心力与正常重力之比。

$$G = F/P = m\omega^2 r/mg = 0.112(n/100)^2 r \tag{10-2}$$

式中　G——重力系数;

　　　　F——物体所受的离心力(N);

　　　　P——物体所受的重力(N);

　　　　g——重力加速度,取 9.81 m/s^2。

4. 铸型转速的计算

离心铸造机设计必须保证具有足够的离心力使金属液紧贴管模内壁,避免产生金属液淋落现象。但铸型转速过高,也会造成铸件厚度不均匀,铸件易产生弯曲、成分偏析和因质量不均匀而引起的环裂和纵裂等缺陷。铸型转速的常用经验公式有以下两个:

1)以离心力为基础的经验公式

$$n = \beta \frac{5520}{\sqrt{\gamma R}} \tag{10-3}$$

式中　β——调整系数，一般取 $0.9 \sim 1.6$；

　　　γ——金属的重度（N/cm³）；

　　　R——铸型内表面半径（cm）。

2）以重力系数为基础的经验公式

$$n = 299\sqrt{\frac{G}{R}} \qquad (10\text{-}4)$$

式中　G——重力系数。

各种离心铸造的铸件，其重力系数的取值如表 10-3 所示。

表 10-3　重力系数 G 的选取

铸件名称		重力系数 G
中空冷硬轧辊		$75 \sim 150$
内燃机气缸套		$80 \sim 110$
大型缸套		$50 \sim 80$
钢背铜套		$50 \sim 60$
钢管		$50 \sim 65$
轴承钢圈		$50 \sim 65$
铸铁管	砂型	$65 \sim 75$
	金属型	$30 \sim 60$
双层离心铸管		$10 \sim 80$
铝硅合金套		$80 \sim 120$

理论上，离心机转速达到 20G 就能使筒、管型铸件成形，但实际选用值都远高于此值，如铸铁管为 $40 \sim 60G$，高合金的黏性金属液可选 100G 以上。生产实践中，由于各方面的条件不同，各生产企业选取的铸型转速不同。图 10-8 为部分企业离心球墨铸铁管水冷金属型的实际转速。

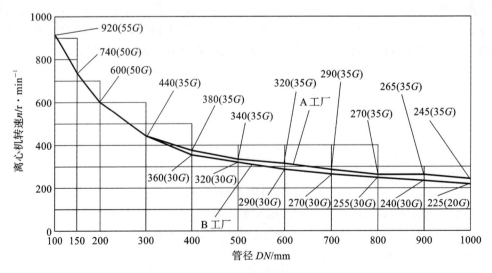

图 10-8　水冷离心铸管机的金属型实际转速（图中 G 为重力系数）

10.2.2　离心力场

离心铸造时,金属液做绕中心 O 的圆周运动(见图 10-9),如在旋转的金属液中取任意质点,其质量为 m,它的旋转半径为 r,其旋转角速度为 ω,则该质点会产生离心力 $m\omega^2 r$,离心力呈径向,通过旋转中心指向离开中心的方向,它有使金属质点做离开旋转中心的径向运动的作用。如果把旋转着的金属液所占的体积看作一个空间,在这一空间中,每一质点都产生如 $m\omega^2 r$ 那样的离心力,这样就可把此空间称为离心力场。

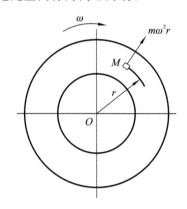

图 10-9　离心力场示意图

离心力场与地球表面的重力场(地心引力场)有很多相似的性质:在重力场内,每一质点都能产生重力,其大小为 mg,方向指向地球中心,使质点出现向地球中心运动的趋势;而在离心力场中,每一质点都能产生离心力,其大小为 $m\omega^2 r$,指向为远离旋转中心的方向。重力 mg 中的 g 是重力加速度,离心力 $m\omega^2 r$ 中的 $\omega^2 r$ 为离心加速度。

因此,就可借用重力场中很多力学现象的概念,来研究离心力场中铸件的成形特点。如在重力场中,对于单位体积物质表现的重力 ρg(ρ 为物质的密度),人们把它称为重度;同样,对于离心力场中单位体积的物质而言,它所产生的离心力为 $\rho\omega^2 r$,离心铸造研究工作者把此值称为有效重度。

离心铸造时,金属的有效重度往往比在重力场中的重度大几十倍至一百多倍,为研究分析方便,人们把有效重度与一般重度之比称为重力系数 G,即

$$G = \rho\omega^2 r/\rho g = \omega^2 r/g \qquad (10\text{-}5)$$

离心铸造时,液体金属在自由表面的有效重度最小,一般为 $(2\sim10)\,\mathrm{MN/m^3}$。

10.2.3　离心力场中液体金属自由表面的形状

在重力场中,往铸型中浇注金属液,其自由表面总呈水平状态,如果不考虑凝固补缩的因素,铸型中与空气接触的铸件上表面也应该是平面。

离心铸造时,液态金属的自由表面形状必将决定铸件内表面的形状,所以长时间以来,人们曾重点研究了离心铸造时的金属液自由表面形状。

1. 立式离心铸造时金属液自由表面的形状

可用水力学中的欧拉方程式来求解立式离心铸造时金属液自由表面的形状。欧拉方程式

的形式为

$$\mathrm{d}p = \rho(X\mathrm{d}x + Y\mathrm{d}y + Z\mathrm{d}z) \tag{10-6}$$

式中　$\mathrm{d}p$——相对静止液体中距离为 $\mathrm{d}l$（其坐标轴上的分量相应为 $\mathrm{d}x, \mathrm{d}y, \mathrm{d}z$）两点间的压强差；

　　　　ρ——液体的密度。

设液体金属绕垂直轴 $y\text{-}y$ 旋转，其旋转角速度为 ω，则其径向截面如图 10-10 所示。在金属液自由表面上任取一液体质点 $M(x,y)$，在 x 轴方向上它的单位质量力 $X = \omega^2 x$，y 轴方向上的单位质量力 $Y = g$（g 为重力加速度）。由于自由表面上任意两点间都无压强差，即自由表面为等压面，故 $\mathrm{d}p = 0$，由式(10-6)可得

$$X\mathrm{d}x + Y\mathrm{d}y + Z\mathrm{d}z = 0 \tag{10-7}$$

因自由表面为一回转面，故可不考虑 Z 轴方向上的质量力。将上述 X 和 Y 值代入式(10-7)，得

$$\omega^2 x\mathrm{d}x + g\mathrm{d}y = 0 \tag{10-8}$$

将此式积分，可得立式离心铸造时金属液自由表面在径向截面上所表现的曲线方程式：

$$y = \omega^2 x^2 / 2g \tag{10-9}$$

此式为抛物方程式，抛物线顶点为坐标的原点，由此可推论立式离心铸造时金属液的自由表面为绕垂直轴的回转抛物面。

由于铸件内孔是金属液的回转抛物面所形成的，因此铸件顶部的内孔应最大，底部的内孔应最小，两内孔的半径差应为 $k = x_1 - x_2$（见图 10-10）。

由图 10-10 可知，自由表面上的两个点 (x_1, y_1) 和 (x_2, y_2) 应满足式(10-9)，即

$$y_1 = \frac{\omega^2 x_1^2}{2g} \tag{10-10}$$

$$y_2 = \frac{\omega^2 x_2^2}{2g} \tag{10-11}$$

用式(10-10)减去式(10-11)，得到铸件高度 h 的数学式：

$$h = y_1 - y_2 = \frac{\omega^2 (x_1^2 - x_2^2)}{2g} \tag{10-12}$$

对此式运算后，得

$$k = x_1 - \sqrt{x_1^2 - \frac{2gh}{\omega^2}} \tag{10-13}$$

将 $g = 9.81\mathrm{m/s^2}$、$\omega = \pi n/30$ 代入式(10-13)，得

$$k = x_1 - \sqrt{x_1^2 - \frac{1800h}{n^2}} \tag{10-14}$$

式中　n——液体金属转速(r/min)。

生产中常用式(10-13)和式(10-14)估算立式离心铸造时可能出现的所浇铸件的上下端面薄厚差 k。

一般情况下，在凝固后的立式离心铸件上应有一个与金属液自由表面相似的内表面，但由于铸件在高度方向上的凝固顺序不同，铸件金属液在凝固时会出现体收缩，铸件内表面的抛物面形状常会被破坏。如图 10-11(a)所示，因铸件下部的壁较厚，浇注过程中热的金属液会掉落在铸型底部，热金属液在离心力作用下向铸型侧壁移动，再向铸型上部流动成形，所以铸型下

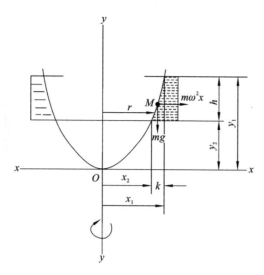

图 10-10　立式离心铸造时金属液径向截面上的自由表面

部的温度较高,铸型下部会最后凝固,当铸件上部先凝固的金属出现体收缩时,铸件下部尚未凝固的金属液会在离心力作用下向上移动,对铸件上部进行补缩,最后在铸件下部的内表面上形成内凹的曲面。又如图 10-11(b)所示,当铸型转速较小时,回转抛物面的顶点移至铸件内,铸型下部便积聚了一层金属,这层金属因厚度较大而最后凝固,并且由于铸型转速太小,铸件下部自由表面以下的金属液的离心力也太小,该处金属的凝固条件接近于在重力场中凝固,故铸件下部会形成较多的缩孔。

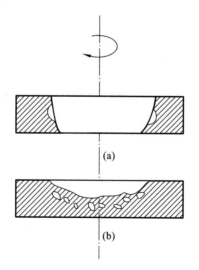

图 10-11　立式离心铸件内表面的歪曲

2. 卧式离心铸造时金属液自由表面的形状

卧式离心铸造时,垂直于旋转轴可截取如图 10-12 所示的旋转金属液表面。在旋转角速度为 ω 的金属液的自由表面上,任取一质点 $M(x,y)$,如果只考虑离心力场的作用,而不考虑重力场作用(犹如失重状态),则该点上的单位质量力为 $\omega^2 r_0$,在 x 轴方向上的分量为 $X=$

$\omega^2 r_0 \cos\alpha = \omega^2 x$，其在 y 轴方向上的分量为 $Y = \omega^2 r_0 \sin\alpha = \omega^2 y$，而它在旋转轴方向（即 z 轴）上的分量为零，即 $Z = 0$，类似的，将 X，Y 值代入式（10-7），得

$$\omega^2 x\mathrm{d}x + \omega^2 y\mathrm{d}y = 0 \qquad (10\text{-}15)$$

将该式积分后，得到金属液在垂直于轴线的横截面上的曲线方程式：

$$x^2 + y^2 = r_0^2 \qquad (10\text{-}16)$$

此式为圆的方程式，圆的半径为金属液的内径 r_0，圆的中心与金属液的旋转轴重合，因此可以推断卧式离心铸造时，如果没有重力场的影响，金属液的自由表面应该是以旋转 x 轴为轴线的圆柱面。

但由于重力场的影响，卧式离心铸造时的金属液自由表面的轴线将向下移距离 e（见图 10-12）。当金属液做圆周运动时，金属质点由最高处的圆环截面 A 处向最低处的圆环截面 B 移动时，在重力场的作用下，它的速度将增加。而当金属质点自截面 B 向截面 A 运动时，在重力场作用下，质点将做减速运动，所以金属液在截面 A 处的圆周线速度 v_A 将最小，而在截面 B 处，金属液的圆周线速度 v_B 最大，即

$$v_A < v_B \qquad (10\text{-}17)$$

据水力学的液体流动的连续性原理，可把绕水平轴旋转的金属液的运动视作在由自由表面和铸型所组成的封闭环内运动，所以

$$v_A S_A = v_B S_B \qquad (10\text{-}18)$$

式中　S_A，S_B——截面 A 和截面 B 的金属液流动的有效面积。

由于 $v_A < v_B$，由式（10-18）可知 S_A 应大于 S_B。

卧式离心铸造时，铸件的长度在圆周各处都为一定值，为使 $S_A > S_B$，只能使 A 截面处的金属液厚度增大，B 截面处的金属液厚度减薄，使自由表面下移，从而出现了卧式离心铸造时金属液近圆柱形表面向下偏移的现象。

在卧式离心铸件凝固时，由于金属是由外壁向内表面进行顺序结晶的，并且旋转离心铸型外表面上每点的散热条件都一样，因此铸件的凝固层在圆周上是等速地向内表面增厚的，靠近内表面处的液体层厚度会减薄，这将使自由表面的偏心值 e 逐步减小。此外，随着铸件的凝固，金属液的温度也下降，其黏度会相应地增大，因此金属液在绕水平轴旋转时，质点由 A 截面向 B 截面运动时的增速会受到黏性力的阻碍，在金属液由 B 截面向 A 截面上升时的减速也不能自由地进行，这就会促使 v_A 和 v_B 值差别逐渐缩小，相应地也会使 e 值减小，所以最终在凝固后的铸件上不会出现内表面的偏心。

至于在实际生产中可能遇到的铸件内表面的偏心，可能和铸型圆柱形工作表面的轴线与离心铸造机主轴的轴线不重合有关。

与立式离心铸造时相似，卧式离心铸件的圆柱形内表面的形状还常受铸件凝固顺序的影响，如图 10-13（a）所示，浇注时金属液的落点区长度为 L，金属液由此落点区向铸型的两端流动，分布均匀，并且该处的金属是由最后进入铸型的金属液形成的，所以以从铸型和铸件金属的整体看，落点处的铸型和金属的温度为最高，该处的金属液应最后凝固。浇注完毕后，当其他部分金属液凝固出现体积收缩时，落点处的金属液会在离心压力作用下自动地补缩，以至当别处的金属凝成一定厚度时，落点处的金属液厚度会减小，最后在全部凝固的铸件内表面上，落点处会形成下凹的曲面。同理，图 10-13（b）表示了在铸件厚壁处所出现的内表面下凹现象。

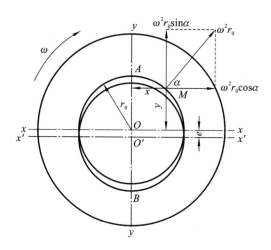

图 10-12　卧式离心铸造时金属液横截面上的自由表面

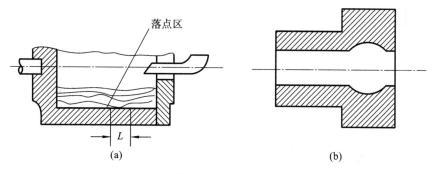

图 10-13　卧式铸件内表面形状的歪曲

10.2.4　离心力场中金属液内异相质点的径向移动

进入铸型中的金属液常常不是均匀单一成分的液体,金属液中常会夹有固态的夹杂物、不能与金属液共溶的渣滴和气态的气泡。对不能相互共溶的多组元合金而言,不同的组元仅机械地混合在一起,很不均匀。铸型中金属液在凝固过程中也会析出固态的晶粒和气态的气泡,这些夹杂、气泡、渣滴、晶粒,以及与金属液主体不能融合的另一种组成的金属液滴,它们都可被称为异相质点。

这些异相质点被金属液的主体所包围,由于它们的密度与金属液主体的密度不一样,在重力场中,它们就会上浮或下沉,在一般重力场情况下,异相质点的上浮(下沉)速度 v_Z 可用斯托克斯公式表示,即

$$v_Z = \frac{d^2(\rho_1 - \rho_2)g}{18\eta} \tag{10-19}$$

式中　d——异相质点的颗粒直径(m);

　　　ρ_1、ρ_2——异相质点颗粒和金属液的密度(kg/m³);

　　　η——金属液的动力黏度(Pa·s);

　　　g——重力加速度,取 9.81 m/s²。

　　离心铸造时所形成离心力场中,与重力场中的情况相似,密度比金属液主体密度小的异相质点会向自由表面做径向移动;而密度比金属液密度大的异相质点则向金属液的外表面移动,其移动速度 v_L 也可用斯托克斯公式计算。但需注意的是,在重力场中异相质点的上浮、下沉是由重力质量力作用而发生的,在斯托克斯公式中以 g 表示;而在离心力场中,异相质点的"内浮"和"外沉"是由离心力质量力作用而产生的,即一切质点的重度都增加了 $G(G=\omega^2 r/g)$ 倍,故可得到离心力场中异相质点的内浮(外沉)速度 v_L 的斯托克斯公式:

$$v_L = \frac{d^2(\rho_1 - \rho_2)g}{18\eta} \cdot \frac{\omega^2 r}{g}$$
$$= \frac{d^2(\rho_1 - \rho_2)\omega^2 r}{18\eta}$$

(10-20)

将式(10-20)除以式(10-19),得

$$\frac{v_L}{v_Z} = \frac{\omega^2 r}{g} = G$$

(10-21)

　　由此式可知,离心铸造时异相质点在金属液中的沉浮速度是重力铸造时的 G 倍。因此,那些密度比金属液低的夹杂物、渣滴、气泡等将易于自旋转的金属液内浮至自由表面,所以离心铸件中的夹杂物、气孔缺陷比重力铸件中少得多。因为旋转铸型外壁上的散热很强,而铸件内表面只与对流较弱的空气接触,能带走一部分热量,并且不易辐射散热,所以离心铸件的凝固顺序主要由铸件外壁向铸件内表面进行。这种离心铸件的凝向顺序更利于夹杂物、渣滴、气孔等有害异相质点自铸件内部逸出。

　　对在凝固时析出的晶粒而言,在大多数场合,它们的密度都会大于金属液的密度,这样离心铸造时,在金属液凝固时析出的晶粒便有比重力铸造时大得多的向铸件外壁移动趋势;同理,金属液中较冷的金属液集团也较易向铸件外壁集中。再结合前面已经谈到的离心铸造时金属主要通过铸型壁进行散热的特点,所以离心铸件由外向内的定向凝固特点很突出。随着晶体由外向内生长的速度加剧,结晶前沿前的固液相共存区缩小,在钢铸件、铝合金铸件中容易形成柱状晶,顺序凝固的金属层容易得到补缩,离心铸造内不易形成缩孔、缩松的缺陷。因此离心铸件的组织致密度较大。

　　离心铸件的较大组织致密度还与离心力场中金属液具有较大的有效重度(即离心力)有关,这促使金属液具有更大的流动能力,金属液能通过凝固晶粒间的细小缝隙,对晶粒网间的小缩松进行补缩。当金属液在细小补缩缝隙中流动时(见图10-14),其旋转半径随着向外补缩流动而增大,离心力也越来越大,克服晶粒间缝隙阻力进行流动的能力也越来越大,移动速度加快,为随后进入晶间缝隙的金属液流动创造了更好的条件,这也是离心铸件内缩松少、组织致密的重要原因。

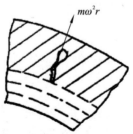

$m\omega^2 r$

图 10-14　离心铸件缩松补缩过程示意图

但离心铸造时异相质点径向移动的加剧也会给铸件质量带来坏处,它能增强铸件的重度偏析,如铅青铜离心铸件上常出现的铅易在铸件外层中集聚的偏析现象;而在钢、铁的离心铸件横断面上,易出现碳、硫等元素在铸件内层含量较高的偏析现象。

近年来,利用离心铸造这种内浮外沉特点,兴起了用离心铸造法研制梯度功能材料的活动。利用离心铸造金属液在凝固过程中析出的初生相与母液间的密度差,使初生相径向移动,在铸件的离心半径上形成组织或元素组成逐步变化的梯度层,而成为一定意义下的自生梯度功能材料,即各层性能逐渐不一样的材料。目前此种研究正在进行中。

如果金属凝固时析出的晶粒的密度比金属液小,析出的晶粒会以较大的速度向自由表面移动,金属液便从自由表面开始凝固,而在铸件内表面凝固层的外侧铸件空间中,还有液态的金属,这部分金属液凝固时由于体积收缩而形成的空间便无法得到金属液的补缩,便会在铸件内表面下形成缩孔、缩松。有时,当已凝固的离心铸件内表面外的金属液凝固收缩形成的空间较大,已凝固的内表面层如同悬空的圆环,在里层金属液上"滚动",受本身离心力的作用或其他如冲击外力的影响,此内表面凝固层会开裂,最后在离心铸件的内表面上出现纵横交错、宽度不一、深浅不同的裂纹。情况严重时,甚至会使铸件内表面出现高低不一、与铸件连在一起的碎块,如同黄河凌汛时形成的冰冻河面。如离心铸造球铁管的内表面,尤其是砂型离心铸造球铁管的内表面上常会出现上述的现象。

离心铸造时铸件内表面的提前凝固也与自外表面的定向凝固速度太小,在内表面上的散热速度太大(如大直径铸件的自由表面和铸型两端都有空气对流的孔)有关。这种既有自铸件外壁向内的凝固顺序,又有自铸件内表面向外的凝固顺序现象称为双向凝固,离心铸造时不希望出现双向凝固。而防止离心铸件重度偏析的有效工艺措施为降低浇注温度和加强对铸型的冷却(即加速铸件的凝固)。

10.2.5 离心铸造中金属液的凝固特点

1. 金属液凝固特点

由于离心力对金属凝固过程的影响,离心铸造的铸件夹杂物少,晶粒较细,组织致密,力学性能较高。金属液浇入铸型后,受型壁的激冷作用,开始结晶凝固。随着热量(金属液过热热量和结晶潜热)连续地通过铸型壁向外散发,金属结晶由外向内顺序地进行,离心力的作用又使液态金属对流加剧,从而得到沿径向生长的柱状晶组织。

当铸件外表面结晶凝固成一层柱状晶后,其内层的结晶前沿存在着液固相共存区。结晶前沿的金属液仍按惯性运动,与已凝固的金属层产生相对滑动,使离心铸造铸件的径向断面上出现倾斜柱状晶。柱状晶的旋转方向与铸管成形时的方向一致,外层的晶体倾斜度较大,越往内层,倾斜度越小,最后转变为径向柱状晶,如图 10-15 所示。

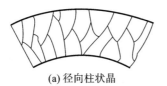
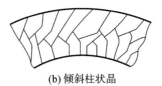

(a) 径向柱状晶　　　　　　　　　(b) 倾斜柱状晶

图 10-15　离心铸件横断面上的柱状晶

在离心铸造过程中,铸型高速转动产生的离心力,帮助内层未凝固的金属液浸透入枝晶孔穴中,对顺序凝固金属的收缩进行补缩,从而获得致密的铸件。金属液与枝晶的相对滑动,还阻碍了树枝状晶的发展,从而使晶粒细化。两者都有利于提高离心铸件的力学性能。

但离心铸造铸件并非没有缩松缺陷。在衬覆膜树脂砂热模法离心浇注大口径铸管的凝固过程中,由于金属型(管模)冷却强度低,金属液能保持很长时间没有凝固,但其内表面已达到凝固点,最后凝固的金属液便在主要凝固层与内孔凝固层之间形成环形心部缩松带(见图10-16),降低了铸件的力学性能。

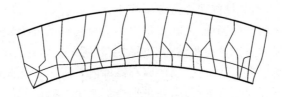

图10-16　离心铸管环形中心缩松带

2. 离心铸造金属液凝固中偏析

1)异相质点偏析

浇入旋转铸型中的金属液常夹有密度与母液密度不一样的异相质点,如气泡、渣粒、析出的初生相、共晶团、不能互溶的金属组元液体等。密度较小的颗粒会向自由表面移动(内浮);密度较大的颗粒则往模壁移动(外沉)。它们的沉浮速度可以近似地用下式计算

$$v = \frac{d^2}{18}\left(\frac{\rho_1 - \rho_2}{\eta}\right)\omega^2 R \tag{10-22}$$

式中　v——颗粒的沉浮速度(m/s),正值为向内浮,负值为向外沉;

　　　d——异相质点的颗粒直径(m);

　　　ρ_1——金属液的密度(kg/m^3);

　　　ρ_2——异相质点的密度(kg/m^3);

　　　η——金属液的动力黏度(Pa·s);

　　　ω——金属型筒的旋转角速度(rad/s);

　　　R——液态金属中任意点的旋转半径(m)。

2)层状偏析

金属液浇入铸型后,金属液还以流体的形式层状地在铸型上做轴向流动,如图10-17所示。图中的数字表示各层金属液的流动次序,即第一层金属液做轴向流动时,由于温度的降低,流动速度减小,温度较高的第二层金属液便在第一层金属液上流动并超越第一层金属液,以此类推,所以离心铸造铸件上常出现层状偏析,即各层的金相组织不一样,并且大多以近似于同心圆环的形式分层,如图10-18所示。故层状偏析是由于每层金属液的凝固条件差异而引起的。

3)化学成分和组织偏析

对离心球墨铸铁管有以下几种情况:①铸铁一次结晶时形成的石墨-奥氏体共晶团,在共晶团内和边界上有较严重的成分偏析。如在共晶团边界上锰高硅低,在球状石墨周围硅含量偏高,或者因加入的孕育剂未能完全熔融,扩散不均匀,引起某些微区富硅,产生"富硅组织"。②当铁液中碳当量较高时,凝固过程中会有大量球状石墨析出。在离心力的作用下,密度较铁

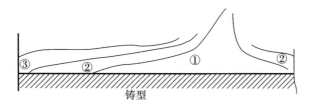

图 10-17　铸型轴向断面上金属液层状流动示意图

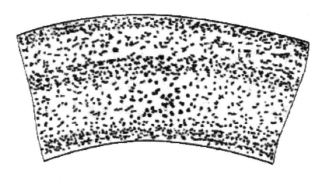

图 10-18　离心铸件断面的层状偏析示意图

液小的球状石墨向内表面层积聚,产生石墨漂浮现象。③当铁液的化学成分不正确,如含碳量太低(或碳当量太低),含硫量过高,存在较多的反石墨化元素,或者铁液氧化严重且铸型局部冷速不均匀时,会出现局部白口或组织不均匀。④在凝固过程中,部分难熔的稳定碳化物元素被结晶前沿的铁液推向铸管最后凝固部位,此时又易产生孕育衰退问题,从而在铸管壁中心的最后凝固部位得到较多的渗碳体组织,产生反白口现象。

◀ 10.3　离心铸造工艺 ▶

10.3.1　对离心铸造金属液和生产方式的要求

在铸造熔炼各种金属时,都要求金属液有合适的成分、适当的浇注温度以及高的纯净度,离心铸造工艺根据自身的特点,对熔炼系统,即金属液的准备提出了更高的要求。除铸造一些小批量铸件之外,像离心铸管、缸套等铸件的真正的离心铸造完全属于大批量流水生产,这种生产方式有以下要求:

1. 熔炼系统要具有大的容量以满足规模生产要求

离心球墨铸铁管的年产量一般在几万吨到几十万吨,每天需要几百吨的铁液,因此铸管企业所配备的熔炼设备容量要远大于一般铸造厂的熔炼设备。例如,法国木松桥铸管公司采用两座高炉(容量均为 500 m^3)熔炼,每天熔化铁液量达 $700 \sim 1000 \text{ t}$;我国新兴铸管集团公司最大的一个车间,日用铁液量超过 1000 t。

2. 熔炉工作时间长,要保证生产的连续性

铸管生产越连续,生产就越顺当,废品率就越低,金属型使用寿命就越长,生产成本就越低,故一般离心球墨铸铁管厂都采用三班连续生产制,除必要的设备维修和修炉之外,几乎是全年不停顿地生产。高炉可以连续地定时供应铁液,冲天炉熔化则采用大容量的热风水冷冲天炉。为了平衡熔炼与离心机的能力,必须在高炉(冲天炉)与无芯电炉之间设置混铁炉或大吨位的铁液保温炉,以保证离心机生产的连续性。如河北新兴铸管公司使用了一台容量为160 t的混铁炉。在铸管和缸套生产中如何充分发挥离心机的工效是提高整个生产效率的关键,其中最主要的是确保铁液能随时到位,保证离心机不因等铁液而停机。

3.熔炼设备应有较快的升温能力

由于离心球墨铸铁管壁厚较薄,浇注时铁液流动距离较长,因此要求铁液浇注温度较高,特别对于用水冷金属型离心方法生产的小口径铸管,要求铁液的出铁温度 $t \geqslant 1500$ ℃。为了保证生产节拍,要求感应电炉有较大的升温能力,以便在短时间内迅速达到所需的温度。

10.3.2 离心铸型

1.铸型种类

离心铸造可使用金属型、砂型、熔模型壳、树脂砂型、石膏型和石墨型等,表10-4比较了几种铸型的特点。其中,使用最普遍的是金属型,下面着重介绍金属型的结构和材质。

表 10-4 几种铸型的比较

比较项目	砂型	金属型	树脂砂型	石墨型
初始成本	低	高	低	中
工作效率	允许使用各种砂箱	重复性高,每小时可生产60件	每小时可生产10次以上	好
劳动消耗	多	少	少	少
灵活性	高	无	低	高
铸型寿命	一次	2000～30000 次	中	5～100 次
冷却速度	低,铸铁件无须退火	高	中,铸铁件需要退火	高
应用	适合于厚壁管、辊子、各种铸件	适合于各种截面工件	适合于薄壁管	适合于简单工件

2.铸型结构

离心铸造的铸型必须和离心机对应固定,但固定装置应简单、可靠、拆卸方便。为确保铸件成形,防止金属液溢出,铸型的一端要有端板(盖)挡住金属液。生产中铸型有单层结构、双层结构等两种。图10-19所示为立式离心铸造用铸型,图10-20所示为卧式离心铸造用铸型。双层结构包含内型和外型两种,在外型内加上铸件成形的内型,在生产不同外径铸件时,只需调换内型而不必更换整个铸型,从而方便了生产操作。生产长管形铸件时用滚筒式离心铸造机,其铸型主要采用单层结构,铸型上有滚道来防止铸型轴向移动,端盖的固定多采用销子紧固(见图10-21)。

3.铸型材质

不同铸型的材质不同。水冷金属型生产铸管时工作条件恶劣,金属型一般由低合金钢铸锭整体锻造而成,如 20CrMo、30CrMo、34CrMo 和 21CrMo10,其中 21CrMo10 有较好的韧性,

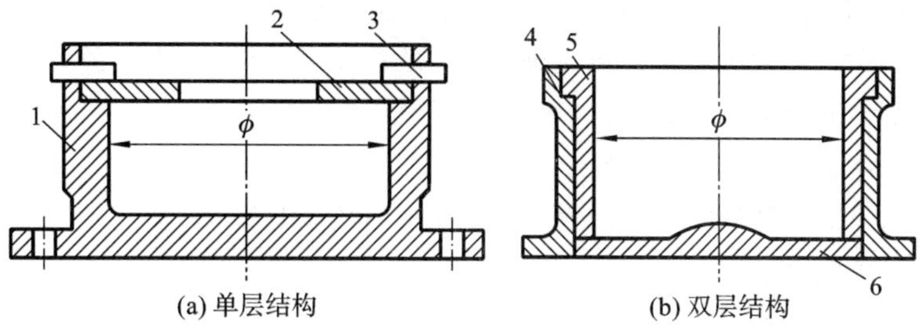

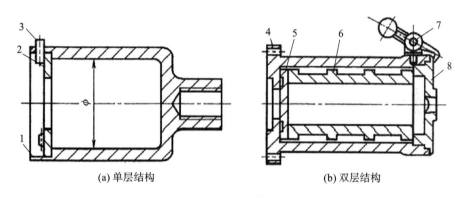

图 10-19　立式离心铸造用铸型

(a) 单层结构　　　(b) 双层结构

1—金属型;2—端盖;3—销子;4—外型;5—内型;6—底板

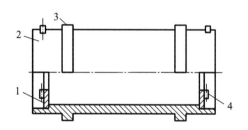

(a) 单层结构　　　(b) 双层结构

图 10-20　卧式离心铸造用铸型

1—金属型;2,8—端盖;3—销子;4—外型;5—底盖;6—内型;7—离心锤

图 10-21　滚筒式离心铸造机

1—端盖;2—型体;3—滚道;4—销子

能有效阻止热裂纹形成,为首选材料。因有涂层保护,热模法离心铸管用铸型的材质为钢,可采用分体锻造和铸造的方法生产。生产其他离心铸件时,大批量生产用铸型的材质为铸铁或钢,用离心铸造方法生产。在浇注低熔点的轻合金时也常用铜合金作铸型。

10.3.3　浇注温度选择

　　离心铸件大多为形状简单的管状、筒状或环状件,多采用充型阻力较小的金属型,离心力又能加强金属液的充型性,故离心铸造时的浇注温度可较重力铸造时低 5～10 ℃。用金属型离心铸造有色合金铸件时,如轴瓦等,应考虑到较高的浇注温度会使轴承合金冷却速度减慢而易产生偏析缺陷。表 10-5 是锡青铜的试验结果,此时必须严格控制浇注温度。

　　对于铸铁管及灰铸铁气缸套,由于合金的熔点与金属型相近,过高的浇注温度会降低金属型使用寿命,也会影响生产率;但过低的浇注温度也会造成冷隔、不成形等缺陷(尤其是铸管),因此必须严格控制浇注温度。表 10-6 是热模法离心铸造球墨铸铁管时的铁液温度要求。普通灰铸铁气缸浇注温度为 1280～1330 ℃,合金灰铸铁气缸浇注温度建议在 1300～1350 ℃之间。

表 10-5　铸件冷却条件对铝锡二元合金偏析的影响　　　　单位:%

试样取样位置		$\omega(Sn)=25\%$、浇注温度 660 ℃		$\omega(Sn)=65\%$、浇注温度 660 ℃		$\omega(Sn)=65\%$、浇注温度 580 ℃	
		金属型温度 100 ℃	金属型温度 700 ℃	金属型温度 100 ℃	金属型温度 600 ℃	金属型温度 100 ℃	金属型温度 600 ℃
Sn 的质量分数	上	24.66	23.31	64.40	62.06	83.80	82.2
	下	25.50	26.47	65.90	67.47	88.13	90.06
质量分数差值		0.84	3.16	1.50	5.41	4.83	7.94

注:试样的直径为 20mm,高度为 200mm。

表 10-6　热模法离心铸造球墨铸铁管对各种铁液温度的要求

直径/mm	1100	1200	1400	1600	1800
铁液碳当量 CE/(%)	4.05～4.30	4.05～4.30	4.05～4.30	4.05～4.30	4.0～4.25
出铁球化温度/℃	1470～1450	1470～1450	1460～1440	1460～1440	1450～1430
浇注铁液温度/℃	1340～1310	1340～1310	1330～1300	1330～1300	1320～1290

10.3.4　金属液定量

立式离心铸造异形铸件的浇注与重力铸造一样,见到浇道完全充满就算完成浇注,一般不必定量。离心铸管的国内外标准都规定有重量公差,气缸套等筒形件在金属液量不准确时会造成机加工余量过大或过小,因此都要求浇注金属液有所定量。实际生产中,金属液的定量有以下几种方法:

1. 称量法

按铸件的毛坯重量,称量待浇的金属液,然后一次倒入,获得合格内径的铸件。这种方法的优点是重量准、尺寸精确,但需要在离心机前设置台秤。浇包及其转动机构都支撑在秤上,按秤所示对中间浇包浇入必需量的金属液。生产大型气缸套以及离心灰铸铁下水管多用这种方法,此时多用短流槽。当铸件毛坯重量有变化时,仅需改动秤的指示值,操作十分方便。

2. 容积法

使用短流槽的涂料热模浇注中小型气缸套都用容积法,即按照浇包中金属液液面位置来定量:首先通过试浇得到合格尺寸的铸件,以后每次使金属液面到此位置就可停止浇注。为保证定量准确,防止每次修包后液面变化带来的麻烦,可设计类似图 10-22(a)所示的浇包。它根据铸件重量计算出同体积的模型,然后以此为胎膜打出浇包,只要金属液面达到台阶就为合格重量。这种浇包使用方便,定量准确,可随时更换新包,重复性好。

水冷金属型生产离心球墨铸铁管必须使用长流槽,除了要求整根铸管重量精确外,还必须确保在全长上各段浇入的铁液量相等,保证各处壁厚均匀,此时广泛使用如图 10-22(b)所示扇形包容积法。

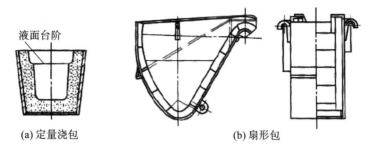

图 10-22 容积法浇包

10.3.5 铸型涂料

1.应用涂料的目的及对涂料的要求

离心铸造用铸型一般都使用涂料。砂型使用涂料是为了增加铸型表面强度,改善铸件表面质量,防止黏砂等缺陷;金属型使用涂料的目的在于使铸件脱模容易,防止铸件金属激冷而产生白口,减少金属液对金属型的热冲击,从而有效地延长金属型的使用寿命,降低铸件表面粗糙度(有时故意使用涂料使铸件表面变粗糙,以增加结合力)。

离心铸造涂料与其他铸造涂料一样,要求原材料便宜、易得,混制和制备容易,涂料稳定,不易沉淀,有足够强度等。离心铸造工艺尤其重视涂料的绝热能力、透气性、与金属铸型有合适的黏结力。

2.涂料的组成

离心铸造涂料的基本组成与重力铸造的涂料相似,但金属型离心铸造时,涂料可以一次性倒入旋转铸型(如应用于车用气缸套等短铸型),也可以使用移动喷涂法加入,因此涂料的组成与品种不如重力铸造时多。离心铸造涂料常由耐火基料、黏结剂、载体、悬浮剂和附加物等几部分组成。下面就典型的离心铸造涂料组成及涂敷方法介绍如下。

1)离心缸套用涂料

生产中一般使用水基涂料,用泼涂料的方法涂敷。表 10-7 为几种铸铁缸套用涂料,多用硅石粉和鳞片石墨作耐火材料,用膨润土作黏结剂。一些企业用勺子盛上涂料向型内泼涂料,但不易在轴向分布均匀。更多企业使用如图 10-23 所示的定量涂料管,其容积与所需涂料体积相当,在管内装满涂料后,水平插入铸型中心孔后翻转180°,将涂料沿轴线均匀撒入铸型。每浇一件铸型便补一次涂料。小气缸涂层厚度为 1~2 mm,大气缸涂层厚度为2.5~4.0 mm。

表 10-7 几种铸铁缸套用涂料配方

配方	硅石粉/ (质量分数,%)	石墨粉/ (质量分数,%)	膨润土/ (质量分数,%)	皂粉/ (质量分数,%)	水与其他组分 的质量配比	备注
涂料配方1	68	20	12	0.5	(0.5~0.6)∶1	涂层厚度 1.5~2.0 mm

配方		硅石粉/(质量分数,%)	石墨粉/(质量分数,%)	膨润土/(质量分数,%)	皂粉/(质量分数,%)	水与其他组分的质量配比	备注
涂料配方2		68	20	12	1	0.8:1	—
涂料配方3	第一层	66	18	12	0	1:1	第一层涂料和金属铸型接触。第二层涂料高温强度较好,与铁液接触。两层涂料总厚2~3 mm
	第二层	66	18	12	0	1:1(水中添加了0.64%食盐和0.64%硼砂)	

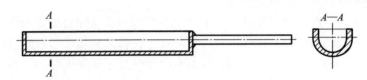

图 10-23　定量涂料管

2)热模法离心铸管用涂料

涂料由耐火材料、黏结剂、载体(溶剂)、悬浮剂和附加物等组成。为使涂料有很好的绝热能力,国内外多用硅藻土(熟料)作耐火材料,用钠基膨润土作黏结剂,水为载体。表 10-8 是一种硅藻土涂料的配方和性能。有的工厂采用硅石粉(石英粉)作耐火材料的涂料,效果较差。这是因为硅石粉与硅藻土的绝热性相差很远,虽然两种材料的主要化学成分都为 SiO_2,但其结构不同。硅石粉是致密的材料,而硅藻土由一种单细胞水生藻类植物的化石骨骼遗骸组成,结构上有很多孔洞,有圆盘状的和长条状的,因而有很好的绝热性能。涂料的配制步骤可按图 10-24 所示进行,耐火材料(基料)要经过研磨细化,以利于均匀分散,在喷涂时不阻塞喷嘴。

表 10-8　一种硅藻土涂料配方和性能

配方/kg			涂层厚度/mm	涂料流杯黏度/s
硅藻土(熟料)	膨润土	水		
9~12	1	18~22	1.0~1.5	11~12

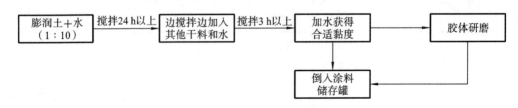

图 10-24　涂料配制流程

生产中普遍使用喷涂法上涂料。图 10-25 所示是一种涂料喷枪结构。喷杆 12 被两组轮子夹住,可前后运动,进入到金属铸型中进行往复喷涂。喷涂时常采用有气喷涂,即在涂料储存罐中以较小的压力将涂料输送到喷嘴处,在喷嘴处再与 0.4 MPa 的压缩空气混合喷出。一次喷涂量不应太多,否则涂层厚而不均匀,也不易干透。应采用往复多次喷涂来达到规定的涂层厚度。另外,为使涂层均匀、无明显纹路,喷杆的走速应与金属铸型的转速配合好。

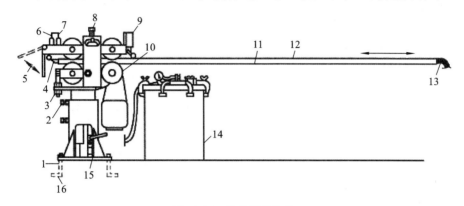

图 10-25　涂料喷枪结构

1—地脚螺钉;2—垂直固定螺钉;3—倾角调整旋钮;4—喷嘴;5—罩板;6—控制阀;
7—行程开关;8—夹紧弹簧;9—行程开关;10—调速机构;11—喷管;12—喷杆;
13—软管(从控制阀来);14—涂料罐;15—液力提升装置;16—软管(至控制阀)

◀ 10.4　离心铸造机 ▶

按生产对象,离心铸造机可分为通用型离心铸造机和专用型离心铸造机两类,前者适用于生产多种类型和尺寸特点的铸件,后者只适用于生产某一尺寸范围的一种形状特征的铸件。本节仅叙述通用型离心铸造机。

离心铸造机主要由四部分组成,即机架、传动系统、铸型和浇注装置。机架和传动系统在离心铸造机的总体介绍中已交代清楚,本节重点介绍离心铸造机的铸型和浇注装置。按铸型旋转轴在空间的位置分类,离心铸造机可分为立式离心铸造机和卧式离心铸造机两类。

10.4.1　立式离心铸造机

图 10-26 所示为一种中大型立式离心铸造机,图 10-27 所示为一种小型立式离心铸造机。由这两种离心铸造机可见,立式离心铸造机的传动和机架部分都主要设在地坑中,这是为了操作方便。电动机可为变速的(见图 10-26),也可为定速的(见图 10-27)。对后者言,为了满足生产不同尺寸铸件的需要,变速电动机采用了一对塔形三角皮带轮,以调节铸型转速。电动机通过皮带轮带动与铸型(或铸型套)连接在一起的主轴旋转。为了降低轴承的工作温度,可在轴承座中设置冷却水套(见图 10-26)或风扇(见图 10-27)来加强轴承的散热。在中大型立式离心铸造机的铸型套中可设置不同尺寸的铸型,以满足浇注不同尺寸铸件的要求。而小型立式离心铸造机直接把铸型固定在主轴上,这会使更换铸型费时,只适用于金属型铸件的离心铸造。

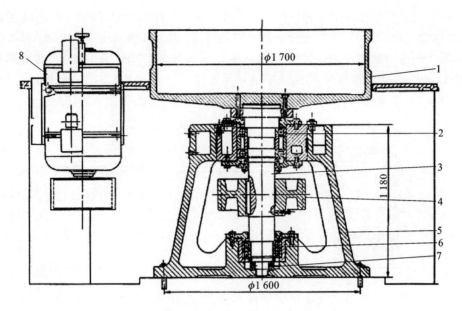

图 10-26 中大型立式离心铸造机结构

1—铸型套；2—轴承；3—主轴；4—皮带轮；5—机座；6,7—轴承；8—电动机

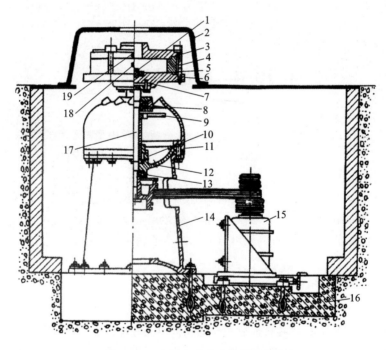

图 10-27 小型立式离心铸造机结构

1—型芯；2—防护罩；3—型盖；4—压杆；5—型体；6—型底；7—螺栓；8—轴承；9—风扇；10—支承环；11—上座壳；
12—下座壳；13—轴承；14—机座；15—电动机；16—地基；17—主轴；18,19—型体和型盖的手把

10.4.2　卧式离心铸造机

卧式离心铸造机使用最广,以下介绍几种典型卧式离心铸造机。

1.卧式悬臂离心铸造机

图 10-28 所示为单头卧式悬臂离心铸造机的整体结构图。所谓单头就是指在这个机器上只有一个铸型。在这种机器上浇注的铸件,直径较小,长度较短,如小型铜套、缸套等。工作时电动机 2 通过塔形三角皮带轮和中空主轴 10 带动铸型 7、8 旋转。金属液由牛角浇槽 4 引入型的内腔旋转成形。铸件凝固后,主轴停止转动,可通过主轴右端处设置的顶杆气缸 13 的活塞杆推动主轴内的顶杆 16,在取走铸型端盖 5 的情况下,顶出型内的铸件。当气缸活塞杆回复至原始位置后,顶杆在弹簧 15 的作用下可恢复原位。浇槽支架 3 可绕轴转动,以便使浇槽在浇注时就位,浇注完毕后浇漕支架离开铸型前端,便于执行取铸件、清理铸型等操作。铸型用钢板罩罩住,以防浇注时金属液外溢飞溅伤人。在铸型的上方或下方还可设置沿铸型长度方向的喷水管(图上没示出),用以冷却铸型。为使铸型很快停止转动,可用闸板 11 下压制动轮 12,实现快速刹车。铸型根据塔形皮带轮的结构可以有两种转速。此种机器可实现半自动控制,生产效率较高。此类机器国内已有系列产品出售。

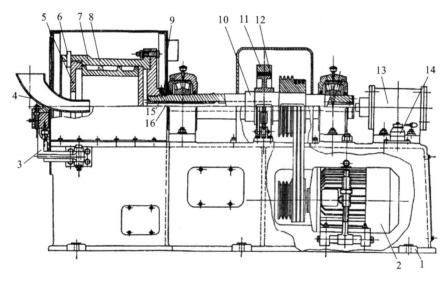

图 10-28　单头卧式悬臂离心铸造机结构

1—机座;2—电动机;3—浇槽支架;4—牛角浇槽;5—端盖;6—销子;7—外型;8—内型;9—保险挡板;
10—主轴;11—闸板;12—制动板;13—顶杆气缸;14—三通气阀;15—复位弹簧;16—顶杆

图 10-29 示出了双头卧式悬臂离心铸造机的结构,在此机器的主轴两端各装有一个铸型,其优点是占地面积小,可一次浇注两个铸件,但铸件的内径尺寸不能相差太大。由于两个铸型的转速是一样的,因此该类机器对生产组织的要求较高。一些工厂用该类机器来生产中等直径的铜套。

卧式悬臂离心铸造机上的铸型有单层和双层两种,图 10-28 和图 10-29 上的铸型都是双层的,由外型和内型组成,其优点是在生产不同外径和长度的套、筒形铸件时,不用装卸和更换外型,只要装上不同尺寸的内型和不同厚度的型底板即可,操作方便,还可节省铸型的加工费用,适用于批量生产。

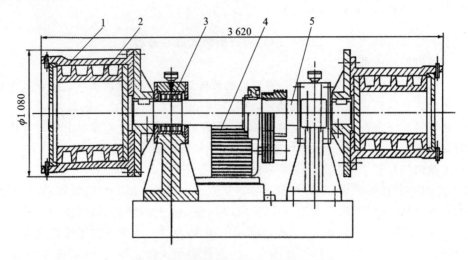

图 10-29　双头卧式悬臂离心铸造机结构

1—外型;2—内型;3—轴承;4—电动机;5—主轴

2. 滚筒式离心铸造机

当生产大中型缸套或铸管时,因铸型重量大,不能直接将铸型和驱动主轴相连,而采用间接驱动的卧式滚筒式离心铸造机。图 10-30 所示为其主机示意图,铸型用两组托辊支撑,一组托辊由电动机直接驱动,称主动托辊,另一组为被动托辊,铸型靠托辊与铸型间的摩擦力被带着转动。为使铸型平稳旋转,主动托辊应转速一致,可采用通轴同步托辊结构(见图 10-31)。但对大型机,仍应采用每个托辊单独使用一个电动机的结构形式。另外,主动托辊与被动托辊间距离取决于铸型直径,最终铸型与托辊中心线之间夹角 α(支撑角)以 95°~120°为佳。这类离心机可细分为三种。

(1)生产套筒类件的滚筒离心铸造机。

(2)用热模法生产铸管的滚筒离心铸造机,又称卧式热模法离心铸造机。

(3)多工位滚筒离心铸造机。

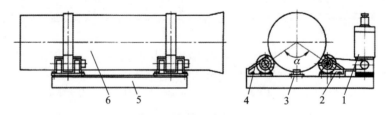

图 10-30　滚筒式离心铸造机主机结构

1—驱动电动机;2—主动托辊;3—挡轮;4—被动托辊;5—底座;6—铸型

3. 卧式水冷金属型离心铸造机

水冷金属型离心铸造机是国内外生产 φ1000 mm 以下管径铸管最常用的机型,主要特点是金属铸型完全浸泡在一定温度的封闭冷却水中。水冷金属型离心铸造机分三工位和两工位两种,后者使用广泛。图 10-32 所示是两工位水冷金属型离心铸造机结构图。它由机座 2、浇注装置 1、离心主机 3、拔管机 4、运管小车 6、桥架 7、液压站 8 和控制系统 5 等部分组成。主机

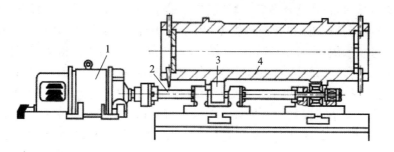

图 10-31 通轴同步托辊结构
1—电动机;2—轴;3—托辊;4—铸型

沿轨道前后运动,浇注装置和拔管机固定不动。浇注时,主机向浇注装置方向运动,流槽伸入承口端开始浇注,主机退至初始位置时,浇注结束。铸管冷却后,拔管机伸入承口端将铸管拔出。

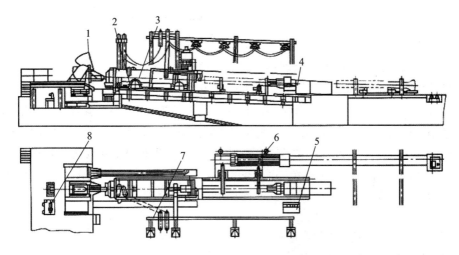

图 10-32 两工位水冷金属型离心铸造机结构
1—浇注装置;2—机座;3—离心主机;4—拔管机;5—控制系统;6—运管小车;7—桥架;8—液压站

10.5 典型铸件的离心铸造方法

离心铸造方法有其本身工艺方面和工作原理方面的特点,有几种铸件特别适合用离心铸造方法生产,离心铸造方法几乎是这几种铸件生产的必要手段。而且这些铸件由于其本身形状、尺寸、结构和所要求性能的特点,每类铸件所采用的离心铸造工艺又不尽相同,本节主要叙述几种主要铸件的离心铸造特点。

10.5.1 铸铁管离心铸造

铸铁管是在城市建设、工业建设、农业生产中使用量很大的铸件,它主要用来输水、输送化工液体、输气。铸铁管有球墨铸铁管(简称球铁管,主要用来输水、输气,需承受一定压力)、灰口铸铁管(简称灰铁管,曾作为承压管,被广泛用于输水、输气,现已逐步被球铁管替代,但在不承压的排水管方面仍有应用)和合金铸铁管(用于输送碱液、酸液,能承受一定的压力)三种。一般,铸铁管的形状如图 10-33 所示,其直径粗的一端称为承口,直径细的一端称为插口,两根铁管连接时,把一根铸铁管的插口端插进另一根铸铁管的承口内,在插口与承口之间的空隙中垫上密封橡胶圈或其他垫料即可。也有无承口结构的铸铁管。承受压力的铸铁管需经水压或气压试验,检查是否漏水或漏气。球铁管还需通过材料的抗拉性能试验和压环试验。压环试验的操作方法是,切下一段环状铸铁管,对竖立圆环上下加压,测定圆环被压裂时的残余变形量,变形量越大越好。

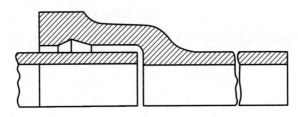

图 10-33　铸铁管的形状

根据使用铸型的不同,目前在我国存在四种铸铁管离心铸造法。

1.铸铁管砂型离心铸造

早在 20 世纪 30 年代,我国就开始用砂型离心铸造法生产灰铁管,其优点为离心铸造机结构简单,制出的铁管上无白口组织,较易成形,但制造砂型工艺过程复杂,工作场地灰尘、烟气污染严重,机器生产效率较低。在 20 世纪 80 年代我国引进水冷金属型离心铸造法生产球铁管技术以后,此法已被淘汰。21 世纪以来,在我国一些地方兴起用砂型离心铸造法生产铸态球铁管(铁管不进行基体铁素体化退火热处理),其工艺特点如下:

①采用一般的滚筒式离心铸造机。

②用螺旋给料器式造型机制造砂型。

2.铸铁管水冷金属型离心铸造

水冷金属型离心铸造法制得的铸铁管为白口组织,需经退火炉加热至 920~980 ℃,待组织全部奥氏体化后,再缓慢冷却至 700 ℃以下,使铸铁管中析出球状石墨和铁素体基体。为加速铸铁管的退火过程,细化石墨颗粒,在浇注前常向型内撒孕育剂粉粒,在浇注过程中向浇注槽的铁液中撒孕育剂粉粒。铸铁管的热处理炉为贯通式,内分升温区、保温区、急降温区和缓慢降温区四段。白口铸铁管从热处理炉的一端沿向上微倾斜的轨道被链式推进器上的推板缓慢推入炉内,铸铁管一边转动(防止铸铁管在高温下由自重引起的变形),一边经过各温度区段,最后从热处理炉的另一端移出。

为使掉在铸型上的铁液能及时地被带出和提高铸型的工作寿命,铸型内表面常用钢珠打出一个接一个的浅小圆坑。所以水冷金属型离心铸造球铁管的外表面上都有整齐排列的小圆鼓包。用此种方法生产的球铁管力学性能好,强度高,韧性强,机器的生产效率高,但工艺过程中需增加热处理工序,耗能大,又延长了一根铸铁管的生产周期。离心铸管机结构复杂、热处理炉体积庞大(长几十米,宽约 8 米),对生产场地机械化程度要求高,故建厂一次性投资大,生产消耗也大,所以铁管的生产成本高。目前,离心铸管机主要用来生产中小内径($\phi 100 \sim \phi 1000$ mm)的球铁管。我国已有多家用此种方法制造球铁管的工厂,全套生产设备已能自己制造。

3. 铸铁管涂料金属型离心铸造

涂料金属型离心铸造法生产铸铁管又称热模法,首先在滚筒式离心铸造机的温度为 150～200 ℃ 的旋转铸型内壁上喷一层绝热性水基涂料,利用铸型热量把涂料层烤干。然后进行离心浇注,成形铁管用拔管器自型中拔出。用此种方法既可生产铸态球铁管和承压灰铁管,也常用来生产不承受压力的灰铁管。用涂料金属型离心铸造法生产铸铁管时,铸型外壁可喷水冷却(采用单工位离心铸管机时),也可在空气中自然冷却(采用多工位离心铸管机时)。涂料的主要组成为经高温焙烧的硅藻土,采用钠基膨润土作为涂料的黏结剂和悬浮剂。为充分发挥膨润土的作用,最好先把它用水浸泡搅拌成浆料,再配制涂料。制作球墨铸铁管时,硅藻土的粒度要细,应达到 500 目。铸型上所需涂料层的厚度较厚,达 1.2～1.5 mm,或甚至更厚,可用多次反复喷涂的办法达到。制作排水铁管时,硅藻土粒度可稍粗(300 目),铸型上涂料层的厚度可较薄,其厚度为 0.2～0.4 mm。

用此种方法生产铸铁管的效率很高,如用单工位离心铸管机生产排水管每小时可达 20 根,机器结构简单,但铁管上易出现气孔、表面凹坑等缺陷。

4. 铸铁管树脂砂型离心铸造

树脂砂型离心铸造机的结构与一般滚筒式离心铸造机相似,但金属铸型的外型上需有通气孔。造型时,铸型外型的温度需为 250 ℃ 左右。长度与铸型一样的 U 形槽内装有一定量的酚醛树脂覆膜砂,先把盛有覆膜砂的 U 形槽伸入型内,使铸型旋转,翻转 U 形槽,覆膜砂均匀地铺在铸型表面,利用铸型的热量,覆膜砂自动硬化,最后获得砂衬厚度为 3～5 mm 的树脂砂型。

这种树脂砂型在离心浇注金属液后,在金属液高温作用下,树脂燃烧失去黏结性,所以铁管可轻松地自型中取出。但树脂燃烧的烟气对人体有害。用此种方法既可生产铸态球铁管,也可用来生产需热处理的球铁管,铁管的最大内径达 2.6 m,长度达 8 m。

一般,对树脂砂型的清理和挂砂都分别在专门的具有能带动铸型旋转的支承轮的机座上进行,其机座结构与离心浇注机的机座结构相似,只是撤去了浇注机构,配上相应的刷子或 U 形槽翻转机构而已。使用此法生产同一种铸铁管时至少需配备三个相同的铸型,同时需配备相应起重机械,供搬移铸型之用。因此采用树脂砂型离心铸造机时所需一次性投资较大。

10.5.2 气缸套离心铸造

气缸套是广泛应用于内燃发动机上的重要消耗性零件,需求量极大,材料大多为低合金耐磨铸铁,形状基本为圆筒形,仅外壁有环状的凹凸形起伏,所以适合用离心铸造法生产毛坯。图 10-34 示出了两种气缸套零件与它们的铸造毛坯图。图 10-34(a)中毛坯是用砂型离心铸造法制出的,其外表面起伏不平,因而可减少铸件的加工余量,并减少铸件金属液的消耗量。而图 10-34(b)中铸件毛坯是用金属型离心铸造法制造的,铸件外表面呈锥形,增大了零件的加工余量,消耗金属较多。

中小型气缸套大多在卧式悬臂离心铸造机上浇注。采用的悬臂离心铸型结构如图 10-35 所示,为防止铸件端部产生白口组织,常在金属型的型底和端盖工作表面上贴石棉垫,以降低铸件金属端部的传热速度。悬臂离心砂型中的砂衬可事先做好砂芯,浇注前放入铸型的外型中,每浇注一次,消耗一个砂芯。砂芯可用树脂砂制成,最好在其工作表面上涂石墨涂料,以改善铸件的外表面质量。

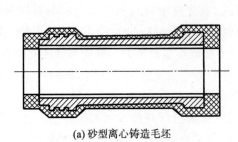

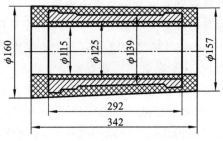

(a) 砂型离心铸造毛坯　　　　　　　　　　(b) 金属型离心铸造毛坯

图 10-34　气缸套零件的离心铸造毛坯图

注：打叉的剖面表示加工余量

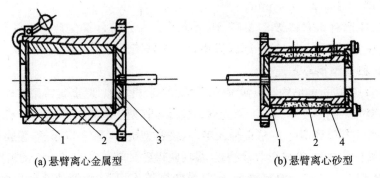

(a) 悬臂离心金属型　　　　　　　　　　(b) 悬臂离心砂型

图 10-35　气缸套离心铸造用悬臂铸型

1—石棉垫；2—铸件；3—顶板；4—砂芯

　　使用金属型离心铸造法生产气缸套时，铸型表面常需喷涂料，常用的是水基涂料，组成中的耐火粉料可为硅石粉或铝矾土粉，黏结剂可为膨润土或水玻璃，有时在涂料中适量加些悬浮剂，如洗衣粉。一般采用喷涂法给旋转中的金属型表面喷挂涂料。

10.5.3　铸铁轧辊离心铸造

　　铸铁轧辊是市场需求量很大的机件，用于冶金工业轧制钢材时称为冶金轧辊。在轻工行业中，铸铁轧辊可用于轧扁黄豆以萃取油脂，粉碎木材以制作纸浆，轧巧克力、磨粉等食品，这类轧辊称为轻工轧辊。

　　铸铁轧辊毛坯有两种形状：实心轧辊和空心轧辊。实心轧辊的辊身和辊颈整体铸出，见图10-36(a)。空心轧辊有两种。一种是辊身和辊颈整体铸出，中间有孔，见图10-36(b)；另一种称为辊套[图10-36(c)]，作为辊身单独铸出，经机械加工后，再和一定形状的辊颈组合在一起。

　　轧辊辊身表面必须耐磨，要求有较大的抗疲劳载荷能力，其硬度应为35～75 HS。辊身表面常由白口铸铁或合金白口铸铁形成，而中心层和辊颈处的材料必须具有较大强度和韧性，以承受冲击载荷和弯曲载荷。所以整体轧辊常用两种材料复合铸成，如耐磨铸铁和高强铸铁复合或球铁和灰铁复合等。也有用单一成分铸铁液形成的整体轧辊，通过控制铸铁液在铸型中的冷却速度，在辊身表面层中获得有一定厚度的白口组织，因而中心层和表面层的力学性能有差异。轧辊形状适于离心铸造，离心铸造法生产的铸铁轧辊的使用寿命可比重力铸造的延长10%～20%，金属液的工艺出品率提高约45%，且简化了工艺过程。可用立式和卧式两种离

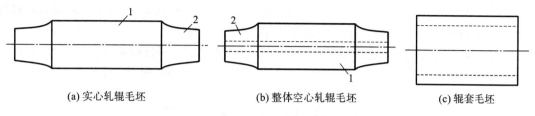

(a) 实心轧辊毛坯　　　　　(b) 整体空心轧辊毛坯　　　　(c) 辊套毛坯

图 10-36　三种轧辊毛坯形状

1—辊身；2—辊颈

心铸造机制造轧辊毛坯。

1. 铸铁轧辊的立式离心铸造

图 10-37 示出了浇注铸铁轧辊的立式离心铸造机。铸型垂直而立，固定于机座 4 的工作台上，为防止过高的铸型因安装偏心或内部质量分布不均匀而在转动时出现晃动，立式离心铸造机上部的横梁 3 上设置了支承轮架 2，用水平支承轮限制铸型在转动时可能出现的摇晃，同时保证了机器工作的安全。

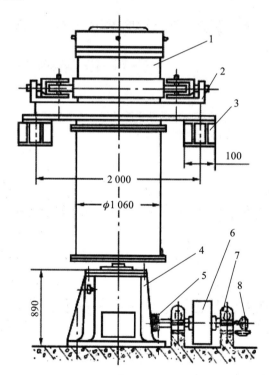

图 10-37　生产铸铁轧辊的立式离心铸造机

1—铸型；2—支承轮架；3—横梁；4—机座；5—轴联节；6—皮带轮；7—轴承座；8—光电转速传感器

2. 铸铁轧辊的卧式离心铸造

图 10-38 示出了铸铁轧辊的卧式离心铸造机的结构。该铸造机的结构与一般铸造机的结构相似，铸型上面的压轮 7 用来防止铸型转动时因动不平衡等因素引起的跳动，当铸型的动平衡足够好时，也可不用压轮。点画线图形表示当铸造较长的轧辊铸件时，支承轮可在图示支承轮 1 和支承轮 10 之间移动，铸型就相应增长。

图 10-39 较详细地示出了铸铁轧辊卧式离心铸造时用的铸型结构,在此铸型的形成辊身外表面的金属型上,均匀地铺上了一薄层砂衬,用以代替涂料。

用卧式离心铸造法还可简易地铸造辊套的毛坯。卧式离心铸造的辊身外层厚度均匀,可铸造尺寸较大的轧辊。该类离心铸造机结构简单,但在铸造实心轧辊时工序较复杂。

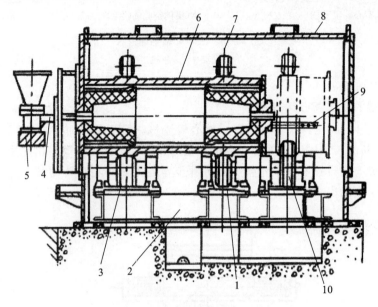

图 10-38 铸铁轧辊的卧式离心铸造机

1,3,10—支承轮;2—机座;4—浇嘴;5—支架;6—铸型;7—压轮;8—机罩;9—冷却水管

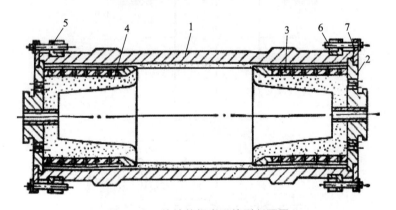

图 10-39 铸铁轧辊离心铸型剖面图

1—外型(金属型);2—端盖;3—辊颈型套;4—辊颈砂型;5—法兰圈;6—可翻转螺栓;7—压板

3. 铸铁轧辊的倾斜式离心铸造

图 10-40 示出的是一台倾斜式离心铸造机,在浇注外层金属时,铸型倾斜了 20°~25°,浇注辊身内层和辊颈时,可逐渐把铸型连同机座竖立起来,同时降低铸型转速,直至铁液充满型腔,在重力作用下凝固。

倾斜式离心铸造的铸造轧辊外层的厚薄均匀程度比立式离心铸造的好,但仍比卧式离心铸造的差,不过浇注过程比卧式离心铸造简单。所用机器结构复杂,不宜生产较大的轧辊。

为消除铸件内的应力,铸得的轧辊毛坯需经 3~6 个月的自然时效处理,也可在缓慢升温

（10～30 ℃/h）条件下，在 580～650 ℃之间保温 5～35 h，而后缓慢冷却（5～25 ℃/h）进行人工时效处理。辊身直径小时，升温和降温的速度可适当加快，保温时间可稍短。而对大直径轧辊而言，升温和降温速度应较小，保温时间应较长。

类似于铸铁轧辊，双金属耐磨套筒（如油田钻探机上的泥浆泵套筒，要求外层为低碳钢，内层为高铬铸铁）也可用向铸型中分两次浇注不同成分金属液的方法获得。此时，由于铸件直径较小，铸件长度较短，双金属耐磨套筒可在卧式悬臂离心铸造机上浇注。

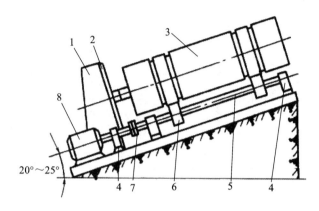

图 10-40　铸铁轧辊倾斜式离心铸造机
1—上推轴承座；2—弹性隔片；3—铸型；4—轴承座；5—传动轴；6—支承轮；7—联轴节；8—电动机

 习题

一、填空题

1. 离心铸造是将＿＿＿＿＿＿浇入＿＿＿＿＿＿的铸型中，使液态金属在＿＿＿＿＿＿作用下，完成铸件＿＿＿＿＿＿和＿＿＿＿＿＿过程的一种铸造方法。

2. 离心铸造按旋转轴位置的不同可分为＿＿＿＿＿＿和＿＿＿＿＿＿；按离心力应用情况的不同可分为＿＿＿＿＿＿、＿＿＿＿＿＿和＿＿＿＿＿＿。

3. 由于离心力对金属凝固过程的影响，离心铸造的铸件具有＿＿＿＿＿＿、＿＿＿＿＿＿、＿＿＿＿＿＿、＿＿＿＿＿＿等特点。

4. 在离心铸件的横断面上常会出现＿＿＿＿＿＿和＿＿＿＿＿＿两种独特的宏观组织。

二、简答题

1. 试述离心铸造的实质、基本特点及应用范围。

2. 如何确定离心铸造时铸型的转速？

3. 离心力场对铸件的成形过程有什么影响？

4. 试述离心铸型横断面上引起液体金属相对运动的主要原因。

5. 试述离心铸造对金属液和生产方式的要求。

第11章

连续铸造成形

【本章教学要点】

知识要点	掌握程度	相关知识
连续铸造的概念及特点	了解连续铸造的定义、工艺过程及特点	铸造工艺技术,金属的晶体结构与结晶
典型的连续铸造工艺	了解连续铸铁管、铸铁型材的卧式连续铸造及有色合金坯的连续铸造等工艺方法	精密铸造技术及设备,材料成形原理,金属凝固原理

 导入案例

铝合金半连续铸造

半连续铸造(DC铸造)是生产变形铝合金锭坯的主要方式。自20世纪30年代半连续铸造技术被应用于铝合金锭坯制备以来,它以较大技术优势取代了之前的模铸技术,并成为制备变形铝合金的主要方法。相比于传统模铸技术,DC铸造具有浇注过程平稳、铸锭长度长、易于实现自动化、生产效率高等特点。半连续铸造工艺过程包括以下4个步骤:首先,合金在保温炉中熔化,熔化的熔体通过导流槽和模具流入底部结晶器并开始冷却凝固;其次,凝固产生的固态壳体与模具之间进行热交换;再次,稳定而又持续产生的固态外壳自上向下移动,凝固外壳的下降速率与熔体下降速率具有一定的速率匹配,水冷模具依靠重力将冷却水均匀地喷射到铸锭表面,产生二次冷却;最后,附着于铸锭表面的冷却水在重力作用下沿着铸锭落入铸造池,再次冷却铸锭。

在半连续铸造熔体凝固过程中,液固转变经历了复杂的对流换热、热传导等,该过程受应力场和温度场的影响,因此半连续铸造工艺的制定必须考虑在复杂的温度场、应力场和熔体对流下的固液相变。如果生产过程控制不好,不但会出现液态金属外溢的情况,而且会出现铸锭开裂现象,严重情况下甚至出现爆炸。所以,优化铸造速度、铸造温度等工艺参数与合金成分,以尽量减少铸锭中锭坯表面质量差、锭坯内外组织不均匀、裂纹和严重偏析等缺陷,这对连续铸造制备高质量大型铸锭至关重要。

资料来源:

李志猛,左玉波,朱庆丰,等. 半连续铸造铝合金表面缺陷的形成机理及影响因素[J]. 特种铸造及有色合金,2021,41(1):108-113.

陈东旭,王俊升,王郁,等. 铝合金半连续铸造过程中热裂模型综述[J]. 航空制造技术,2020,63(22):24-39.

◀ 11.1 概 述 ▶

连续铸造(continous casting,CC)是将金属液连续地浇入通水强制冷却的金属型(即结晶器)中,又不断地从金属型的另一端连续地拉出已凝固或具有一定结晶厚度的铸件的一种方法。连续铸造法最早于 1857 年由德国人贝士麦在自己的专利中提出,其在工业生产中获得飞速发展则始自 20 世纪 40 年代。机器类型由传送带式连续铸造机、半连续铸造机、采用振动的结晶器、立式连续铸造机、立弯式连续铸造机、圆弧形连续铸造机、倾斜式(准水平式)连续铸造机,一直发展到水平式连续铸造机。现在更出现了轮式连续铸造机,原先由贝士麦提出的轧辊式连续铸造机除了在 20 世纪曾成功地用于铸造铸铁皮外,还在有色合金的铸造方面获得了发展。曾有一段时间,我国大多数的铁管都用半连续铸造法生产(现已逐步被离心铸造法取代)。

连续铸造时,当自结晶器内拔出的在空气中已凝固的铸件达到一定长度后,在不终止铸造过程的情况下,完全凝固的铸件按一定长度被截断,移出连续铸造机外。也有在拔出铸件达一定长度后,停止铸造过程,待取走整个铸件后,再重新开始连续铸造过程的情况,这种连续铸造称为半连续铸造。

11.1.1 连续铸造的工艺过程与特点

1. 工艺过程

连续铸造的铸件沿轴线各处断面的形状与结晶器中铸型孔相同,其长度可根据需要而定。根据结晶器轴线在空中的布置,可将其分为立式(垂直)连续铸造(见图 11-1)和卧式(水平)连续铸造(见图 11-2)两种。

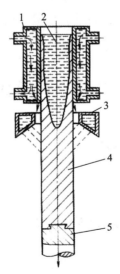

图 11-1 立式连续铸造工艺过程示意图

1—结晶器;2—熔融金属;3—二次冷却系统;4—铸锭;5—引锭

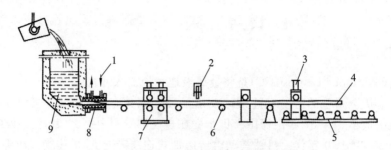

图 11-2　卧式连续铸造工艺过程示意图

1—接冷却水；2—切割机；3—压断机；4—铸铁型材；5—型材出线装置；
6—支撑辊；7—牵引机；8—水冷结晶器；9—保温包

2. 工艺特点

与其他铸造方法相比，连续铸造有下列特点：

(1)铸件迅速冷却，其结晶细，组织较致密。

(2)无浇冒口，铸件成品率高。

(3)工序简单，易于实现机械化、自动化，生产效率高。

(4)将连续铸造获得的高温铸锭立即进行轧制加工，即连铸连轧，则可省去一般轧制前的铸锭加热工序，可大大地节省能源，提高生产效率。

11.1.2　连续铸造的应用

连续铸造被用于生产截面形状不变的钢、铁、铜合金、铝合金等材料的长铸件，如板坯、棒坯、管材和其他形状均匀的长铸件，有时铸件端面形状也可与主体有所不同。因生产效率高，连续铸造多适用于大批量生产。现在灰铸铁和球墨铸铁的连续铸造坯料在我国已有专业工厂生产，大多采用水平连续铸造法。

◀ 11.2　连续铸铁管 ▶

连续铸铁管是立式连续铸造的主要产品之一，是将铁液连续浇注到由内、外结晶器组成的水冷金属型中成形、凝固，并被连续拉出。它的技术要求较低，设备简单，但连续铸铁管质量差于离心铸铁管，常用于生产灰铸铁管。

11.2.1　连续铸铁管工艺过程原理

图 11-3 所示是连续铸铁管工艺过程原理图。将成分合格的铁液从浇包 1 浇入浇注系统 2，并均匀连续不断地进入外结晶器 3 与内结晶器 4 之间的间隙(控制管壁厚度)中。当铁液在其中凝固成有一定强度的外壳，管壁心部尚呈半凝固状态时，结晶器开始振动，引管装置 6 和升降盘 7 借助传动设备向下运动，引导铸铁管 8 以一定的速度从结晶器底部连续不断地拉出。当拉到所需长度时，停止浇注，放倒铸铁管，即可进行第二次循环。

将外结晶器下部做成相应形状形成铸铁管承口的外形。铸铁管的内腔用型芯 5(砂芯或拼合铸铁芯)形成。承口型芯安装在底盘上。结晶器有效高度包括工作壁的直部和锥度(见图 11-4),为便于拉管时顺利脱型和消除缺陷,结晶器工作壁要有一定的锥度。

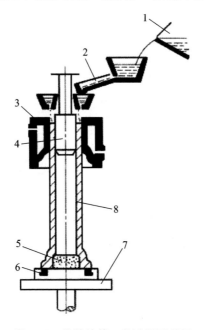

图 11-3　连续铸管工艺过程原理图

1—浇包和铁液;2—浇注系统;3—外结晶器;4—内结晶器;5—承口型芯;6—引管装置;7—铸管机升降盘;8—铸铁管

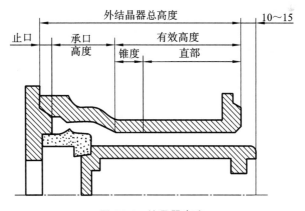

图 11-4　结晶器高度

11.2.2　连续铸铁管工艺参数

1. 铸铁管化学成分和力学性能

连续铸铁管要求铁液有良好的流动性和较低的收缩性,其化学成分应稍大于铸铁的共晶成分,碳当量的质量分数宜控制在 4.3%～4.5% 之间。表 11-1 是灰铸铁管的化学成分及力学性能。

表 11-1　灰铸铁管的化学成分及力学性能

化学成分/(质量分数,%)					抗拉强度 R_m/MPa	压坏强度/MPa	硬度/HBW
C	Si	Mn	P	S			
3.5~3.8	2.0~2.4	0.6~0.8	≤0.1	≤0.07	160~220	350~500	180~200

2. 浇注系统

连续铸管采用雨淋式转动浇注系统(见图 11-5),它由能较灵活地调节金属流量的控制漏斗 2、均匀分配流量的流槽 3(简称匀流槽)和沿圆周截面均匀供给金属液的转动浇口杯 4 等组成。

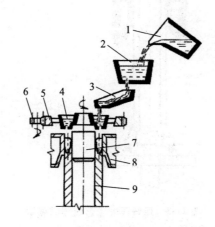

图 11-5　雨淋式转动浇注系统结构图

1—浇包;2—流量控制漏斗;3—匀流槽;4—转动浇口杯;5—转动齿轮圈;
6—转动齿轮;7—内结晶器;8—外结晶器;9—铸铁管

漏斗、匀流槽和转动浇口杯的浇孔面积的经验计算公式为

$$A = k\frac{v\rho_1}{\sqrt{h}} \tag{11-1}$$

式中　A——浇注系统中计算的浇孔面积(cm^2);

h——浇注系统中计算部位至浇孔处的金属液高度(cm);

v——铸管的拉管速度(m/s);

ρ_1——铸管每米长度的质量(kg/m);

k——系数,用于铸铁时取 $k=3.9$。

按式(11-1)算出漏斗、匀流槽和转动浇口杯各层浇孔面积后,根据浇孔个数和形式,就可计算出浇孔尺寸大小。如圆形浇孔,浇孔直径 d 计算公式为

$$d = 1.13\sqrt{\frac{A}{N}} \tag{11-2}$$

式中　d——计算的浇孔直径(cm);

N——浇孔个数(个)。

转动浇口杯的转速计算公式为

$$n = 670\sqrt{\frac{1}{S_r}\left[\left(\frac{R}{r}\right)^2 - 1\right]} \tag{11-3}$$

式中　n——转动浇口杯转速(r/min);

　　　R——外结晶器工作壁半径(mm);

　　　r——浇孔外缘的中心圆半径(mm);

　　　S_r——浇孔到结晶器内金属液面的距离(mm)。

3. 结晶器振动参数

结晶器振动的作用是减小凝固层与结晶器工作表面间的摩擦阻力,使铸管易于脱型。结晶器振动参数计算公式如下。

$$f = k \frac{v}{B} \tag{11-4}$$

式中　f——结晶器振动频率(次/min);

　　　B——结晶器全振幅(mm);

　　　v——拉管速度(m/min);

　　　k——系数,$k=0.6\sim0.8$。

4. 拉管脱型时间

从金属液流入结晶器时起至脱型拉管时止的时间称拉管脱型时间,计算公式为

$$\tau_t = \tau_c + \tau_g \tag{11-5}$$

式中　τ_t——脱型时间(s);

　　　τ_c——金属液充满结晶器承口(或法兰)的时间(s);

　　　τ_g——金属液在结晶器工作壁内凝固至一定厚度后开始脱型的时间(s)。

金属液充满结晶器承口(或法兰)的时间按式(11-6)计算。

$$\tau_c = \frac{G}{v_1} \tag{11-6}$$

式中　G——承口(或法兰)的质量(kg);

　　　v_1——承口(或法兰)的金属液浇注速度(kg/s)。

金属液在结晶器内凝固至一定厚度后的脱型时间 τ_g 按式(11-7)计算。

$$\tau_g = k \frac{\delta \rho c}{\alpha \Delta t} \tag{11-7}$$

式中　δ——结晶器脱型区管壁凝固层厚度(mm),一般 $\delta = \delta'/2$(δ' 为脱型区底部管壁厚度);

　　　ρ——金属液密度(kg/cm³);

　　　c——金属的结晶比热容或物理质量热容[kJ/(kg·K)];

　　　α——结晶器传热系数[W/(m²·K)];

　　　Δt——结晶器两侧高温金属和冷却水的温差(℃);

　　　k——系数。

5. 拉管速度

拉管速度是连续铸管工艺和操作中最重要的参数,对铸管质量和工作效率影响极大。拉管速度要与铸管凝固速度相适应。拉管速度过慢会使铸管与结晶器工作壁抱紧,造成工作壁磨损、划伤,降低铸管表面质量,同时铸管易产生白口组织;拉管速度过快则会因凝固层薄而产生铸管变形或铁液淌漏事故。合理的拉管速度可由结晶器出口处的铸管温度来综合判定。一

般铸管出管温度应控制在 950～1080 ℃，管径越小出管温度越高。

11.2.3　连续铸铁管工艺流程

连续铸铁管工艺流程如图 11-6 所示，当生产用于输送压力气体及自来水的铸铁管时，还需进行严格的气压实验。

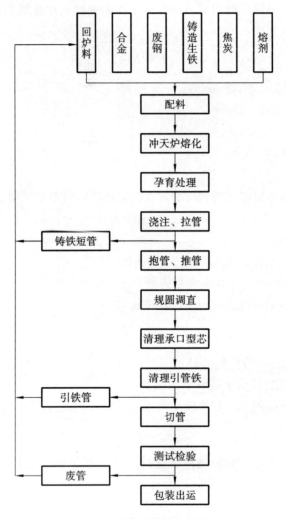

图 11-6　连续铸铁管工艺流程

11.2.4　连续铸铁管生产设备

用于生产连续铸铁管的连续铸管机应满足下列工艺要求：①拉管速度易于平滑调节，能适应工艺条件变化，同时有较大的上升速度。②升降盘升降、结晶器振动、转浇杯转动均平稳。③拉力足够大，起动拉管灵敏可靠。④适应范围广，同一台设备可以拉多种直径的管子。⑤操作简便，安全可靠。

连续铸管机由机架、升降盘及其导向装置、引管传动设备、结晶器及其供排水系统、浇注系统、转动浇口杯传动装置、振动装置和抱管机等组成,如图 11-7 所示。双拉铸管机和单拉铸管机结构基本相同,只是在振动板上装有两套结晶器及转动浇口杯,在 V 形铁液分流槽上安放一个可拨动的控制漏斗,在拉管过程中用于调节进入两个结晶器内的铁液流量,抱管机的抱头要同时抱下两根管子。除全钢丝绳式连续铸管机外,还有钢丝绳重砣式连续铸管机及液压连续铸管机等形式。

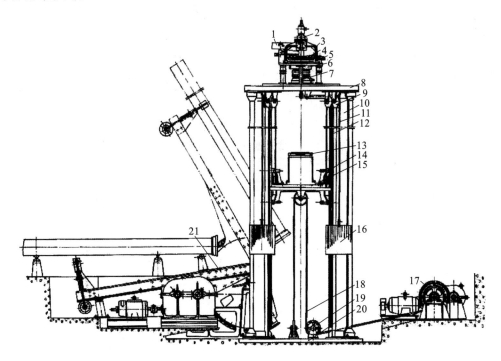

图 11-7 全钢丝绳拉管连续铸管机

1—漏斗;2—内结晶器;3—内结晶器支架;4—转动浇口杯;5—转动浇口杯转动装置;6—外结晶器;7—振动装置;
8—上平板;9—上平板绳轮;10—立柱;11—重砣钢绳;12—导轨;13—引管盘座;14—升降盘可调节滚轮;
15—升降盘;16—重砣;17—升降盘传动装置;18—钢绳;19—下平板绳轮;20—下平板;21—抱管机

11.3 铸铁型材卧式连续铸造

用卧式连续铸造方法生产的铸铁坯常称为铸铁型材,材质有灰铸铁、球墨铸铁、高镍合金铸铁等。卧式连续铸造法也可用于生产纯铜、铝合金等。卧式连续铸造机器均设在地面,结构简单、易于维修,其坯料长度不受空间限制,生产工艺稳定,产品质量优良,因而得到迅速发展,国内外已在机械制造领域内广泛应用。目前我国铸铁型材年产量已超过 2 万吨,正逐渐形成一个新兴的特种铸造行业。

11.3.1 工艺过程原理

图 11-2 所示是铸铁型材卧式连续铸造工艺过程示意图。浇包将铁液浇入保温包 9 中,让浇包内液面保持一定高度,在保温包下方安装着水冷结晶器 8,铁液与水冷结晶器 8 中事先放

入型腔的引锭头前端的螺钉铸合,待铁液在结晶器中凝固一定时间,凝固层有一定厚度时,启动牵引机 7。牵引杆按步进方式一步一歇地将铸铁型材 4 拉出,引入牵引机 7,型材则按牵引机的节奏不停地向前运动,保证连续生产。同步切割机 2 按一定长度将铸铁型材 4 切槽,经过压断机 3 时型材被折断,型材出线装置 5 将已折断的型材推送出生产线。

11.3.2　铸铁型材化学成分和力学性能

考虑到水冷结晶器(石墨型)的速冷作用,铸铁型材化学成分中碳含量应比砂型铸造要高一些,以保证不出现白口组织。实际生产中在小尺寸型材上往往难以完全避免白口组织和过多的碳化物组织,在出现白口组织后需经高温退火以消除组织中的莱氏体。表 11-2 是我国常规型材的化学成分,表 11-3、表 11-4 是 JB/T 10854—2019 标准对卧式连续铸造型材的力学性能要求。

表 11-2　铸铁型材主要化学成分

材质	型材牌号	化学成分范围/(质量分数,%)				
		C	Si	Mn	P	S
灰铸铁	HT/LZ200	3.1～3.6	2.2～3.4	0.6～0.9	≤0.15	≤0.10
	IIT/LZ250	3.0～3.6	2.2～3.4	0.7～1.0	≤0.15	≤0.10
	HT/LZ300	2.9～3.5	2.2～3.4	0.8～1.2	≤0.15	≤0.10
球墨铸铁	HT/LZ450-10	3.2～3.7	2.3～3.2	≤0.4	≤0.08	≤0.03
	HT/LZ500-7	3.2～3.7	2.3～3.2	≤0.4	≤0.08	≤0.03
	HT/LZ600-3	3.2～3.7	2.3～3.2	0.3～0.6	≤0.08	≤0.03
	HT/LZ700-2	3.2～3.7	2.3～3.2	0.3～0.6	≤0.08	≤0.03

表 11-3　灰铸铁型材最小抗拉强度　　　　　　　　　　单位:MPa

牌号	型材直径/mm					
	$D≤30$	$30<D≤40$	$40<D≤80$	$80<D≤160$	$160<D≤300$	$D>300$
HT/LZ200	200	190	170	150	140	130
HT/LZ250	250	225	210	190	170	160
HT/LZ300	300	270	250	220	210	190

表 11-4　灰铸铁型材的力学性能

牌号	抗拉强度 R_m/MPa	断后伸长率 Z/(%)	抗拉强度 R_m/MPa	断后伸长率 Z/(%)	抗拉强度 R_m/MPa	断后伸长率 Z/(%)
	$D≤60$ mm		60 mm$<D≤120$ mm		120 mm$<D≤140$ mm	
QT/LZ450-10	450	10	430	10	400	8
QT/LZ500-7	500	7	460	7	430	6
QT/LZ600-3	600	3	600	2	560	2
QT/LZ700-2	700	2	700	2	660	2

注:D 为型材的直径。

11.3.3　生产准备及起铸工艺

为使生产中每个环节运行正常,要注意以下事项。

(1)结晶器的石墨孔尺寸应准确,检查型壁是否光滑,结晶器水套是否渗水。

(2)确保冷却水系统(水泵、水压、水流量)工作正常。

(3)确保液压和电控系统正常。

(4)保温包要充分预热,达到 1000 ℃;铁液浇入温度控制在 1320～1380 ℃之间。

(5)结晶器轴线与型材运动轴线要一致。

(6)铁液浇入保温包后要根据不同规格的型材掌握好牵引机启动时间。从牵引开始到型材拉出结晶器的过程称起铸阶段。开始应手动控制牵引动作,待型材拉出结晶器后,视出管温度情况转入自动牵引。

11.3.4　工艺参数选择

铸铁型材凝固过程受多种因素的影响,铁液化学成分、结晶器冷却能力、型材的牵引速度、牵引周期的拉停比例都对铸铁型材的组织、性能和表面质量产生影响。在化学成分稳定的条件下,铁液温度、冷却水流量、牵引速度、牵引周期及拉停比例是生产中要控制的工艺参数。表 11-5 是几种圆断面铸铁型材生产所使用的连续铸造工艺参数,供参考。据报道,可采用计算机模拟技术对生产工艺参数进行优化,并指导生产。

表 11-5　几种圆断面铸型材连续工艺参数

序号	铸铁型材	直径/mm	断面面积/mm²	铸造速度/(mm/min)	牵引速度/(mm/s)	单流生产能力/(t/h)	牵引步长/mm 一般用途	牵引步长/mm 液压阀用	牵引周期
1	HT-250 (灰铸铁)	50	1964	800～900	35～45	0.70～0.85	45～55	25～30	3.0～4.5
2		80	5027	400～450	20～25	0.9～1.0	40～80	25～35	5.0～7.0
3		100	7854	350～420	12～16	1.2～1.5	40～100	20～35	6.0～8.0
4		150	17672	190～260	10～14	1.5～2.0	40～120	20～30	11～13
5		200	31416	140～220	8～12	1.9～3.0	35～50	20～30	17～19
6	QT500-7 (球墨铸铁)	40	1257	1000～1100	35～45	0.5～0.6	35～60	30～35	2.5～4.0
7		75	4418	520～580	25～30	1.0～1.1	40～50	35～40	4.5～6.0
8		90	6362	440～500	20～25	1.2～1.8	50～80	35～40	6.5～7.5
9		135	14314	260～380	15～18	1.6～2.4	50～80	40～50	11～13
10		150	17672	210～340	10～14	1.8～2.6	50～80	40～50	13～14

◀ 11.4　有色合金坯的连续铸造 ▶

有色合金坯的连续铸造生产法适用范围广泛,用连续铸造工艺生产的有色合金坯有铝合金坯、镁合金坯、铜合金坯和镍合金坯。有时也可使用连续铸造法制作大块贵金属坯(如金、银)。大多坯材的断面形状为圆形、环形、长方形,还可以铸出多种特异的形状,如图 11-8 所示。

目前几乎全部铝合金坯和镁合金坯、70%~80%的铜合金坯和约 50%的镍合金坯是用立式半连续铸造法生产的。很多铜合金还是用水平连续铸造法和其他连续铸造法(如上引式连续铸造法、结晶轮式连续铸造法)生产的。

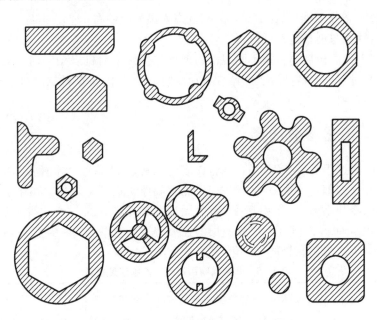

图 11-8　有色合金连续铸坯的异形断面举例

11.4.1　有色合金坯的半连续铸造

断面尺寸较大的有色合金坯大多用半连续铸造法生产,铝合金坯的长度为 1~6.5 m,铜合金坯的长度为 4~6 m。图 11-9 示出了四种有色合金坯的立式半连续铸造机的结构。它们的结晶器结构部分基本相同,拔坯的结构都不一样。

利用半连续铸造技术铸造有色合金时,需要根据不同合金的特性调整工艺参数,以便制备出具有优异性能的铸件。如立式半连续铸造铝合金的浇注温度为 680~720 ℃,拔坯速度为 2~13 m/h,进入结晶器的冷却水压力为 0.05~0.13 MPa。用电磁结晶器连续铸造铝坯时的电压为 25~30 V(铝坯直径为 190 mm)或 38~45 V(铝坯直径为 480 mm),相应的拔坯速度为 80~140 mm/min 和 20~60 mm/min。

用立式半连续铸造技术生产镁合金坯时,进入结晶器的金属液温度为 680~720 ℃,拔坯速度为 3~6 mm/min,进入结晶器的冷却水压力宜为 0.04~0.20 MPa。

用立式半连续铸造技术生产铜合金坯时,纯铜的浇注温度为 1180~1220 ℃,铝青铜、锡青铜的浇注温度为 1160~1200 ℃,黄铜的浇注温度为 1100~1190 ℃,拔坯速度宜为 2~14 m/h,进入结晶器的冷却水压力宜为 0.01~0.02 MPa(连铸青铜时)或 0.18~0.23 MPa(连铸纯铜时)。结晶器可用锭子油、变压器油、石墨、煤烟、其他矿物油、植物油作润滑剂。

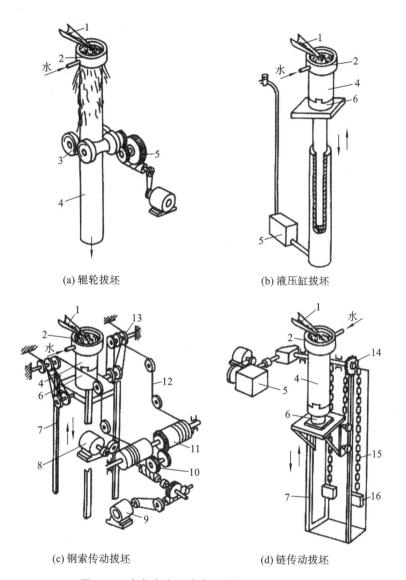

(a) 辊轮拔坯   (b) 液压缸拔坯

(c) 钢索传动拔坯   (d) 链传动拔坯

图 11-9   有色合金立式半连续铸造机的拔坯结构

1—金属液;2—结晶器;3—辊轮;4—铸坯;5—齿轮传动机构;6—引坯盘;7—引坯盘导轨;
8,9—电动机;10—减速器;11—鼓轮;12—钢索;13—滑轮组;14—星轮;15—链;16—对重

11.4.2   有色合金坯的水平连续铸造

一些断面尺寸较小的铜合金坯和铝合金坯常采用水平连续铸造法生产。图 11-10 示意性地给出了有色合金坯的水平连续铸造生产线,其构成与钢坯水平连续铸造生产线相似。金属熔炼炉 1 中的金属液经流槽 2 进入保温炉 3,在保温炉靠近底部的侧壁上装有结晶器 4,从结晶器中拔出的铸坯由托辊 5 托住,进入二次冷却区 6 继续强制冷却。铸坯由拉拔机 7 拔出结晶器,拉拔机间歇地拔坯,以减小铸坯在结晶器内滑动时所遇到的摩擦阻力。为了提高铸坯的力学性能,在拔坯—停歇工序之后,又加上反推(把铸坯向保温炉方向推一小段距离)—停歇工序,再继续进行拉拔的工艺,但这会使拉拔机结构复杂化。也有采取将保温炉连同结晶器一起

往返振动(频率 60～100 次/min,振幅 3～10 mm)进行拔坯的工艺,这使保温炉结构更加复杂,保温炉内金属液也不平稳。自拔坯机中出来的铸坯被切割机 9 切成一定的长度。图 11-10 所示的熔炼炉为感应电炉,但金属也可在其他熔炼炉中熔化。保温炉的能源既可为电,也可为燃气。

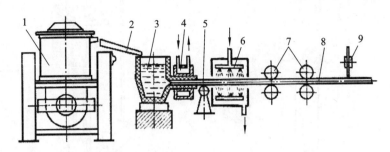

图 11-10　有色合金坯的水平连续铸造生产线

1—金属熔炼炉;2—流槽;3—保温炉;4—结晶器;5—托辊;6—二次冷却区;7—拉拔机;8—铸坯;9—切割机

在水平连续铸造时,保温炉内金属液的液面至少应高于结晶器 300 mm,铜合金的金属液液面应用渣液保护。水平连续铸造青铜坯时的浇注温度为 1020～1070 ℃,从结晶器出来的出坯温度为(500±10) ℃;水平连续铸造纯铜坯时的浇注温度为 1100～1225 ℃,而自结晶器出来的出坯温度为 400 ℃左右。水平连续铸造铝合金坯的浇注温度一般比液相线温度约高 100 ℃,出坯温度为 300～380 ℃。水平连续铸造焊锡时的浇注温度为 200～250 ℃。根据铸坯尺寸的不同,拉拔铸坯的工艺参数的波动范围很大,一般间歇拔坯时的拔坯时间为 1.5～8 s,每拔一次的铸坯长度(拔坯节距)为 12～120 mm,停歇时间为 2～25 s,平均每一结晶器的生产率为 6～40 m/h。

 习题

一、名词解释

1. 连续铸造　　2. 结晶器振动　　3. 拉管脱型时间　　4. 拉管速度

二、简答题

1. 试述连续铸造的工艺过程及特点。

2. 连续铸铁管的工艺参数有哪些?

3. 卧式连续铸造的铸铁型材有哪几种? 其生产过程有哪些注意事项?

4. 分别简述有色合金坯的半连续铸造和水平连续铸造的工艺过程。

第 12 章

快速铸造成形

【本章教学要点】

知识要点	掌握程度	相关知识
快速成形原理	了解快速成形的原理与方法	CAD 模型,离散-堆积成形原理,激光技术,微滴喷射技术
快速铸造	了解快速铸造原理与技术路线,熟悉常用快速铸造方法	树脂砂铸造,陶瓷型铸造,石膏型铸造,模具制造

导入案例

快速成形与快速制造技术的发展趋势

目前,快速成形与快速制造技术正朝两个方向发展:一方面原型的精度、成形件的性能及成形速度不断提高;另一方面设备和材料价格不断下降,加上三维 CAD 系统的逐渐普及,其应用领域及市场越来越广。从这些年的发展来看,一般原型应用的比例逐渐减少,概念模型和功能零件将占据大部分快速成形的应用市场。

1. 功能零件制造

直接制造功能零件一直是 RP 领域研究的热点和最具挑战性的方向,许多专业公司、高等学校和科研机构都致力于这方面的研究。

2. 概念模型制造

用于概念设计的原型称为概念模型,其对物理化学特性和成形精度要求不高,主要要求为成形速度快,适于设计、办公室场合(设备小巧、运行可靠、无污染、清洁、无噪声),操作简便。概念模型的应用范围广泛,包括造型设计,结构检查,装备干涉检验,静、动力学实验和人机工程等。概念模型占 RP 应用的一半以上。

3. 与生物技术相结合

快速成形技术与生物技术和生命科学相结合是快速成形制造在 21 世纪的主要发展趋势之一,如在组织工程和细胞三维受控组装中发挥重要作用。

资料来源:

张人佶.先进成形制造实用技术[M].北京:清华大学出版社,2009.

◀ 12.1 快速成形的主要工艺 ▶

快速成形(rapid prototyping,RP)是基于离散-堆积成形原理的成形方法。快速成形即快

速制造,是指由产品三维 CAD 模型数据直接驱动、组装(堆积)材料单元而完成的任意且具有使用功能的零件的科学技术总称。常用快速成形方法有以下几种:

1. 光固化成形工艺

光固化成形(stereo lithography,SL)工艺称为立体光刻,是最早出现的一种 RP 工艺。它以光敏树脂为原料,用特定波长与强度的激光聚焦到光固化液态树脂表面使之固化成形,是当前应用最广泛的一种精度较高的成形工艺。

2. 激光选区烧结工艺

激光选区烧结(selective laser sintering,SLS)工艺采用激光逐点烧结粉末材料,使包覆粉末材料的固体黏结剂或粉末材料本身熔融黏结,实现材料的成形。

3. 分层实体制造工艺

分层实体制造(laminated object manufacturing,LOM)工艺采用激光切割箔材,箔材之间靠热熔胶在热压辊的压力作用下熔化并实现黏结,进而一层层叠加成形。

4. 熔丝沉积成形工艺

熔丝沉积成形(fused deposition modeling,FDM)也称为熔融挤压成形(melted extrusion modeling,MEM),该工艺将丝状热塑性成形材料连续地送入喷头,使之加热熔融并挤出喷嘴,熔融材料迅速凝固逐步堆积成形。

5. 三维印刷工艺

三维印刷(three dimensional printing,3DP)工艺采用逐点喷射黏结剂来黏结粉末材料的方法制造原型,该工艺可以制造彩色模型,在概念型应用方面很有竞争力。

6. 无木模铸造工艺

无木模铸造(patternless casting manufacturing,PCM)工艺采用逐点喷射黏结剂和催化剂即两次同路径扫描的方法来实现铸造用树脂砂粒间的黏结,并完成砂型自动制造。

图 12-1 是一些采用快速成形技术制作的零件。

(a) 发动机叶轮SLS原型　　　(b) 轿车刹车钳体LOM原型　　　(c) PCM工艺加工的砂型

图 12-1　快速成形技术制作的零件

◀ 12.2　快速铸造 ▶

快速成形技术与铸造技术相结合产生了快速铸造技术(rapid casting),它特别适用于新产品研制及单件、小批量生产。

12.2.1 快速铸造的技术路线

1. 快速制造铸型

使用专用覆膜砂,利用 SLS、PCM 和 3DP 成形工艺可以直接制造砂型和砂芯,通过浇注可得到形状复杂的金属铸件。

利用 3DP 工艺可以直接制得陶瓷型壳,经过焙烧后可以直接浇注金属液得到精铸件。这比起传统的铸造方法,省去了多道工艺过程,是对传统铸造过程的重大变革,节省了大量的成本和时间。

2. 快速制造模样

利用 SL、SLS、LOM、FDM 等工艺方法成形的原型可以代替木模,不仅大大缩短了制模时间,而且制造出的原型在强度和尺寸稳定性上优于木模。特别是对于难加工、需要多种组合的模样,更显出它的优势。

常利用 SL、SLS、FDM 塑料原型,SLS、FDM 蜡原型或 LOM 纸原型代替传统蜡模,再用传统的熔模铸造工艺得到铸件。也可以利用 SL 塑料原型代替消失模铸造中的消失模模样,再用消失模铸造工艺得到铸件。与传统熔模铸造或消失模铸造相比,快速铸造工艺缩短了产品试制周期。

3. 快速制造模具

上述两种工艺路线对于小批量生产非常有效,但对于大批量生产,用快速成形机逐个制造蜡模(或其他熔模)或陶瓷型壳,既不省时也不经济,所以不宜采用。在生产批量较大的情况下,可以利用快速成形直接制造出模具或用制出的模具原型再翻制模具。

12.2.2 快速制造铸型

1. 直接 RP 铸型制造

1)覆膜砂 SLS 铸型制造

采用 SLS 工艺,用覆膜砂可以直接制造砂型或型芯。砂型(芯)生产步骤如下。

①混制覆膜砂。

②将砂型 CAD 三维模型转化为 STL 文件,按照一定的厚度进行切片,得到切片的截面轮廓。在快速成形机上,激光束对砂型实心部分的覆膜砂进行扫描,覆膜砂表面的树脂熔化并发生固化反应而使砂粒互相黏结,得到该层的轮廓。接下来工作台下降一个截面的高度,再进行下一层的铺粉和烧结,如此反复形成所需的砂型。

③清理掉没有黏结的覆膜砂,得到砂型(芯)原型。

④在热处理炉内对砂型(芯)原型进行烘烤,使黏结剂充分固化,得到高强度铸造用砂型(芯)。

得到砂型(芯)后,采用传统砂型铸造方法便可以制得金属铸件。图 12-2 是利用 SLS 工艺制得的砂芯,图 12-3 是利用 SLS 工艺加工的砂型及铸件。该法尤其适用于大型复杂铸件的生产,常用于新产品试制或单件小批量铸件的制造,如航空发动机和坦克发动机的缸体、缸盖等。

2)无木模铸造工艺(PCM 工艺)

PCM 工艺路线如图 12-4 所示。

图 12-2　利用 SLS 工艺制得的砂芯

图 12-3　利用 SLS 工艺加工的砂型及铸件

首先由零件 CAD 模型得到铸型 CAD 模型,由铸型 CAD 模型的 STL 文件分层,得到截面轮廓信息,再以层面信息产生控制信息。造型时,第一个喷头在每层铺好的原砂上由计算机控制精确地喷射黏结剂,第二个喷头再沿同样的路径喷射催化剂,或者采用双喷头一次复合喷射技术按照截面轮廓信息同时喷射黏结剂和催化剂。黏结剂和催化剂发生交联反应,一层层固化型砂而堆积成形。黏结剂和催化剂共同作用处的型砂被固化在一起,其他地方仍为颗粒态的干砂。固化一层后再黏结下一层,所有的层黏结完成后得到一个空间实体。原砂在未喷射黏结剂的地方仍是干砂,比较容易清除。清理出中间未固化的干砂,就可以得到一个有一定壁厚的铸型,在砂型的内表面涂敷或浸渍涂料之后就可用于浇注金属。

由于 PCM 工艺可使原型和铸型的制造时间大大缩短,制造成本显著降低,因此,这种工艺可以用于制造大中型汽车覆盖件金属模具。

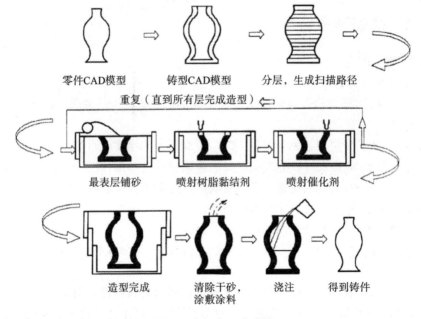

零件CAD模型　　　铸型CAD模型　　　分层,生成扫描路径

重复(直到所有层完成造型)

最表层铺砂　　　喷射树脂黏结剂　　　喷射催化剂

造型完成　　　清除干砂,　　　浇注　　　得到铸件
　　　　　　　涂敷涂料

图 12-4　PCM 工艺路线

3)直接壳型铸造工艺(DSPC 工艺)

直接壳型铸造(direct shell production casting,DSPC)的工艺原理与三维印刷(3DP)工艺

相同,工艺原理如图 12-5 所示。型壳是一层层制造的,每制一层先铺陶瓷粉末,按层信息喷射硅溶胶黏结剂,整个型壳制成后清除未黏结的陶瓷粉末,焙烧使型壳强度增加,即可浇注铸件。图 12-6 为采用 DSPC 工艺制作的铸型及用该铸型制作的汽车发动机进气管铸件。

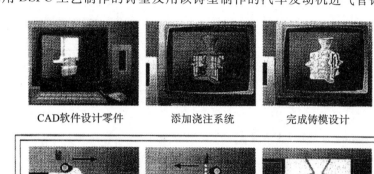

CAD软件设计零件　　　　添加浇注系统　　　　完成铸模设计

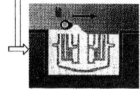  

铺陶瓷粉末　　　　　　喷射黏结剂　　　　逐层加工直至铸模完成

清除未黏结的陶瓷粉末　　　　　　焙烧,浇注
而获得铸型

图 12-5　直接制造型壳铸造示意图

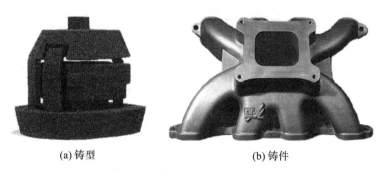

(a) 铸型　　　　　　　　　　(b) 铸件

图 12-6　DSPC 工艺制造的铸型及铸件

2. 间接 RP 铸型制造

1)快速陶瓷型铸造

快速陶瓷型铸造是指利用快速成形技术制作的母模转换成可供金属浇注的陶瓷型的技术。快速陶瓷型铸造过程如图 12-7 所示。用快速成形机制作树脂或纸质母模,经防潮处理后,首先在母模的工作面上粘贴一薄层材料(如黏土片),其厚度等于所需陶瓷壳的厚度。然后将母模置于砂箱中,进行底套造型。底套造型完毕后取出母模及粘贴材料,去掉母模工作面上的薄层材料后,将母模重新置于砂型中,盖上底套,这样在母模与底套之间形成一灌浆用的间

隙空腔,将预先配制好的陶瓷浆料搅拌均匀并由从灌浆口灌入空腔。待陶瓷浆料胶凝后起模,起模后立即点燃陶瓷型进行喷烧,固化陶瓷型,最后合上上箱,构成陶瓷铸型。

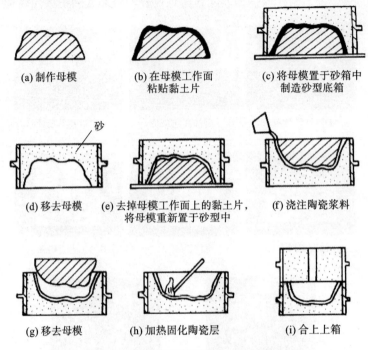

图 12-7　快速陶瓷型铸造工艺过程

2)快速石膏型铸造

快速石膏型铸造的工艺流程如图 12-8 所示。

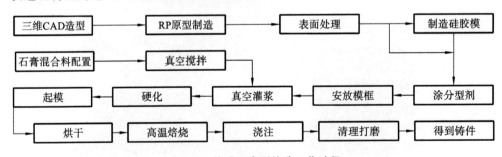

图 12-8　快速石膏型铸造工艺过程

图 12-9 为低熔点金属轮胎模具石膏型铸造实例,其铸造过程如下。

(1)用三维造型软件系统进行 CAD 模型造型,见图 12-9(a)。

(2)在 M-RPMS-Ⅲ设备上采用 LOM 工艺制造 RP 原型,然后起型、打磨,见图 12-9(b)。

(3)按比例称量硅橡胶的双组分材料,并混合搅拌,在 MKV-1 真空注模机上制造出硅橡胶模具,见图 12-9(c)。

(4)按比例称量石膏混合料和水,在真空灌浆设备上制备石膏型,见图 12-9(d)。

(5)采用涂层转移法制造上箱,见图 12-9(e)。

(6)将石膏型芯采用水玻璃砂固定在下箱,合箱浇注,即可制造出金属模具,见图 12-9(f)。

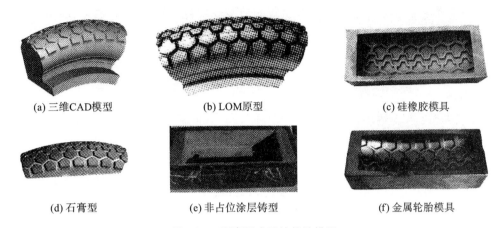

(a) 三维CAD模型　　　　　(b) LOM原型　　　　　(c) 硅橡胶模具

(d) 石膏型　　　　(e) 非占位涂层铸型　　　　(f) 金属轮胎模具

图 12-9　石膏型成形的轮胎模具

12.2.3　快速制造模样

1. LOM 工艺制模

1)纸质"木模"

采用分层实体制造(LOM)工艺,在快速成形机上直接制出纸质模样。这种模样由经特殊处理的纸切割、叠加而成,它坚如硬木,表面经过防潮处理(喷涂清漆或环氧基涂料)后,可用作砂型铸造用模样,取代传统的木模。

利用快速成形工艺制作砂型铸造用模样的优点是,无须高水平的模样工和相应的木工机械,根据铸件的设计图样,就能在很短的时间内完成"木模"的制作,并且所制作"木模"的尺寸精度高、不易变形、表面粗糙度值低、线条流畅,对于形状复杂的"木模",这一优点尤为突出。用快速成形工艺制造的"木模",可用来重复制作50～100件砂型。

福特汽车公司利用上述 LOM 技术制造出 685 mm 汽车曲轴模样,先分 3 块制作,然后拼装成砂型铸造用的模板,所得铸件的尺寸精度达到 0.13 mm。图 12-10 是利用 LOM 工艺制造的"木模"。

同样,利用 SL、SLS、FDM、3DP 等工艺方法制造的树脂原型也可以代替木模,用来制作模样和模板,进行造型、制芯。

图 12-10　LOM 工艺制造的"木模"

2)纸质"熔模"

当只需生产一件或几件熔模铸件时,也可不制作压型蜡模,而直接用快速成形机制作的纸模当作蜡模,对其进行表面防潮处理后,直接制造型壳,然后脱除纸模。为了使纸模易于从型壳中脱除,在用快速成形机制作纸模时,在纸模的内壁部分需用一定功率的激光切割网格线,但不要切透。这样就可方便地用喷灯燃烧和简单工具剔除相结合的办法来从型壳中去除纸模,而不损伤型壳。

2. 金属模

利用快速成形技术制出树脂基或纸基模样,经表面金属喷镀后,可作为砂型铸造用的"金属模"。

利用振压式造型机、振实式造型机、高压造型机造型时,由于铸模受到的压力较高,上述"金属模"难以满足工作要求,必须使用金属面、硬背衬的铸造用模样。其制作过程示意图如图 12-11 所示。

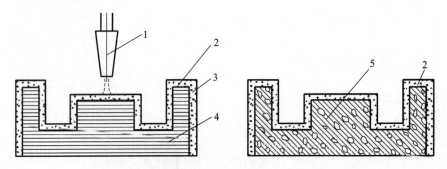

图 12-11　金属面硬背衬铸造用模样的制作过程示意图
1—喷嘴;2—金属壳;3—分型剂;4—母模;5—背衬

利用这种方法制作铸造用模样,操作比较简单,其力学性能较好,并且由于喷镀所得铸模的轮廓表面紧贴母模的工作面,精度较易保证。

3. 基于 SLS 工艺制作蜡模

以蜡粉为原料,利用 SLS 快速成形设备,可以快捷地制造出熔模铸造用蜡模。用 SLS 工艺直接制作铸造熔模,避免了压型的制造,对新产品的试制有特殊意义。蜡模经浸蜡后处理,表面质量可以达到精铸模要求,配合传统的熔模铸造工艺,即可进行铸件生产。基于 SLS 工艺得到的精铸件尺寸精度高于 0.5%。

美国 Rorketdyke 公司利用此法制取了复杂六缸气缸体蜡模,然后结合熔模制造工艺生产出了合格的铝合金铸件。

4. 基于 SL 工艺制作树脂模

为了快速制作熔模和陶瓷型壳,美国 3D Systems 公司开发了一种称为 Quick Cast 的工艺。它利用 SL 工艺获得空隙率很高的 RP 原型,然后在原型的外表面反复挂浆,得到一定厚度和粒度的陶瓷壳层,紧紧地附着在原型的外面,再将陶瓷壳型放入高温炉中烧结,同时烧蚀了 SL 原型,得到中空的陶瓷型壳,即可用于精密铸造。

Quick Cast 工艺不使用蜡型,采用燃烧充分且发气量小的光固化树脂材料制作原型,从而保证原型具有足够的强度;并且,由于所采用的是碳氢化合物基的树脂,烧除时树脂转化为水蒸气和二氧化碳,在陶瓷型壳中无任何残留物。这种用 Quick Cast 工艺制作出的熔模非常薄,约 0.1 mm,烧除时不会因膨胀而使型壳变形,因而具有很高的精度。

图 12-12 及图 12-13 分别为采用 Quick Cast 工艺铸造的不锈钢铸件和铝合金铸件,这些

铸件均具有相当高的精度。

图 12-12 用 Quick Cast 工艺
铸造的不锈钢铸件

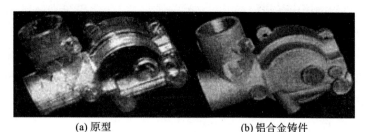

(a) 原型　　　　　　　　　　(b) 铝合金铸件

图 12-13 采用 Quick Cast 工艺铸造的铝合金铸件

12.2.4 快速制造模具

1. 纸质压型

当生产熔模铸件不多时,利用快速成形技术直接制作的纸质压型,经喷涂"液态金属"等高分子合成材料表面处理后,得到试制或小批量生产用压型。这种压型能压制 100 件以上的蜡模。纸质压型的成本较低,制作简单,但导热性较差,压制周期较长,生产效率较低。

由于 LOM 工艺快速成形机制作的纸质模能承受 220 ℃的高温和一定的压力,因此,经表面防水处理后,它也可以用作形状不太复杂、壁厚不太薄的消失模铸造用气化模试制模具。

2. 纸基金属面压型

鉴于纸质压型的生产效率低,用快速成形机制作完纸基压型后,一般需在压型表面进行金属电弧喷镀或等离子喷镀,抛光后,得到纸基金属面压型。

这种压型具有较好的防水性、耐腐蚀性和耐热性。同时,由于喷镀的材料为金属或合金,压型机械强度和导热性比纯纸质压型好,从而使得压型的寿命延长,生产效率提高。所以,这种压型可以用作熔模铸造压型,也可以用作消失模铸造用气化模的小批量生产用模具。

同样,也可以用金属面、硬背衬的模具作为熔模铸造用压型和消失模铸造用气化模的生产用模具。

3. 转移涂料法制作金属模具

基于快速成形技术的转移涂料法制造金属压型的主要工艺步骤如下:

(1)在 LOM 工艺快速成形机上制作母模,并做适当防水处理。

(2)在 LOM 母模上涂刷脱模剂,确保脱模剂均匀成膜。

(3)在 LOM 母模上喷涂自硬转移涂料,控制好涂料的可使用时间和合理的喷涂工艺参数,控制涂料厚度为 1~2 mm。

(4)采用水玻璃砂造型,吹 CO_2 气体使砂型硬化,砂型放置 2~4 h,使涂料与砂型有充分的时间进行反应,建立结合强度后起模,起模时间不要过晚,否则会增加起模难度。

(5)实施平稳起模工艺,取出 LOM 母模,由于涂料与砂型的结合力大于涂料与 LOM 母模的结合力,得到带有涂料层的砂型。

(6)砂型首先在 40~50 ℃低温烘烤 6~8 h,然后在 100~140 ℃烘烤 8~10 h,保证充分干燥。

(7)合箱浇注,得到金属模具。

浇注后得到的模具经打磨后,尺寸精度可达 CT4～CT6,表面粗糙度值为 $Ra3.2～6.3$ μm,可以用作消失模发泡模具和精度要求不高的熔模铸造压型。

4. 用金属基合成材料或锡铋合金浇注压型

为了进一步提高压型的导热性和使用寿命,可用快速成形的制件作母模,在母模中浇注金属基合成材料(如铝基合成材料),构成类金属压型(见图 12-14)。由于这种压型是在室温下浇注的,避免了高温熔化金属浇注导致的较大翘曲变形,因此压型的尺寸精度易于保证。

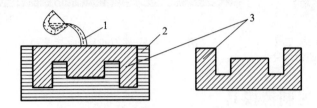

图 12-14　用金属基合成材料浇注压型
1—铝基合成材料;2—母模;3—类金属铝基合成材料压型

由于纸质模耐热温度在 220 ℃以上,而锡铋二元共晶合金的熔点为 138 ℃,因此同样可以直接在纸质母模上直接浇注出此类合金金属压型。

根据蜡模形状的复杂程度,用金属基合成材料或锡铋合金浇注的压型可重复压制 1000～10000 件蜡模。

5. 粉末金属快速模具

粉末金属模具是一种成本较低的钢制快速模具制造方法,该工艺制作的模具的工件质量与钢制模具生产的工件质量相当,但模具成本只有钢制模具的 1/3,制作时间由几个月减少到几天。由于注射压力较高,因此该工艺可以制造结构复杂零件和薄壁零件。粉末金属浇注方法制作的模具,尺寸精度比软质模具高,模具寿命可以达到 3000 次注射,甚至更多。

6. 用 SLS 工艺制造金属压型

利用 SLS 工艺直接制造熔模铸造用金属压型可以分为直接烧结和间接烧结两种方法。

1)直接金属粉末激光烧结制模

直接金属粉末激光烧结制模是利用 SLS 设备系统直接进行金属模具的制造。

2)间接金属粉末激光烧结制模

间接金属粉末激光烧结制模工艺是由美国 DTM 公司开发的一种快速模具技术,DTM 公司的快速成形机所使用材料的种类很多,包括蜡、聚碳酸酯、尼龙、细尼龙及金属等。

7. 硅橡胶模压型

由于硅橡胶模具具有良好的柔性和弹性,能够制作结构复杂、花纹精细、无拔模斜度甚至有倒拔模斜度以及具有较深凹槽的零件,制作周期短,制作质量高,因而被广泛应用。引入快速成形技术,可以进一步缩短硅橡胶模具的制作周期。

 # 习题

一、名词解释

1. PCM 工艺　　2. DSPC 工艺　　3. 快速陶瓷型铸造　　4. 快速石膏型铸造

二、填空题

1.光固化成形工艺以_____为原料,用特定波长与强度的激光聚焦到_____使之固化成形。

2.直接壳型铸造工艺原理与_____相同。

3.Quick Casting 工艺是利用_____技术来获得 RP 原型的。

4.基于_____成形原理的成形方法统称为快速成形。

5.3DP(三维印刷)工艺采用逐点喷射黏结剂来_____的方法制造原型。

参考文献

[1] 中国铸造协会. 熔模铸造手册[M]. 北京:机械工业出版社,2000.

[2] 姜不居. 熔模精密铸造[M]. 北京:机械工业出版社,2004.

[3] 姜不居. 特种铸造[M]. 北京:中国水利水电出版社,2005.

[4] 姜不居. 实用熔模铸造技术[M]. 沈阳:辽宁科学技术出版社,2008.

[5] 高以熹,等. 石膏型熔模精铸工艺及理论[M]. 西安:西北工业大学出版社,1992.

[6] 包彦堃,谭继良,朱锦伦. 熔模铸造技术[M]. 杭州:浙江大学出版社,1997.

[7] 黄天佑,黄乃瑜,吕志刚. 消失模铸造技术[M]. 北京:机械工业出版社,2004.

[8] 万里. 特种铸造工学基础[M]. 北京:化学工业出版社,2009.

[9] 颜永年,单忠德. 快速成形与铸造技术[M]. 北京:机械工业出版社,2004.

[10] 董秀琦. 低压及差压铸造理论与实践[M]. 北京:兵器工业出版社,1995.

[11] 林柏年. 特种铸造[M]. 杭州:浙江大学出版社,2004.

[12] 黄乃瑜,叶升平,樊自田. 消失模铸造原理及质量控制[M]. 武汉:华中科技大学出版社,2004.

[13] 耿浩然,姜清河,亓效刚,等. 实用铸件重力成形技术[M]. 北京:化学工业出版社,2003.

[14] 杨裕国. 压铸工艺与模具设计[M]. 北京:机械工业出版社,1997.

[15] 耿浩然,亓效刚,李长龙. 实用铸件外力辅助成形技术[M]. 北京:化学工业出版社,2005.

[16] 陶杰,刘子利,崔益华. 有色合金消失模铸造原理与技术[M]. 北京:化学工业出版社,2007.

[17] 李远才. 金属液态成形工艺[M]. 北京:化学工业出版社,2007.

[18] 罗启全. 铝合金石膏型精密铸造[M]. 广州:广东科技出版社,2005.

[19] 柳百成,黄天佑. 铸造成形手册(下)[M]. 北京:化学工业出版社,2009.

[20] 朱秀荣,侯立群. 差压铸造生产技术[M]. 北京:化学工业出版社,2009.

[21] 陈宗民,姜学波,类成玲. 特种铸造与先进铸造技术[M]. 北京:化学工业出版社,2008.

[22] 王开坤. 铝镁合金半固态成形理论与工艺技术[M]. 北京:机械工业出版社,2011.

[23] 谢水生,黄声宏. 半固态金属及其应用[M]. 北京:冶金工业出版社,1999.

[24] 赖华清. Cosworth铸造工艺及其在汽车生产中的应用[J]. 铸造设备研究,2005(6):33-35.

[25] 苑世剑. 轻量化成形技术[M]. 北京:国防工业出版社,2010.

[26] 杨兵兵,于振波,王小江. 特种铸造[M]. 长沙:中南大学出版社,2010.

[27] 张人佶. 先进成形制造实用技术[M]. 北京:清华大学出版社,2009.

[28] 高以熹,张湛,吴建仁. 石膏型熔模精铸工艺及理论[M]. 西安:西北工业大学出版社,1992.

[29] 谢建新. 材料先进制备与成形加工技术[M]. 北京:科学出版社,2007.

[30] 范金辉,华勤. 铸造工程基础[M]. 北京:北京大学出版社,2009.

[31] 毛卫民,钟雪友. 半固态金属成形技术[M]. 北京:机械工业出版社,2004.

[32] 罗守靖,陈炳光,齐丕骧. 液态模锻与挤压铸造技术[M]. 北京:化学工业出版社,2007.

[33] 徐光,常庆明,陈长军. 现代材料成形新技术[M]. 北京:化学工业出版社,2009.

[34] 叶莉莉,孙亚玲,关蕙. 压铸成型工艺及模具设计[M]. 北京:北京理工大学出版社,2010.

[35] 张立同,曹腊梅,刘国利,等. 近净形熔模精密铸造理论与实践[M]. 北京:国防工业出版社,2007.

[36] 吴春苗. 压铸工艺与压铸模具案例[M]. 广州:广东科技出版社,2007.

[37] 徐纪平,李培耀. 压铸工艺及模具设计[M]. 北京:化学工业出版社,2009.

[38] 吴春苗. 压铸技术手册[M]. 2版.广州:广东科技出版社,2007.

[39] 吕志刚,姜不居,周泽衡. 中国熔模精密铸造展望[J]. 铸造技术,2003(3):163-165.

[40] 张锡平,等. 熔模铸造用硅溶胶粘结剂综述[J]. 特种铸造及有色合金,2002(2):39-41,1.

[41] 董选普,吴树森,黄乃瑜. Cosworth Process——前景广阔的铝合金成型新工艺[J]. 特种铸造及有色合金,1999(6):49-51.

[42] 齐丕骧. 挤压铸造技术的最新发展[J]. 特种铸造及有色合金,2007,27(9):688-694,653.

[43] 陈学美,黄瑶,王雷刚. 汽车发动机下缸体低压铸造工艺及模具设计[J]. 特种铸造及有色合金,2011,31(8):727-730.

[44] 刘后尧,万里,黄明军,等. 压铸中局部加压技术的开发与应用[J].特种铸造及有色合金,2008,28(12):943-946,899.

[45] 张国庆,李周,田世藩,等. 喷射成形高温合金及其制备技术[J].航空材料学报,2006,26(3):258-264.

[46] 卢秉恒. 西安交通大学先进制造技术研究进展[J]. 中国工程科学,2013,15(1):4-8.

[47] 唐骥. 球墨铸铁铜金属型铸造工艺和性能的研究[D]. 沈阳:东北大学,2005.

[48] 徐建辉. 壳体类铸件的低压铸造工艺试验研究[J]. 上海机电学院学报,2007,10(2):98-102.

[49] 樊玉萍,王瑞吉,任伊锦,等. 大型薄壁铝合金筒体差压铸造工艺研究[J]. 铸造设备研究,2006(3):23-24.

[50] 张业明,曾明. 陶瓷型铸造的现状和发展趋势[J]. 铸造设备与工艺,2009(2):57-60.

[51] Leatham A. Spray forming:Alloys,products and markets[J]. Metal Powder Report,1999,54(5):28-30.

[52] 李荣德,刘敬福. 喷射成形技术国内外发展与应用概况[J]. 铸造,2009,58(8):797-803.

［53］ 王文明,潘复生,Lu Yun,等. 喷射成形技术的发展概况及展望［J］. 重庆大学学报:自然科学版,2004,27(1):101-106,111.

［54］ 张永安,熊柏青,石力开. 喷射成形技术产品的研究现状［J］. 材料导报,2002,16(3):11-14.

［55］ 孙剑飞,沈军,贾均,等. 喷射成形一种先进的金属热成形技术［J］. 材料开发与应用,1999,14(2):42-45.

［56］ 熊柏青. 喷射成形技术的产业化现状及应用发展方向［J］. 稀有金属,1999,23(6):425-430.

［57］ 刘宏伟,张龙,王建江,等. 喷射成形工艺与理论研究进展［J］. 兵器材料科学与工程,2007,30(3):63-67.

［58］ 李周,张国庆,田世藩,等. 高温合金特种铸造技术——喷射铸造的研究和发展［J］. 金属学报,2002,38(11):1186-1190.

［59］ 崔战良,姜不居,闫双景,等. 快速金属模具的陶瓷型铸造工艺［J］. 特种铸造及有色合金,1999(2):20-24.

［60］ 张国庆,田世藩,汪武祥,等. 先进航空发动机涡轮盘制备工艺及其关键技术［J］. 新材料产业,2009(11):16-21.

［61］ 王猛,曾建民,黄卫东. 大型复杂薄壁铸件高品质高精度调压铸造技术［J］. 铸造技术,2004,25(5):353-358.

［62］ 吴炳尧. 半固态金属铸造工艺的研究现状及发展前景［J］. 铸造,1999,48(3):45-52.

［63］ 李敏贤,闵乃燕,安桂华,等. 精密成形技术发展前沿［J］. 中国机械工程,2000(Z1):192-195,8.

［64］ 曹红锦,陈毅挺. 国外军工生产精密成形技术的现状及发展趋势［J］. 四川兵工学报,2004,25(3):8-10.

［65］ 兰冬云,郭敖如. 国内外汽车发动机铝缸体铸造技术［J］. 铸造设备研究,2008(4):45-49.

［66］ 郑亚虹,王自东. 复杂薄壁精密铝合金铸件铸造技术进展［J］. 铸造,2010,59(8):796-799.

［67］ 查吉利,龙思远,徐绍勇. 镁合金产品及生产应用技术开发平台建设［J］. 特种铸造及有色合金,2005(Z1):45-47.

［68］ 李元元,芦卓,赵海东,等. 铝合金支架间接挤压铸造的工艺设计［J］. 特种铸造及有色合金,2005(Z1):177-179.

［69］ 罗继相,骆建国,陈云,等. 铸造模拟软件 JSCAST 在挤压铸造中的应用［J］. 特种铸造及有色合金,2007(S1):454-456.

［70］ 侯击波,彭有根,杨晶,等. 电磁泵低压铸造技术［J］. 铸造,2002,51(11):723-725.

［71］ 党惊知,杨晶,程军. 铝合金电磁泵低压铸造技术［J］. 兵工学报,2003,24(2):286-288.

［72］ 袁新强,陈立贵,付蕾,等. 陶瓷型铸造的发展进程和方向［J］. 铸造,2008,57(6):541-543,548.

［73］ 吴浚郊. 轿车发动机铝合金缸体和缸盖的铸造技术［J］. 铸造技术,2002,23(5):273-275.

[74] 陈尧剑,黄天佑,康进武,等. 国内外消失模铸造技术研究新进展[J]. 特种铸造及有色合金,2005,25(10):623-626.

[75] 王英杰. 铝合金反重力铸造技术[J]. 铸造技术,2004,25(5):361-362.

[76] 张诤,杨晶. 大型薄壁复杂铝件铸造技术的现状与发展[J]. 机械管理开发,2005,86(5):65-66,68.

[77] 万里,徐鹏程,罗吉荣. 陶瓷晶须增强水溶性盐芯成形特征与使用性能[J]. 铸造,2008,57(3):234-238.

[78] 谢华生,刘时兵,苏贵桥,等. 我国钛合金精铸件铸造技术的发展及应用[J]. 特种铸造及有色合金,2008(S1):462-464.

[79] 肖树龙,陈玉勇,朱洪艳,等. 大型复杂薄壁钛合金铸件熔模精密铸造研究现状及发展[J]. 稀有金属材料与工程,2006,35(5):678-681.

[80] James C W,Edgar A S. Progress in structural materials for aerospace systems[J]. Acta Materialia,2003,51(19):5775-5799.

[81] 隋艳伟. 钛合金立式离心铸造缺陷形成与演化规律[D]. 哈尔滨:哈尔滨工业大学,2009.

[82] 肖树龙. 钛合金低成本氧化物陶瓷型壳熔模精密铸造技术研究[D]. 哈尔滨:哈尔滨工业大学,2007.

[83] 彭德林,王蔚. 钛合金精密铸造陶瓷型芯[J]. 铸造,2006,55(10):1082-1084.

[84] 刘小瀛,王宝生,张立同. 氧化铝基陶瓷型芯研究进展[J]. 航空制造技术,2005(7):26-29.

[85] 石卉. 薄壁铝合金艺术零件的消失模铸造技术研究[D]. 武汉:华中科技大学,2007.

[86] 常安国. 熔模真空吸铸应用现状及前景展望[J]. 特种铸造及有色合金,1994(5):29-34.

[87] 陈云龙,郝启堂. 薄壁铸件真空吸铸技术的发展与展望[J]. 铸造,2011,60(2):153-157.

[88] 李强,郝启堂,介万奇. 钛合金构件真空吸铸成形控制技术的研究[J]. 铸造,2009,58(8):784-787.

[89] 孙昌建,舒大禹,王元庆,等. 大型复杂薄壁铝合金铸件真空增压铸造特性研究[J]. 铸造,2008,57(5):442-445.

[90] 彭靓,孙文德,钱翰城. 压铸铝合金及先进的压铸技术[J]. 铸造,2001,50(1):14-17,24.

[91] 黄晓锋,谢锐,田载友,等. 压铸技术的发展现状与展望[J]. 新技术新工艺,2008(7):50-55.

[92] 纪莲清,熊守美,村上正幸,等. 铝合金超低速压铸工艺参数对铸件性能的影响[J]. 铸造,2007,56(10):1057-1061.

[93] 邵京城,李俊涛,艾国,等. 汽车铝合金缸体缸盖铸造工艺研究现状[J]. 热加工工艺,2011,40(3):57-59,63.

[94] 成丹. 基于快速成形技术的精密铸造石膏型熔模研究[D]. 重庆:重庆大学,2008.

[95] 康燕. 石膏型混合料工艺性能研究[D]. 太原:中北大学,2010.